操作系统原理

叶　琪　编著

華東理工大學出版社
EAST CHINA UNIVERSITY OF SCIENCE AND TECHNOLOGY PRESS

图书在版编目(CIP)数据

操作系统原理/叶琪编著. —上海：华东理工大学出版社，2012.2(2022.9重印)

高等院校网络教育系列教材

ISBN 978-7-5628-3197-6

Ⅰ.①操… Ⅱ.①叶… Ⅲ.①操作系统-高等学校-教材 Ⅳ.①TP316

中国版本图书馆CIP数据核字(2011)第266958号

操作系统原理

编　　著/叶　琪
责任编辑/纪冬梅
责任校对/张　波
封面设计/裘幼华
出版发行/华东理工大学出版社有限公司
　　　　社　址：上海市梅陇路130号，200237
　　　　电　话：(021)64250306(营销部)　64252344(编辑室)
　　　　传　真：(021)64252707
　　　　网　址：www.ecustpress.cn
印　　刷/广东虎彩云印刷有限公司
开　　本/787mm×1092mm　1/16
印　　张/16.75
字　　数/403
版　　次/2012年2月第1版
印　　次/2022年9月第3次
书　　号/ISBN 978-7-5628-3197-6/TP·179
定　　价/36.00元

序

网络教育是依托现代信息技术进行教育资源传播、组织教学的一种崭新形式，它突破了传统教育传递媒介上的局限性，实现了时空有限分离条件下的教与学，拓展了教育活动发生的时空范围。从1998年9月教育部正式批准清华大学等4所高校为国家现代远程教育第一批试点学校以来，我国网络教育历经了若干年发展期，目前全国已有68所普通高等学校和中央广播电视大学开展现代远程教育。网络教育的实施大大加快了我国高等教育的大众化进程，使之成为高等教育的一个重要组成部分；随着它的不断发展，也必将对我国终身教育体系的形成和学习型社会的构建起到极其重要的作用。

华东理工大学是国家"211工程"重点建设高校，是教育部批准成立的现代远程教育试点院校之一。华东理工大学网络教育学院凭借其优质的教育教学资源、良好的师资条件和社会声望，自创建以来得到了迅速的发展。但网络教育作为一种不同于传统教育的新型教育组织形式，如何有效地实现教育资源的传递，进一步提高教育教学效果，认真探索其内在的规律，是摆在我们面前的一个新的、亟待解决的课题。为此，我们与华东理工大学出版社合作，组织了一批多年来从事网络教育课程教学的教师，结合网络教育学习方式，陆续编撰出版一批包括图书、课程光盘等在内的远程教育系列教材，以期逐步建立以学科为先导的、适合网络教育学生使用的教材结构体系。

掌握学科领域的基本知识和技能，把握学科的基本知识结构，培养学生在实践中独立地发现问题和解决问题的能力是我们组织教材编写的一个主要目的。系列教材包括了计算机应用基础、大学英语等全国统考科目，也涉及了管理、法学、国际贸易、机械、化工等多学科领域。

根据网络教育学习方式的特点编写教材，既是网络教育得以持续健康发展的基础，也是一次全新的尝试。本套教材的编写凝聚了华东理工大学众多在学科研究和网络教育领域中有丰富实践经验的教师、教学策划人员的心血，希望它的出版能对广大网络教育学习者进一步提高学习效率予以帮助和启迪。

华东理工大学副校长 涂善东

前　言

操作系统是计算机系统中最重要的基础软件，是计算机系统的内核与基石。操作系统的职责包括对硬件的直接监管、对各种计算资源（如内存、处理机时间等）的管理，以及提供诸如作业管理之类的面向应用程序的服务等。现代的计算机都是通过操作系统来解释人们的命令，从而达到控制计算机工作的目的。并且几乎所有的应用程序也是基于操作系统而开发的。因此，学习并掌握操作系统的基本原理和操作方法，不仅对计算机专业的学生和研究人员是必要的，而且对一般计算机应用人员也是非常有益的。

操作系统涉及的知识面广，内容比较抽象，有些知识点不易理解也难于掌握，会给广大的学生在学习、复习和应试方面带来一定的困难。本书结合国内外最新的资料和教材，充分考虑教学的规律和特点，阐述了操作系统的基本概念、基本技术和基本方法。为了便于学生全面理解基本概念，在每章之前给出导读并且指明该章的要点，同时每章精选了适量的习题并给出了参考答案。

全书共分7章。第1章为绪论，介绍了操作系统的发展、特征、功能等。第2章深入阐述了进程和线程的基本概念，分析并发进程引发的同步与通信。第3章主要介绍了处理机调度的三个层次，着重讨论了各种调度算法，说明进程死锁的问题。第4章介绍了存储管理，针对连续和离散的存储管理（分区、分页、分段、段页式）进行了说明，此外还介绍了虚拟存储管理的基本原理和置换策略。第5章为设备管理，介绍了缓冲管理、设备分配、虚拟设备、磁盘管理等内容，并对I/O软件层次结构做了较深入的阐述。第6章是文件管理，讨论了文件概念、文件逻辑结构、文件物理结构、文件目录、文件存储空间的管理，以及文件的保护和共享。第7章是系统安全，介绍了操作系统的安全问题，分析了现有的各种安全机制，如加密技术、认证技术、访问控制技术等。

虽然本书经过反复修改，但编者水平有限，书中难免有错误和不妥之处，恳请广大读者批评和指正。

编　者

2011年10月

目　录

第1章　绪论 …… 1
1.1　操作系统概述 …… 1
1.1.1　计算机系统的组成 …… 1
1.1.2　计算机系统的层次结构 …… 3
1.1.3　操作系统的定义和目标 …… 3
1.1.4　操作系统的作用 …… 5
1.2　操作系统的形成和发展 …… 6
1.2.1　人工操作阶段 …… 6
1.2.2　单道批处理系统 …… 7
1.2.3　多道程序设计与操作系统的形成 …… 8
1.2.4　操作系统的分类 …… 11
1.3　操作系统的发展现状 …… 15
1.3.1　Windows 操作系统 …… 15
1.3.2　Linux 操作系统 …… 17
1.3.3　并行操作系统 …… 19
1.3.4　网络操作系统 …… 19
1.3.5　分布式操作系统 …… 20
1.3.6　嵌入式操作系统 …… 21
1.4　操作系统的特性 …… 22
1.4.1　并发性 …… 22
1.4.2　共享性 …… 23
1.4.3　异步性 …… 23

1.4.4 虚拟性 …… 24
1.5 操作系统的功能 …… 24
1.5.1 处理机管理 …… 24
1.5.2 存储管理 …… 25
1.5.3 设备管理 …… 26
1.5.4 文件管理 …… 27
1.5.5 用户接口 …… 27
本章小结 …… 28
习题 …… 29
第2章 进程与线程 …… 32
2.1 进程的概念 …… 32
2.1.1 进程的引入 …… 32
2.1.2 进程的定义 …… 34
2.1.3 进程状态 …… 36
2.1.4 进程控制块 …… 38
2.1.5 进程控制 …… 39
2.2 线程 …… 41
2.2.1 概述 …… 42
2.2.2 线程与进程的关系 …… 42
2.2.3 线程的状态 …… 43
2.2.4 多线程的实现 …… 43
2.3 进程同步 …… 44
2.3.1 临界资源和临界区 …… 45
2.3.2 同步与互斥的概念 …… 46
2.3.3 信号量 …… 47
2.4 经典同步问题 …… 50
2.4.1 生产者—消费者问题 …… 50
2.4.2 读者—写者问题 …… 52
2.4.3 哲学家就餐问题 …… 53
2.5 进程通信 …… 54

2.5.1　共享存储器通信机制 …… 54
2.5.2　消息传递机制 …… 55
2.5.3　管道通信机制 …… 58
本章小结 …… 59
习题 …… 59
第3章　调度和死锁 …… 64
3.1　调度的层次 …… 64
3.1.1　高级调度 …… 64
3.1.2　低级调度 …… 67
3.1.3　中级调度 …… 70
3.2　调度模型和调度准则 …… 70
3.2.1　调度模型 …… 70
3.2.2　选择调度算法的原则 …… 71
3.3　调度算法 …… 73
3.3.1　先来先服务调度算法 …… 73
3.3.2　短作业(进程)优先调度算法 …… 74
3.3.3　高优先权优先调度算法 …… 75
3.3.4　高响应比优先调度算法 …… 76
3.3.5　时间片轮转调度算法 …… 77
3.3.6　多级反馈队列调度算法 …… 79
3.4　死锁的基本概念 …… 80
3.4.1　产生死锁的原因 …… 81
3.4.2　产生死锁的必要条件 …… 82
3.4.3　资源分配图 …… 83
3.4.4　处理死锁的方法 …… 84
3.5　预防死锁 …… 85
3.5.1　破坏“请求和保持”条件 …… 85
3.5.2　破坏“不剥夺”条件 …… 86
3.5.3　破坏“环路等待”条件 …… 86
3.6　避免死锁 …… 87

3.6.1 安全状态 …… 87
3.6.2 银行家算法 …… 88
3.7 死锁的检测和解除 …… 92
3.7.1 死锁的检测 …… 92
3.7.2 死锁的解除 …… 93
本章小结 …… 94
习题 …… 95
第 4 章 存储管理 …… 99
4.1 存储器体系 …… 99
4.1.1 存储器的层次 …… 99
4.1.2 存储器的分类 …… 100
4.2 地址转换 …… 101
4.2.1 编译和链接 …… 101
4.2.2 程序的装入 …… 102
4.3 连续内存分配 …… 104
4.3.1 单一连续分配 …… 104
4.3.2 固定分区分配 …… 105
4.3.3 动态分区分配 …… 106
4.4 分页存储管理 …… 114
4.4.1 基本思想 …… 114
4.4.2 地址变换机构 …… 116
4.4.3 快表 …… 117
4.4.4 多级页表 …… 118
4.5 分段存储管理 …… 119
4.5.1 分段存储的引入 …… 120
4.5.2 分段系统的基本原理 …… 120
4.5.3 分页和分段的主要区别 …… 122
4.6 段页式存储管理 …… 122
4.6.1 基本原理 …… 122
4.6.2 地址变换过程 …… 123

4.7 虚拟存储器 …… 124
4.7.1 虚拟存储器的引入 …… 125
4.7.2 虚拟存储器的实现方法 …… 126
4.8 请求分页存储管理 …… 127
4.8.1 请求分页存储管理的硬件支持 …… 127
4.8.2 页面分配策略 …… 131
4.8.3 调页策略 …… 132
4.9 页面置换算法 …… 132
4.9.1 先进先出置换算法 …… 133
4.9.2 最佳置换算法 …… 134
4.9.3 最近最久未使用算法 …… 135
4.9.4 Clock 置换算法 …… 136
4.9.5 综合实例 …… 138
4.10 请求分段存储管理 …… 139
4.10.1 请求分段中的硬件支持 …… 139
4.10.2 分段共享与保护 …… 140
本章小结 …… 143
习题 …… 144
第 5 章 设备管理 …… 148
5.1 I/O 硬件 …… 148
5.1.1 I/O 设备的分类 …… 148
5.1.2 设备控制器 …… 149
5.1.3 I/O 控制方式 …… 150
5.2 I/O 软件 …… 155
5.2.1 中断处理程序 …… 155
5.2.2 I/O 设备驱动程序 …… 157
5.2.3 设备独立性软件 …… 158
5.2.4 用户空间的 I/O 罗件 …… 160
5.3 缓冲管理 …… 161
5.3.1 单缓冲和双缓冲 …… 161

5.3.2 循环缓冲 …… 162
5.3.3 缓冲池 …… 162
5.4 设备分配 …… 164
5.4.1 设备分配的数据结构 …… 164
5.4.2 设备分配原则 …… 165
5.4.3 设备分配 …… 166
5.5 虚拟设备 …… 168
5.5.1 虚拟设备的引入 …… 168
5.5.2 SPOOLing 的设计与实现 …… 169
5.5.3 共享打印机 …… 170
5.6 磁盘存储器的管理 …… 170
5.6.1 存储设备的物理结构 …… 170
5.6.2 磁盘调度 …… 172
5.6.3 磁盘高速缓存 …… 175
5.6.4 提高磁盘 I/O 速度的其他方法 …… 176
5.6.5 独立磁盘冗余阵列 …… 177
本章小结 …… 178
习题 …… 179
第 6 章 文件管理 …… 181
6.1 文件和文件系统 …… 181
6.1.1 文件、记录和数据项 …… 181
6.1.2 文件的分类 …… 183
6.1.3 文件系统 …… 184
6.1.4 文件操作 …… 185
6.2 文件的逻辑结构与存取方法 …… 186
6.2.1 文件的逻辑结构 …… 186
6.2.2 存取方法 …… 187
6.3 文件的物理结构 …… 190
6.3.1 连续分配 …… 190
6.3.2 链接分配 …… 191

6.3.3 索引分配 …… 193
6.4 目录管理 …… 195
6.4.1 文件控制块和索引节点 …… 195
6.4.2 目录结构 …… 196
6.5 文件存储空间的管理 …… 199
6.5.1 空闲链表法 …… 199
6.5.2 位示图法 …… 201
6.6 文件共享与文件保护 …… 202
6.6.1 文件共享 …… 202
6.6.2 文件保护 …… 203
本章小结 …… 205
习题 …… 206
第 7 章 系统安全 …… 208
7.1 概述 …… 208
7.1.1 系统安全属性 …… 208
7.1.2 系统安全的威胁 …… 209
7.1.3 操作系统存在的安全问题 …… 210
7.2 加密技术 …… 211
7.2.1 数据加密的基本概念 …… 211
7.2.2 对称加密算法与非对称加密算法 …… 212
7.2.3 数字签名和数字证书 …… 215
7.3 认证技术 …… 216
7.3.1 基于口令的身份认证技术 …… 216
7.3.2 基于对称密码的认证技术 …… 219
7.3.3 基于公钥密码的认证技术 …… 221
7.3.4 基于物理标志的认证技术 …… 223
7.3.5 基于生物标志的认证技术 …… 224
7.4 访问控制 …… 226
7.4.1 访问控制的基本概念 …… 226
7.4.2 访问控制的基本原则 …… 227

7.4.3 基于角色的访问控制 …… 227
7.5 计算机病毒 …… 231
7.5.1 计算机病毒的基本概念 …… 231
7.5.2 计算机病毒的类型 …… 233
7.5.3 病毒的预防与检测 …… 234
本章小结 …… 236
习题 …… 237
参考答案 …… 239
参考文献 …… 252

第1章 绪论

本章导读

现代计算机系统由处理机(一个或多个)、主存、磁盘、打印机、键盘、网络接口以及其他输入/输出设备等硬件组成。操作系统是管理电脑硬件与软件资源的程序软件,同时也是维持计算机系统运行的内核与基石。操作系统能协调计算机所有的组件,并使得各个组件依照某个计划协同工作。操作系统具有诸如管理与配置内存、决定系统资源供需的优先次序、控制输入与输出设备、操作网络与管理文件系统等基本事务。

本章讲解什么是操作系统及其发展和现状。首先,介绍操作系统的目标和功能,这将涉及计算机与软件,从而明确操作系统在计算机系统中的地位。然后,回顾操作系统的形成和发展过程,讲述操作系统如何从原始的批处理系统演变成高级的多任务、多用户系统。最后,说明操作系统的特征和功能。

本章要点

- 操作系统的定义
- 操作系统设计目标
- 多道程序设计技术
- 批处理系统、分时系统、实时系统
- 操作系统的特征
- 操作系统的功能

1.1 操作系统概述

1.1.1 计算机系统的组成

计算机系统包括硬件系统和软件系统两大部分,计算机系统的基本组成如图 1-1 所示。

硬件系统是指组成计算机的各种物理设备,也就是我们实际看见的物理设备,它包括计算机的主机和外部设备,具体由五大功能部件组成,即:运算器、控制器、存储器、输入设备和输出设备。这五大部分相互配合,协同工作。其简单工作原理为:

首先,由输入设备接受外界信息(程序和数据),控制器发出指令将数据送入(内)存储器。

- 计算机系统
  - 硬件系统
    - 主机
      - 中央处理器
      - 内存
    - 外部设备
      - 输入设备
      - 输出设备
      - 外存
  - 软件系统
    - 系统软件
    - 应用软件

图 1－1　计算机系统的组成

其次,向内存储器发出取指命令。在取指命令下,程序指令逐条送入控制器。控制器对指令进行译码,并根据指令的操作要求,向存储器和运算器发出存数、取数命令和运算命令,经过运算器计算并把计算结果存在存储器内。

最后,在控制器发出的取数和输出命令的作用下,通过输出设备输出计算结果。

软件是计算机系统中运行的程序、这些程序所使用的数据以及相应的文档的集合。软件是组成计算机系统的重要部分。微型计算机系统的软件分为两大类,即系统软件和应用软件。

系统软件是指由计算机生产厂(部分由"第三方")为使用该计算机而提供的基本软件。最常用的有:操作系统、文字处理程序、计算机语言处理程序、数据库管理程序、联网及通信软件、各类服务程序和工具软件等。以下简单介绍计算机中几种常用的系统软件。

(1)操作系统

操作系统是最基本最重要的系统软件。它负责管理计算机系统的各种硬件资源,例如CPU、内存空间、磁盘空间、外部设备等,并且负责解释用户对机器的管理命令,使它转换为机器实际的操作。常用的操作系统如:DOS、WINDOWS、UNIX 等。

(2)文字处理程序

文字处理程序也是基本的系统软件,常用于微机的办公自动化、文字处理工作。例如WPS、WORD 等。

(3)计算机语言处理程序

计算机语言分机器语言、汇编语言和高级语言。

①机器语言是指机器能直接识别的语言,它是由"1"和"0"组成的一组代码指令。

②汇编语言实际是由一组与机器语言指令一一对应的符号指令和简单语法组成的。

③高级语言比较接近日常用语,对机器依赖性低,是适用于各种机器的计算机语言。如:BASIC 语言、Visual BASIC 语言、FORTRAN 语言、C 语言、Java 语言等。

将高级语言所写的程序翻译为机器语言程序,有两种程序,一种叫"编译程序",另一种叫"解释程序"。编译程序把高级语言所写的程序作为一个整体进行处理,编译后与子程序库链接,形成一个完整的可执行程序。这种方法的缺点是编译、链接比较费时,但可执行程序运行速度很快。FORTRAN、C 语言等都采用这种编译的方法。解释程序则对高级语言程序逐句解释执行。这种方法的特点是程序设计的灵活性大,但程序的运行效率较低。BASIC 语言属于解释型语言。

(4)数据库管理系统

许多日常业务处理软件系统都属于对数据库进行管理,所以计算机制造商也开发了许多数据库管理程序(DBMS)。较著名的适用于微机系统数据库管理程序的有 dBASE、Fox-

Base、Visual FoxPro 等。

另外，还有联网及通信软件、各类服务程序和工具软件等。

应用软件是指用户为了自己的业务应用而开发出来的用户软件。如科学计算、信息管理等。

1.1.2 计算机系统的层次结构

计算机系统的层次结构如图 1－2 所示。应用程序的用户，即终端用户，通常并不关心计算机的硬件细节。因此，终端用户把计算机系统看做一组应用程序。一个应用程序可以用一种程序设计语言描述，并且由程序员开发而成。如果需要用一组完全负责控制计算机硬件的机器指令开发应用程序，将会是一件非常复杂的任务。为简化这个任务，需要提供一些系统程序，其中一部分称为实用工具，它们实现了在创建程序、管理文件和控制 I/O 设备中经常使用的功能。程序员在开发应用程序时将使用这些功能提供的接口，当应用程序运行时，将调用这些实用工具以实现特定的功能。最重要的系统程序是操作系统，操作系统为程序员屏蔽了硬件细节，并为程序员使用系统提供方便的接口。它可以作为中介，使程序员和应用程序更容易地访问和使用这些功能和服务。

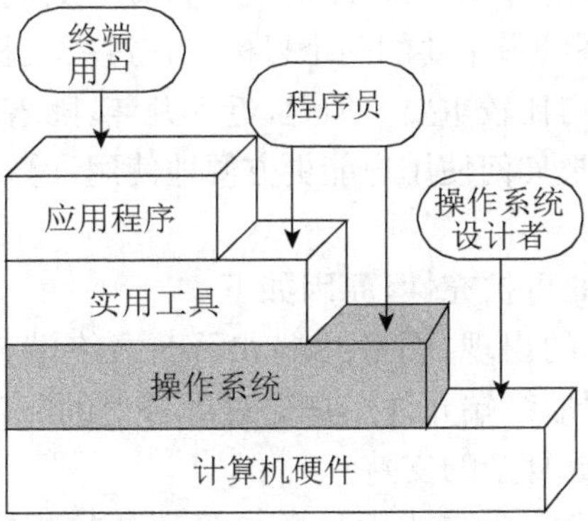

图 1－2 计算机系统的层次结构

1.1.3 操作系统的定义和目标

操作系统（Operating System，简称 OS）的出现、使用和发展是近四十年来计算机软件的一个重大进展。尽管操作系统尚未有一个严格的定义，但一般认为：操作系统是一组控制和管理计算机硬件和软件的资源，能合理地对各种作业进行调度，以及方便用户使用的程序和数据的集合。作为计算机系统的控制和指挥中心，操作系统是一个软件，而且是一个系统软件，它的运行既依赖于计算机系统的硬件，又要管理计算机系统的一切硬件设施。

计算机发展到今天，从个人机到巨型机，无一例外都配置一种或多种操作系统，操作系统已经成为现代计算机系统不可分割的重要组成部分，它为人们建立各种各样的应用环境奠定了重要基础。目前存在着多种类型的操作系统，不同类型的操作系统其目标各有侧重，但总的说来有以下几点。

1）方便性

操作系统的设计应尽量使计算机系统更容易使用。一个未配置操作系统的计算机系统是极难使用的，因为计算机硬件只能识别机器代码 0 和 1。用户要直接在计算机硬件上运行所编写的用户程序，就必须用机器语言书写程序；用户输入程序或打印输出，也都必须用机器语言书写相应的输入程序或打印程序。在计算机中配置了操作系统就可以方便地将用户利用高级语言书写的程序利用编译程序或解释程序翻译成机器代码，然后执行，最后得到结果输出。

2)有效性

操作系统使计算机的内存、CPU、I/O 设备等资源得到充分的利用，并且还应能合理地组织计算机的工作流程，从而可进一步改善系统的资源利用率及提高系统的吞吐量。操作系统的有效性可以包含以下两方面的含义。

(1)提高系统资源利用率。在未配置操作系统的计算机中，CPU、I/O 设备等各种资源因为经常处于空闲状态而得不到充分利用；内存及外存中因所存放的数据太少或者无序而浪费了大量的存储空间。配置操作系统之后，操作系统负责管理 CPU 的调度、I/O 设备的分配，使其能够保持忙碌状态而得到有效的利用，此外可使内存和外存中存放的数据因有序管理而节省存储空间。

(2)提高系统的吞吐量。操作系统可以通过合理地组织计算机的工作流程，而进一步改善资源的利用率，加速程序的运行，缩短程序的运行周期，从而提高系统的吞吐量。

方便性和有效性是操作系统最重要的两个目标。在过去很长的一段时间内由于计算机系统非常昂贵，因而其有效性显得比较重要。但是，近十几年，随着硬件越来越便宜，在设计和配置操作系统时，人们似乎更重视如何使用户能更方便地使用计算机，即方便性显得更为重要。

3)可扩充性

操作系统必须具有很好的可扩充性，原因如下。

(1)硬件升级和新型硬件的出现：图形终端和页面式终端替代了行滚动终端，这也将影响操作系统的设计。例如，图形终端允许用户通过屏幕上的“窗口”同时查看多个应用程序，这就要求在操作系统中提供更复杂的支持。

(2)新的服务：为适应用户的要求或满足系统管理员的需要，需要扩展操作系统以提供新的服务。例如，如果发现用现有的工具很难保持较好的性能，操作系统就必须增加新的度量和控制工具。

(3)纠正错误：任何一个操作系统都有错误，随着时间的推移这些错误逐渐被发现并会引入相应的补丁程序。当然，补丁程序本身也可能会引入新的错误。

现代操作系统为了适应计算机硬件、体系结构以及应用发展的要求，操作系统应采用模块化结构，以便于增加新的功能模块和修改以前的功能模块。

4)开放性

由于生产厂家生产了各种不同类型的计算机和设备，那么就会出现兼容使用的问题，为使出自不同厂家的计算机和设备，能通过网络加以集成化并能正确、有效地协同工作，要求建立一个统一开放的环境，其中首先要求操作系统具有开放性。

开放性是指系统能遵循标准规范，特别遵循开放系统互连(OSI)国际标准。凡遵循标准所开发的硬件和软件，彼此均能兼容，可方便实现互联。开放性已经成为一个新推出的系统能否被广泛应用的至关重要的因素。

1.1.4 操作系统的作用

1)操作系统是用户与计算机硬件之间的接口

操作系统是对计算机硬件系统的第一次扩充,用户通过操作系统来使用计算机系统。操作系统作为用户与计算机硬件系统之间的接口的含义是指操作系统处于用户与计算机硬件系统之间,用户通过操作系统来使用计算机系统。或者说,在操作系统的帮助下使得用户能够方便、可靠、安全、高效地操纵计算机硬件和运行自己的程序。例如,改造各种硬件设施,使之更容易使用;提供原语和系统调用,扩展机器的指令系统;而这些功能到目前为止还难以由硬件直接实现。操作系统还合理组织计算机的工作流程,协调各个部件有效工作,为用户提供一个良好的运行环境。经过操作系统改造和扩充过的计算机不但功能更强,使用也更为方便,用户可以直接调用操作系统提供的各种功能,而无需了解许多软硬件本身的细节,对于用户来讲操作系统便成为他与计算机硬件之间的一个接口。

用户可以通过以下三种方式使用计算机。

(1)命令方式。命令方式是指操作系统提供一组联机命令接口,以允许用户通过键盘输入有关命令的方式来取得操作系统的服务,并控制用户程序的运行。

(2)系统调用方式。操作系统提供一组系统调用,用户可在自己的应用程序中通过相应的系统调用,来实现与操作系统的通信,并取得它的服务。

(3)图形、窗口方式。这是当前使用最为方便和广泛的接口,它允许用户通过屏幕上的窗口和图标来实现与操作系统的通信,并取得它的服务。

2)操作系统实现对计算机资源的抽象

许多年以前,人们就认识到必须找到某种方法把硬件的复杂性与用户隔离开来,经过不断的探索和研究,目前采用的方法是在计算机裸机上加上一层又一层的软件来组成整个计算机系统。同时,为用户提供一个容易理解和便于程序设计的接口。操作系统实现对I/O设备操作的细节,并向上提供一组I/O操作命令,如read和write命令,用户可以利用它来进行数据输入或输出,而无需关心I/O是如何实现的。在操作系统中,类似地把硬件细节隐藏并把它与用户隔离开来的情况处处可见,例如:I/O管理软件、文件管理软件和窗口软件向用户提供了一个越来越方便的使用I/O设备的方法。由此可见,在裸机上铺设的I/O软件隐藏了对I/O设备操作的具体细节,向上提供了一组抽象的I/O设备。

3)操作系统是计算机系统的资源管理者

在计算机系统中,能分配给用户使用的各种硬件和软件设施总称为资源。资源包括两大类:硬件资源和信息资源。其中,硬件资源分为处理机、存储器、I/O设备等。I/O设备又分为输入型设备、输出型设备和存储型设备;信息资源则分为程序和数据等。操作系统的重要任务之一是对资源进行抽象研究,找出各种资源的共性和个性,有序地管理计算机中的硬件、软件资源,跟踪资源使用情况,监视资源的状态,满足用户对资源的需求,协调各程序对资源的使用冲突。研究使用资源的统一方法,为用户提供简单、有效的资源使用手段,最大限度地实现各类资源的共享,提高资源利用率,从而使得计算机系统的效率有很大提高。资源管理是操作系统的一项主要任务,而控制程序执行、扩充机器功能、提供各种服务、方便用户使用、组织工作流程、改善人机界面等都可以从资源管理的角度去理解。

1.2 操作系统的形成和发展

1.2.1 人工操作阶段

从计算机诞生到20世纪50年代中期的计算机属于第一代计算机，机器速度慢、规模小、外设少，操作系统尚未出现。由程序员采用手工方式直接控制和使用计算机硬件，程序员使用机器语言编程，并将事先准备好的程序和数据穿孔在纸带或卡片上，从纸带或卡片输入机将程序和数据输入计算机。然后，启动计算机运行，程序员可以通过控制台上的按钮、开关来操纵和控制程序，运行完毕，取走计算输出的结果，然后轮到下一个用户上机。

随着时间的推移，产生了汇编语言。在汇编系统中，数字操作码被记忆码代替，程序按固定格式的汇编语言书写。系统程序员预先编制一个汇编程序，汇编程序将使用汇编语言书写的"源程序"解释成计算机能直接执行的机器语言格式的目标程序。随后，FORTRAN、ALGOL和COBOL语言分别于1956年、1958年和1959年设计完成并投入使用，这些高级程序设计语言的出现进一步方便了编程。

程序执行时需要把汇编程序或编译程序以及源程序和数据，都穿孔在卡片或纸带上，然后，再用光电扫描装入和执行。其大致过程为：

(1)人工把源程序用穿孔机穿在卡片或纸带上；

(2)将准备好的汇编程序或编译程序装入计算机；

(3)汇编程序或编译程序读入人工装在输入机上的穿孔卡片或穿孔带的源程序；

(4)执行汇编过程或编译过程，产生目标程序，并输出目标程序至卡片或纸带；

(5)通过引导程序把装在输入机上的目标程序读入计算机；

(6)启动目标程序执行，从输入机上读入人工装好的数据卡片或数据带；

(7)产生计算结果，把执行结果从打印机上或卡片机上输出。

上述方式算题比直接用机器语言前进了一步，程序易于编制且易读性好，汇编程序或编译程序可执行存储分配等辅助工作，从而在一定程度上减轻了用户的负担。但是计算机的操作方式并没有多大改变，仍然是在人工控制下进行程序的装入和执行。

人工操作方式存在以下缺点：

①用户独占资源。计算机及其全部资源只能由上机用户独占。

②人工干预较多。要求程序员完成纸带装入、启动输入等手工操作。过多的手工操作不但浪费处理机时间，而且也极易发生差错。

③计算时间长。由于数据的输入、程序的执行、结果的输出均是联机进行的，因此，每个用户从上机到下机的时间非常长。

这种人工操作方式随着计算机速度的提高，人机矛盾变得日趋严重。譬如，一个作业在每秒1万次的计算机上，需运行1个小时，作业的建立和人工干预花了3分钟，那么，手工操作时间占总运行时间的5%；当计算机速度提高到10万次/秒，此时，作业运行时间仅需6分钟，而手工操作不会有多大变化，仍为3分钟，这时手工操作时间占了总运行时间的50%。由此看出缩短手工操作和人工干预时间十分必要。此外，随着CPU速度迅速提高而I/O设备速度却提高缓慢，导致CPU与I/O设备之间的速度不匹配，矛盾越来越突出。为了缓和

CPU 与 I/O 设备之间的速度不匹配的矛盾，先后出现了通道技术、缓冲技术、脱机输入/输出技术。

1.2.2 单道批处理系统

1)单道批处理系统的处理过程

早期的计算机是非常昂贵的，同时由于调度和准备而浪费时间是难以接受的，因此最大限度地利用处理机是非常重要的。为了充分利用计算机，应尽量让系统连续运行，以减少空闲时间，通常是让一批作业以脱机方式使用计算机，通过作业控制卡来描述对作业的加工控制步骤，并把作业控制卡连同程序、数据一起提交给计算机的操作员，操作员收集到一批作业后一起把它们放到卡片机上输入计算机。早期批处理系统中，一开始作业的输入和输出均是联机的，联机 I/O 的缺点是速度慢，I/O 设备和 CPU 仍然串行工作，CPU 时间浪费相当大，为此，在批处理中引进脱机 I/O 技术。除主机外，另设一台辅机，该机仅与 I/O 设备打交道，不与主机连接。输入设备上的作业通过辅机输到磁带上，这叫脱机输入；主机负责从磁带上把作业读入内存执行，作业完成后，主机负责把结果输出到磁带上，这叫脱机输出；然后，由辅机把磁带上的结果信息在打印机上打印输出。这样一来，I/O 工作脱离了主机，辅机和主机可以并行工作，大大加快了程序的处理和数据的输入及输出，这称作脱机 I/O 技术，比早期联机处理系统提高了处理能力。

其工作流程如下。

(1)执行程序将一批作业从纸带或卡片机输入到磁带上，每当一批作业输入完成后，执行程序自动把磁带上的第一个作业装入内存，并把控制权交给作业。

(2)当该作业执行完成后，执行程序收回控制权并再调入磁带上的第二个作业到内存执行。

(3)计算机在执行程序的控制下就这样连续地一个作业接着一个作业执行，直至磁带上的作业全部执行完，处理流程如图 1-3 所示。

这种系统能实现作业到作业的自动转换，缩短作业的准备和建立时间，减少人工操作和干预，让计算机尽可能地连续运转。由于系统对作业的处理是成批进行的，并且内存中始终只保持一道作业，故称此系统为单道批处理系统。

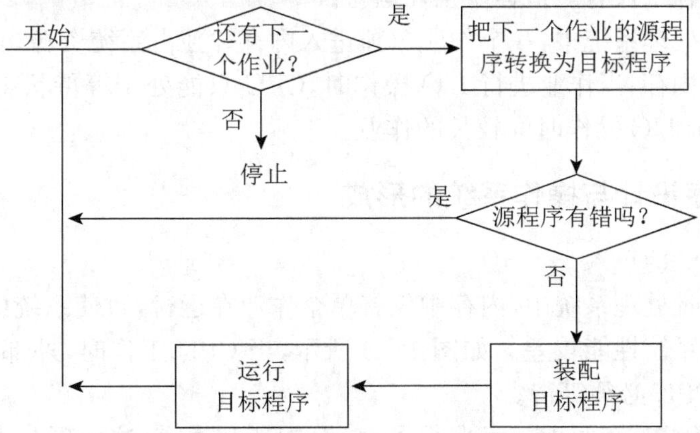

图 1-3 单道批处理系统的处理流程

单道批处理系统的中心思想是使用一个称为监控程序的软件。计算机上运行驻留在内存中的执行程序，以对作业进行自动控制和成批处理，自动进行作业转换以减少系统空闲和手工操作时间。通过使用这类操作系统，用户不再直接访问机器。相反，用户把卡片或磁带中的作业提交给计算机操作员，由他把这些作业按顺序组织成一批，并将整个批作业放在输入设备上，供监控程序使用。每个程序完成处理后返回到监控程序，同时，监控程序自动加载下一个程序。大部分监控程序必须总是处于内存中并且可以执行，如图 1－4 所示，这部分称为常驻监控程序。监控程序的主要功能是：完成自动控制和处理作业流；提供一套操作命令；提供设备驱动程序和 I/O 控制功能；提供库函数和程序链接功能；提供文件管理功能。其他部分包括一些实用程序和公用函数，它们作为用户程序的子程序，在需要用到它们的作业开始执行时被载入。监控程序每次从输入设备（通常是卡片阅读机或磁带驱动器）中读取一个作业。读入后，当前作业被放置在用户程序区域，并且把控制权交给这个作业。当作业完成后，它将控制权返回给监控程序，监控程序立即读取下一个作业。每个作业的执行结果被发送到输出设备（如打印机），交付给用户。

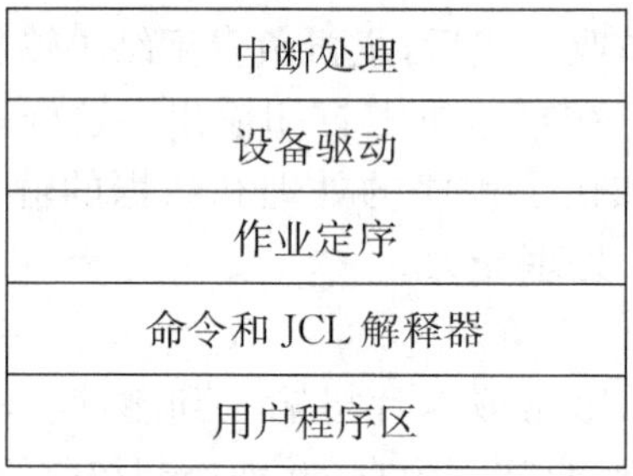

图 1－4　监控程序的内存组织

2）单道批处理系统的特征

单道批处理系统是最早出现的一种操作系统，严格地说，它是操作系统的前身，而不是人们现在所理解的操作系统。该系统的主要特征如下。

（1）自动性：在磁带上的一批作业能自动地逐个依次运行，无需人工干预。

（2）顺序性：磁带上的各道作业按顺序进入内存，各道作业完成的顺序与它们进入内存的顺序在正常情况下是完全相同的。

（3）单道性：内存中仅有一道程序正在运行。

由于在单道批处理系统中，一个作业单独进入内存并独占系统资源，直到运行结束后下一个作业才能进入内存，当作业进行 I/O 操作时，CPU 只能处于等待状态，因此，CPU 利用率较低，尤其是对于 I/O 操作时间较长的作业。

1.2.3　多道程序设计与操作系统的形成

1）多道程序设计的引入

在早期的单道批处理系统中，内存中仅有单个作业在运行，致使系统中仍有许多资源空闲，设备利用率低，系统性能较差。如图 1－5 所示，当 CPU 工作时，外部设备不能工作；而外部设备工作时，CPU 必须等待。

20 世纪 60 年代初，有两项技术取得了突破：中断和通道，这两项技术结合起来为实现 CPU 和 I/O 设备并行工作提供了基础，此时多道程序的概念才变成了现实。

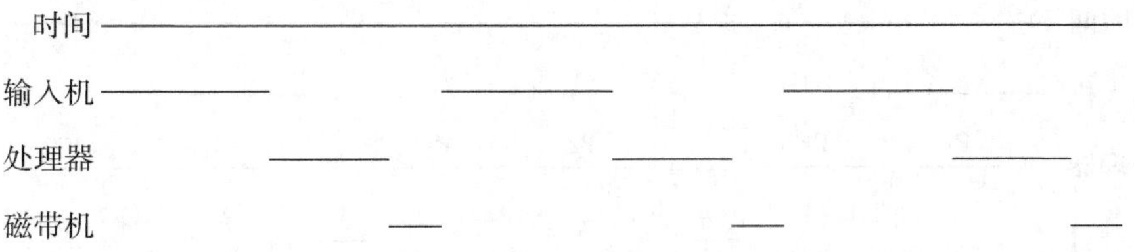

图 1-5　单道算题运行时处理机的使用效率

为了改善 CPU 的利用率，在单道批处理操作系统中，引入多道程序设计技术，形成了多道批处理操作系统。在多道批处理操作系统中，不仅在主存中可同时有多道作业在运行，而且作业可随时被调入系统，并存放在外存中形成作业队列。然后，由操作系统按一定的原则，从作业队列中调入一个或多个作业进入主存运行。多道批处理操作系统一般用于计算机中心的大中型计算机系统中。多道程序设计是指允许多个程序（作业）同时进入一个计算机系统的内存储器并启动进行交替计算的方法。也就是说，计算机内存中同时存放了多道（两个以上相互独立的）程序，它们均处于开始和结束点之间。从宏观上看是并行的，多道程序都处于运行过程中，但都未运行结束；从微观上看是串行的，各道程序轮流占用 CPU，交替地执行。引入多道程序设计技术的根本目的是提高 CPU 的利用率，充分发挥计算机系统部件的并行性，现代计算机系统都采用了多道程序设计技术。

2) 多道程序设计技术

下面来分析多道程序设计技术提高资源利用率和系统吞吐率的原理。从第二代计算机开始，计算机系统具有处理机和外围设备并行工作的能力，这使得计算机的效率有所提高。但是，仅仅这样做，计算机的效率仍不会很高。例如，计算某个数据处理问题，要求从输入机（速度为 6 400 字符/秒）输入 500 个字符（费时 78ms），经 CPU 处理（费时 52ms）后，将结果 2 000个字符存到磁带上（磁带机速度为 10 万字符/秒，共费时 20ms）。然后，再读 500 个字符处理，直至所有的输入数据全部处理完毕。如果处理机不具有和外围设备并行工作的能力，那么，上述计算过程如图 1-5 所示，不难看出在这个计算过程中，处理机的利用率为：

$$52/(78+52+20)\approx 35\%$$

分析上面的例子，可以看出效率不高的原因，当输入机输入 500 个字符后，处理机只花了 52ms 就处理完了，而这时第二批输入数据还要再等 98ms 时间才能输入完毕，在此期间 CPU 一直空闲着。

这个例子说明单道程序工作时，计算机系统的各部件的利用率没有得到充分发挥。为了提高效率，考虑让计算机同时接受两道算题，当第一道程序在等待外围设备的时候，让第二道程序运行，以降低 CPU 空闲等待时间，那么，处理机的利用率显然可以有所提高。例如，计算机在接受上述算题时还接受了另一道算题：从另一台磁带机上输入 2 000 个字符（费时 20ms），经 42ms 的处理后，从行式打印机（速度为 1 350 行/分）上输出两行（费时 88ms）。

当这两道算题同时进入内存计算时，计算过程如图 1-6 所示。其中，$P_{甲}$ 表示程序甲占用 CPU，对输入机输入的 500 个字符进行处理，由于经过 52ms 便处理结束，下次处理要等待 98ms，故这个时间段内 CPU 是空闲的。系统调度程序乙工作，它从磁带机上输入2 000

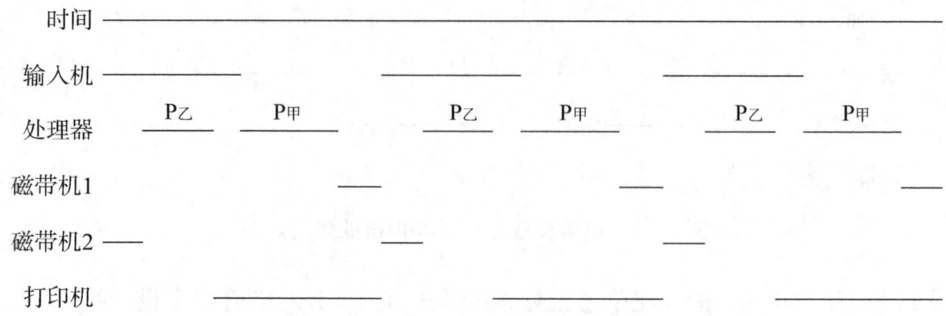

图 1-6　两道算题并行运行时处理机的使用效率

个字符后，$P_{乙}$ 表示处理机对这批数据进行处理。相应的 I/O 设备和 CPU 的操作都是并行的。不难算出，此时处理机的利用率为：

$$(52+42)/150\approx 63\%$$

所以，多道程序同时进入内存并行计算比单道串行地进行计算时的 CPU 效率要高。因为，当某道程序因处理其他事务而使 CPU 空闲时，管理程序便把 CPU 分给另外一道程序执行，这样可使 CPU 和 I/O 设备尽量都处于忙碌状态，这就是要采用多道程序设计方法的主要原因。具有处理机和外围设备并行工作能力的计算机采用多道程序设计技术后，可以提高处理机和 I/O 设备的并行性，从而，也就能提高整个系统的效率，即增加单位时间内算题的数量。

在多道程序设计中，一个值得注意的问题是道数的多少。从表面上看，似乎道数越多越能提高效率，但是道数的多少绝不是任意的，它往往由系统的资源以及用户的要求而定。例如，如果上述甲、乙两道程序都要用行式打印机，而系统只有一台行式打印机，就算它们被同时接受进入计算机内存运行，未必能提高效率。因为，可能程序甲计算了一段时间后要等程序乙不再使用行式打印机，即程序乙结束后，才能继续运行。此外，内存储器的容量和用户的响应时间等因素也影响多道程序道数的多寡。可以采用概率方法来算出 CPU 的利用率，假如一道程序等待 I/O 操作的时间占其运行时间的比例为 p，当内存中有 n 道程序时，则所有 n 道程序都等待 I/O 的概率是 p^n，亦即这时 CPU 是空闲的。那么，

$$\text{CPU 的利用率}=1-p^n$$

其中，n 称多道程序的道数或度数，可见 CPU 的利用率是 n 的函数。如果进程平均花费 80%的时间等待 I/O 操作，为了使 CPU 时间的浪费低于 10%，至少要有 10 道程序在内存中多道运行。事实上，一个用户程序等待从终端输入信息或等待磁盘 I/O，等待时间超过 80%也是常有的事。上述 CPU 利用率计算模型很粗略，但却是有效的。假设计算机有 1MB 内存，操作系统占用 200KB，其余空间允许 4 道用户程序共享，每个占用 200KB。若它们 80%时间用于 I/O 等待，则 CPU 的利用率（忽略操作系统开销时）$=1-(0.8)^4=59\%$。当增加 1MB 内存后，多道程序可从 4 道增加到 9 道，因而，CPU 的利用率 $=1-(0.8)^9=86\%$，也就是说第二个 1MB 内存提高了 47%的系统吞吐量。增加第三个 1MB 内存只将 CPU 的利用率从 86%提高到 96%，吞吐量仅提高了 10%。

总之，操作系统中引入多道程序设计的好处有：

(1)提高了 CPU 的利用率；

(2)提高了内存和 I/O 设备的利用率；

(3)改进了系统的吞吐率；

(4)充分发挥了系统的并行性。

其主要缺点是延长了作业的周转时间。

注意，多道程序设计系统与多重处理系统有差别，后者是指配置了多个物理 CPU，能真正同时执行多道程序的计算机系统。当然要有效地使用多重处理系统，必须采用多道程序设计技术；反之，多道程序设计不一定要求有多重处理系统支持。多重处理系统的硬件结构可以多种多样，如共享内存的多 CPU 结构、网络连接的独立计算机结构。虽然多重处理系统增加了硬件，但却换来了提高系统吞吐量、可靠性、计算能力和并行处理能力的好处。

3)操作系统的形成

第三代计算机的性能有了更大提高，机器速度更快，内外存容量增大，I/O 设备数量和种类增多，为软件的发展提供了有力支持。更好地发挥硬件功效，更好地满足各种应用的需要，这些都迫切要求扩充管理程序的功能。

中断技术和通道技术的出现使得硬件具有较强的并行工作能力，从理论上来说，实现多道程序系统已无问题。但是，从半自动的管理程序方式过渡到能够自动控制程序执行的操作系统方式，对辅助存储器性能的要求增高。这个阶段虽然有个别的磁带操作系统出现，但操作系统的真正形成还期待着大容量高速辅助存储器的出现。大约到 20 世纪 60 年代中期以后，随着磁盘的问世，相继出现了多道批处理操作系统和分时操作系统、实时操作系统，到这个时候操作系统正式形成。计算机配置操作系统后，其资源管理水平和操作自动化程度有了进一步提高，具体表现在：提供存储管理、文件管理、设备管理功能，支持分时操作，多道程序设计趋于完善。

1.2.4 操作系统的分类

从操作系统形成以来，一些主要类型的操作系统分类如下。

1)批处理操作系统

(1)批处理操作系统的概念

过去，一般在计算中心的计算机上配置的操作系统采用以下工作方式：用户把要计算的应用问题编成程序，连同数据和作业说明书一起交给操作员，操作员集中一批作业，并输入到计算机中。然后，由操作系统来调度和控制用户作业的执行，形成一个自动转接的连续处理的作业流，最后由操作员把运算结果返回给用户。通常采用这种批量处理作业方式的操作系统称为批处理操作系统(Batch Operating System)。

(2)批处理操作系统的优缺点

批处理操作系统得主要优缺点如下：

①资源利用率高。由于在内存中驻留了多道程序，它们共享资源，可保证资源处于忙碌状态，从而使得各种资源被充分利用。

②系统吞吐量大。系统吞吐量是指系统在单位时间内所完成的总工作量。批处理系统中 CPU 与各种资源一直处于忙碌状态，只有作业完成或无法运行时才进行切换，因此系统

吞吐量大。

③平均周转时间长。作业的周转时间是指从作业进入系统开始，直至其完成并退出系统为止所经历的时间。在批处理系统中，由于作业要排队，依次进行处理，因而某个具体的作业的周转时间较长。

④无交互能力。用户一旦把作业提交给系统后，直至作业完成，用户都不能与自己的作业进行交互，因此调试和修改程序中的错误是非常困难的。

(3)批处理系统需要解决的问题

实现多道程序设计必须妥善地解决三个问题：存储保护与程序浮动；处理机的管理和分配；系统资源的管理和调度。

在多道程序设计的环境中，内存储器为几道程序所共享，因此，硬件必须提供必要的手段，使得在内存储器中的各道程序只能访问它自己的区域，以避免相互干扰。特别是当一道程序发生错误时，不致影响其他的程序，更不能影响系统程序，这就是存储保护。同时，由于每道程序不是独占全机，这样，不能事先规定它运行时将放在哪个区域，所以，程序员在编制程序时无法知道程序在内存储器中的确切地址。甚至在运行过程中，一个程序也可能改变其运行区域，所有这些，都要求一个程序或程序的某一部分能随机地从某个内存储器区域移动到另一个区域，而不影响程序的执行，这就是程序浮动，或称地址重定位。此外，多道程序共存于内存，会引起内存容量不足，因此，内存扩充也成为操作系统必须要解决好的问题。

2)分时操作系统

(1)分时操作系统的产生

在批处理系统中，用户不能干预程序的运行，无法得知程序的运行情况，对程序的调试和排错不利。为了克服这一缺点，便产生了分时操作系统。

分时的思想是 1959 年由 MIT 正式提出的，并在 1962 年开发出了第一个分时系统 CTSS(Compatible Time Sharing System)，成功地运行在 IBM 7094 机上，能支持 32 个交互式用户同时工作。1965 年在美国国防部的支持下，MIT、BELL 和 GE 公司决定开发一个“公用计算服务系统”以支持整个波士顿地区的所有分时用户，这个系统就是 MULTICS (MULTiplexed Information and Computing Service)。MULTICS 运行在 GE635、GE645 计算机上，使用高级语言 PL/1 编程，约 30 万行代码。特别值得一提的是：MULTICS 引入了许多现代操作系统的概念雏形，如分时处理、远程联机、段页式虚拟存储器、文件系统、多级反馈调度、保护环安全机制、多 CPU 管理、多种程序设计环境等，对后来操作系统的设计有着极大的影响。今天，分时操作系统已成为最流行的一种操作系统，几乎所有的现代通用操作系统都具备分时系统的功能。

(2)分时操作系统的实现

允许多个联机用户同时使用一台计算机系统进行计算的操作系统称为分时操作系统(Time Sharing Operating System)。其实现思想如下：每个用户在各自的终端上以问答方式控制程序运行，系统把中央处理机的时间划分成时间片，轮流分配给各个联机终端用户，每个用户只能在极短时间内执行。若时间片用完，而程序还未做完，则程序挂起等待下次分得时间片。由于调试程序的用户常常只发出简短的命令，这样一来，每个用户的每次要求都能得到快速响应，每个用户都感觉好像独占了这台计算机一样。实质上，分时系统是多道程序的一个变种，CPU 被若干个交互式用户多路分用，不同之处在于每个用户都有一台联机终端。

实现分时系统有不同的方法。简单分时操作系统中，主存中仅存放一个现行作业，其余均存在辅存上，为了使每个作业能得到及时响应，规定作业运行一个时间片后便暂停并调出至辅存，再从辅存上选一个作业装入主存运行，这样轮转一段时间后使每个作业都运行一个时间片，就能让用户通过终端与自己的作业交互，以保证及时响应用户的操作请求。为了改进系统性能，可引入前台/后台的分时系统，前台交互型作业不断在主存和辅存间调进/调出并按时间片轮转运行作业；当前台无作业可运行时，调度后台按批作业执行。进一步提高效率可以在多道程序设计技术基础上实现分时系统，主存中同时装入许多道(小)作业，这些作业排成多个优先级不同的队列，高优先级队列中的交互型作业依次获得一个时间片运行，保证了终端用户的操作请求能获得及时响应，仅当高优先级队列为空或无作业可运行时，才调度低优先级队列的批作业。

(3)分时操作系统的特征

分时操作系统具有以下特性。

①同时性：若干个终端用户同时联机使用计算机，分时就是指多个用户分享使用同一台计算机的 CPU 时间。

②独立性：终端用户彼此独立，互不干扰，每个终端用户在感觉上好像独占了这台计算机。

③及时性：终端用户的立即型请求(即不要求大量 CPU 时间处理的请求)能在足够快的时间之内得到响应(通常应该为 2～3s)。这一特性与计算机 CPU 的处理速度、分时系统中联机终端用户数目和时间片的长短密切相关。

④交互性：人机交互、联机工作。用户直接控制程序的运行，便于程序的调试和排错。

(4)分时操作系统与批处理操作系统的区别

分时操作系统和批处理操作系统有共性，如它们都基于多道程序设计技术，但两者存在下列不同点。

①追求的目标不同。批处理操作系统以提高系统资源利用率和作业吞吐率为目标，分时操作系统则要满足多个联机用户立即型命令的快速响应。

②适应的作业不同。批处理适应已经调试好的大型作业，而分时系统适应正在调试的小作业。

③资源的利用率不同。批处理操作系统可合理安排不同负载的作业，使各种资源利用率较佳。分时操作系统中，多个终端作业使用相同类型编译系统、运行系统和公共子程序时，系统调用它们的开销较小。

④作业控制的方式不同。批处理操作系统由用户通过 JCL 的语句书写作业控制流，预先提交，脱机工作；分时操作系统，由用户从键盘输入操作命令控制，采用交互方式、联机工作。

(5)分时系统实现中的关键问题

为了实现分时系统，其中最关键的问题是如何使用户能与自己的作业进行交互，即当用户在自己的终端上键入命令时，系统应能及时地接收并及时处理该命令，再将结果返回给用户。为了实现人机交互，必须实现以下功能。

①用户作业不能先进入磁盘，然后再调入内存。因为作业在磁盘上不能运行，当然用户

也无法与机器交互，因此，作业应直接调入内存。

②不允许一个作业长期占用处理机，直至它运行结束或出现 I/O 请求后，方才调度其他作业。因此，应该规定每个作业只能运行一个很短的时间（例如 0.1 秒，通常把这段时间称为时间片），然后便暂停该作业的运行，并立即调度下一个程序运行。

在分时系统中，时间片长度的选取是一个重要问题。系统进行进程切换，需要分别保存和恢复相应进程现场，修改进程状态，调整更新表格和队列，假如每次进程切换花费 2.5ms，而时间片设为 25ms 时，CPU 时间的 10%将被耗费在管理上。为了提高效率，可设时间片为 500ms，这时耗费在管理上的 CPU 时间仅有时间片为 25ms 时的 1/20。但在一个分时系统中，假如有 10 个交互型用户正排在就绪队列中等待轮转，当 CPU 空闲时，立即启动第一个就绪进程，第二个就绪进程大约在 0.5s 之后被启动，依此类推。假如每个进程用足了分到的时间片，最后一个进程不得不等待 5s 之后才获得运行机会，多数用户无法忍受一条简短的命令要 5s 才能响应。为此得出结论：分时系统中，时间片设得太短会导致过多的进程切换，降低了 CPU 的效率；但时间片设得太长又可能对短的交互型请求的响应时间变长。应当根据机器的速度、用户的多少、响应的要求、系统的开销综合考虑，选择合理的时间片长度。

3）实时操作系统

（1）实时操作系统的产生

虽然多道批处理操作系统和分时操作系统获得了较佳的资源利用率和快速的响应时间，从而，使计算机的应用范围日益扩大，但它们难以满足实时控制和实时信息处理领域的需要。于是，便产生了实时操作系统，目前有以下两种典型的实时操作系统。

①过程控制系统。计算机用于生产过程控制时，要求系统能现场实时采集数据，并对采集的数据进行及时处理，进而能自动地发出控制信号控制相应执行机构，使某些参数（压力、温度、距离、湿度）按预定规律变化，以保证产品质量。导弹制导系统，飞机自动驾驶系统，火炮自动控制系统都是实时过程控制系统。

②实时信息处理系统。计算机还可用于进行实时信息处理，情报检索系统是典型的实时信息处理系统，计算机接收从各处终端发来的成百上千的服务请求和提问，系统应在极短的时间内作出回答和响应。事务处理系统不仅对终端用户及时作出响应，而且要对系统中的文件或数据库频繁更新。例如，银行业务处理系统。每次银行客户发生业务往来，均需修改文件或数据库。这样的系统要求响应快捷、安全保密，可靠性高。

（2）实时操作系统的概念

实时操作系统是指当外界事件或数据产生时，系统能够接收并以足够快的速度予以处理，其处理的结果又能在规定的时间之内来控制生产过程或对处理系统作出快速响应，并控制所有实时任务协调一致运行的操作系统。因而，提供及时响应和高可靠性是其主要特点。

在实时操作系统中通常存在若干个实时任务，它们常常通过“队列驱动”或“事件驱动”开始工作，当系统接收到某些外部事件后，分析这些消息，驱动实时任务完成相应处理和控制。可以从不同角度对实时任务加以分类。按任务执行是否呈现周期性可分成周期性实时任务和非周期性实时任务；按实时任务截止时间可分成硬实时任务和软实时任务。

（3）实时操作系统与分时操作系统的区别

实时操作系统有着与分时操作系统相似但不完全相同的特点，下面从五个方面对这两种系统加以比较。

①多路性。实时信息处理系统可按分时原则为多个终端用户服务。实时控制系统的多路性则主要表现在系统周期性地对多路现场信息进行采集，以及对多个对象或多个执行机构进行控制。而分时系统中的多路性则与用户情况有关，时多时少。

②独立性。实时操作系统与分时操作系统都具有独立性这一特征。在实时操作系统中独立性主要体现在两个方面：一是实时信息处理系统中的每个终端在向实时操作系统提出服务请求时，都是彼此独立地操作，互不干扰；二是实时控制系统中，对信息的采集和对对象的控制彼此也互不干扰。

③及时性。实时系统中对时间的要求比较急迫，通常是以控制对象所要求的开始截止时间或者完成截止时间来确定，一般为秒级到毫秒级，甚至有的要低于 100μs。在分时系统中用户的时间要求是以人所能接受的等待时间来确定。

④交互性。分时操作系统具有很好的交互性，它能向终端用户提供数据处理和资源共享等服务。实时操作系统虽然也有交互性，但是仅限于访问系统中某些特定的专用服务程序。

⑤可靠性。实时操作系统要求系统具有高可靠性，因为任何差错都有可能带来巨大的经济损失，甚至是无法预料的灾难性后果。分时操作系统虽然也要求系统可靠，但与实时操作系统相比可靠性要求比较低。

上述三种系统是操作系统的基本类型，如果一个操作系统兼有批处理、分时和实时处理的全部或两种功能，则该操作系统称为通用操作系统。

1.3 操作系统的发展现状

近年来得到快速发展和广泛使用的有以下类型的操作系统。

1.3.1 Windows 操作系统

自 PC 机问世以来，PC 机操作系统已成为操作系统中最活跃的一个分支。最初的操作系统出现在 IBM/704 大型机上，而微型计算机的操作系统则诞生于 20 世纪 70 年代——CP/M。CP/M 是加里·基尔达尔领导的美国数据研究(Digital Research)公司为 8 位机开发的操作系统，它能够进行文件管理，具有磁盘驱动装置，可以控制磁盘的输入输出、显示器的显示，以及打印的输出。随着硬件不断的更新换代，PC 机操作系统也在不断的发展，在功能和性能上都发生了巨大的变化。

Windows 操作系统是一款由美国微软公司开发的窗口化操作系统。采用了 GUI 图形化操作模式，比起从前的指令操作系统如 DOS 更加人性化。Windows 操作系统是目前世界上使用最广泛的操作系统。

Windows 操作系统最初的研制目标是在 MS－DOS 的基础上提供一个多任务的图形用户界面。第一个版本 Windows 1.0 于 1985 年问世，它是一个具有图形用户界面的系统软件。1987 年微软公司推出了 Windows 2.0 版，最明显的变化是采用了相互叠盖的多窗口界面形式。1990 年推出 Windows 3.0 是一个重要的里程碑，它以压倒性的优势成功确定了

Windows 系统在 PC 领域的垄断地位。现今流行的 Windows 窗口界面的基本形式也是从 Windows 3.0 开始基本确定的。1992 年主要针对 Windows 3.0 的缺点推出了 Windows 3.1，为程序开发提供了功能强大的窗口控制能力，使 Windows 在其环境下运行的应用程序具有风格统一、操纵灵活、使用简便的用户界面。Windows3.1 在内存管理上也取得了突破性进展。它使应用程序可以超过常规内存空间限制，不仅支持 16MB 内存寻址，而且在 80386 及以上的硬件配置上通过虚拟存储方式可以支持几倍于实际物理存储器大小的地址空间。Windows 3.1 还提供了一定程度的网络支持、多媒体管理、超文本形式的联机帮助设施等，对应用程序的开发有很大影响。

Windows 3.1 及以前版本均为 16 位系统，因而不能充分利用硬件迅速发展的强大功能。同时，它们只能在 MS－DOS 上运行，必须与 MS－DOS 共同管理系统资源，故它们还不是独立的、完整的操作系统。Windows 95 是微软之前独立的操作系统 MS－DOS 和视窗产品相结合直接后续版本。它以对 GUI 的重要改进和底层工作结合为特征，同时也是第一个特别捆绑了 DOS 操作系统的视窗操作系统版本(Microsoft DOS 7.0)。微软可以保持由视窗 3.x 建立起来的 GUI 市场的统治地位，同时对产品可以提供系统的底层操作服务。也就是说，Window 95 具有双重的角色。它带来了更强大的、更稳定、更实用的桌面图形用户界面，同时也结束了桌面操作系统间的竞争。

Windows 98 是一个发行于 1998 年 6 月 25 日的混合 16 位/32 位的 Windows 系统，其版本号为 4.1。该系统是基于 Windows 95 编写的，改良了硬件标准的支持，例如 MMX 和 AGP。实现对 FAT32 文件系统的支持、多显示器、Web TV 的支持和整合到 Windows 图形用户界面的 Internet Explorer。

Windows 2000 是微软公司发行于 1999 年 12 月的 32 位图形商业性质的操作系统。Windows 2000(原名 Windows NT 5.0)是微软为解决 Windows 9x 系统的不稳定和 Windows NT 的多媒体支持不足推出的一个版本。Windows 2000 有四个版本：professional、server、advanced server 和 datacenter server。其中 professional 也有 4 次更新，分别为 SP1、SP2、SP3 和 SP4，适合家庭用户使用，也可以用于升级 WIN9X 和 NT4。Windows 2000 server 是服务器版本，它的前一个版本是 Windows NT4.0 server 版。它即可面向一些中小型的企业内部网络服务器，也可以应付企业、公司等大型网络中的各种应用程序的需要。Advanced server 是 server 的企业版，它的前一个版本是 Windows NT4.0 企业版。Advanced server 比 server 版有更为强大的特性和功能。Datacenter server 可以支持 32 路 SMP 系统和 64GB 的物理内存。该系统可用于大型数据库、经济分析、科学计算以及工程模拟等方面，另外还可用于联机交易处理。

Windows XP 是微软继 Windows 2000 之后推出的新一代 Windows 操作系统，Windows XP 采用了全新的用户界面风格，在稳定性和运行效率方面比 Windows 2000 有了较大的改善，同时 Windows XP 首次采用软件激活机制来应对软件的盗版问题。微软大约每年都会发布一个针对 Windows XP 的升级版。用户可以通过升级文件(或称作服务包)获得最全最新的驱动程序、工具、安全更新、补丁程序以及应用户要求所做的产品修改。Windows XP 服务包 Service Pack 2(SP2)着重于安全问题，是微软有史以来发布的最为重要的服务包之一。它提供了应对病毒、黑客的更好保护，并且内置 Windows 防火墙，Internet Explorer 弹出窗口拦截程序，并且新增了 Windows 安全中心。此外，从 Windows XP 开始

Windows 操作系统除了发行 32 位版本外还发行了 64 位版本。

在 Windows XP 之后微软相继于 2003 年发布了 Windows Server 2003，2007 年发布了 Windows Vista，2008 年发布了 Windows Server 2008，2009 年发布了 Windows 7。Windows Vista 提供了全新的用户界面风格，集成并增强了桌面搜索能力。它避免了让用户直接在管理员权限下运行软件，从而防止因滥用管理权限导致的入侵事件发生。Windows Server 2008 集成了 Vista 的内核更新，并且在内存和处理机等硬件资源的热插拔方面提供了更好的支持，减少服务器系统因需要重新引导而停机的次数和时间。另外，Windows Server 2008 对硬件失败和进程崩溃提供了更加全面的报告机制。Windows 7 改进任务栏、更好地支持打印机和照相机等设备，更轻松地共享文件、文件夹和打印机。

1.3.2 Linux 操作系统

1965 年，贝尔实验室参加一项由通用电气和麻省理工学院合作的计划，该计划要建立一套多使用者、多任务、多层次（multi－user、multi－processor、multi－level）的 MULTICS 操作系统。直到 1969 年，因 MULTICS 计划的工作进度太慢，计划宣告失败。当时参与 MULTICS 计划的 Ken Thompson（后被称为 UNIX 之父）从该计划中产生开发一个小型操作系统的想法。在开发时期，Ken Thompson 正巧发现了一部被闲置的 PDP－7（Digital 的主机），在该台主机上使用汇编语言写了一个小型操作系统，包括核心程序、核心工具程序以及一个小小的文件系统。由于 MULTICS 含有复杂、多数的意思，而 PDP－7 却只能支持两个使用者，因此系统被戏称是："Uniplexed Information and Computing System"，缩写为"UNICS"，后来，取其谐音称其为 UNIX。

由于 UNIX 的高度可移植性和强大的功能，加之无版权纠纷，所以很多商业公司开始了 UNIX 操作系统的开发，例如 AT&T 的 System V、IBM 的 AIX 以及惠普的 DEC 等。1979 年 AT&T 出于商业方面及当时环境的考虑，将 UNIX 的版权收回。此举给在学校教授 UNIX 相关知识的教授带来了巨大影响。因此，谭邦宁（Andrew Tanenbaum）教授于 1986 年开发了 Minix 这个"类 UNIX"的核心程序。该系统功能简单，可以在 8086 上运行，后来也支持 80386。谭邦宁开发 Minix 的目的是用于教育，因此该系统虽然受到欢迎但是却不能满足一般用户的需求。

1983 年，理察・马修・斯托曼（Richard Mathew Stallman）创立了 GNU 计划（GNU Project）。该计划的目标是为了发展一个完全免费自由的 UNIX－like 操作系统，任何人都可以免费地获得这个系统的源代码，并且可以相互自由拷贝。为了避免 GNU 所开发的自由软件被其他人所利用而成为版权软件，GNU 也有自己的版权声明，就是著名的通用公共许可证 GPL（General Public License），并称之为 copyleft（相对于版权的英文 copyright）。它的核心观念是"版权制度是促进社会进步的手段，版权本身不是自然权利"。

1991 年一位来自芬兰赫尔辛基大学的学生 Linus Benedict Torvalds 为了改进 Minix，在自己使用的 486 微机上开始试验开发一套比 Minix 功能更强，能在低档微机上运行，对硬件要求不高而又能支持众多外围设备的 PC Unix 系统。Linus 以 GNU 的软件为基础针对 386 操作系统并参考 Minix 的设计理念和 POSIX 规范编写核心操作系统。1991 年 10 月 Linus 通过 Internet 公布了 Linux0.02 版，将其放在 FTP 服务器内供他人自由下载，并且在讨论区中发布相关消息。分散在世界各地的网络志愿者群策群力完成了系统测试，核心错误修正，新功能增加，硬件驱动程序编写等工作。在这群网络志愿者努力下 1994 年完成了 Linux 的核心正式版 1.0，1996 年完成了 2.0 版。Linux 内核版本的命名遵循以下规则：内核版本号由 x.x.xx 的三组数字组成，第一组数字表示核心的级别；第二组数字如果是奇数表示测试版，偶数表示稳定版(例如 2.6 为稳定版，2.5 为测试版)；第三组数字为修正序列号。目前 Linux 最新的内核版本是 2.6.35。

为了让用户使用 Linux，很多商业公司或非盈利团体将 Linux 内核(含工具)与可运行的软件整合起来并增加个性化的工具程序，这个工具程序可以让用户通过光盘或者网络直接安装/管理 Linux 系统。这种个人、企业、单位在内核基础上开发的 GNU/Linux 程序被称为发行版本。当前比较流行的包括 RedHat、Debian、Ubuntu、SUSE 和 Red Flag 等。

Linux 系统的技术特点有以下几点。

(1)自由开放

由于 Linux 系统的开发从一开始就与 GNU 项目紧密地结合起来，所以它的大多数组成部分都直接来自 GNU 项目。任何人、任何组织只要遵守 GPL 条款，就可以自由使用 Linux 源代码，为用户提供了最大限度的自由。任何人都可以自由地使用或者修改其中的源码。程序开发人员可以根据各自的需求修改或者扩充系统源程序。

(2)极强的平台可伸缩性

Linux 对机器的最低要求是 386CPU 和 4MB 的内存，最基本的系统只需要 10MB 存储空间。一个功能完整的系统大概仅需 16MB 以上的内存，150MB 左右的硬盘空间。Linux 能运行在笔记本电脑、PC、工作站，甚至巨型机上，而且几乎能在所有主流 CPU 芯片搭建的体系结构上运行(包括 Intel/AMD 及 HP－PA、MIPS、PowerPC、UltraSPARC、ALPHA 等 RISC 芯片)，其伸缩性远远超过了 NT 操作系统目前所能达到的水平。

(3)支持多种文件系统

在 Linux 系统中可以访问 ext、ext2、ext3、fat32、NFS、VFS、ISO9660、MSDOS 等多种文件系统。

(4)　安全性及可靠性好

内核高效稳定。Linux 中有大量网络管理、网络服务等方面的功能，可使用户很方便地建立高效稳定的防火墙、路由器、工作站、服务器等。为提高安全性，它还提供了大量的网络管理软件、网络分析软件和网络安全软件等。

(5)　真正的多任务多用户

Linux 与 Windows 系统不同，Linux 主机可以同时允许多人上线工作，并且资源分配比较平均。Linux 充分利用了 X86CPU 的任务切换机制，实现了真正多任务、多用户环境，允许多个用户同时执行不同的程序，并且可以给紧急任务以较高的优先级。

(6)　具有强大的网络功能

Linux 可以轻松地与 TCP/IP、LAN Manager、Windows for Workgroups、Novell Netware 或 Windows NT 网络集成在一起，还可以通过以太网或调制解调器连接到 Internet 上。Linux 不仅能够作为网络工作站使用，更可以胜任各类服务器工作，如文件服务器、打印服务器、邮件服务器、新闻服务器等等。

(7)　开发功能强

Linux 支持一系列的 Unix 开发，它是一个完整的 Unix 开发平台，几乎所有的主流程序设计语言都已移植到 Linux 上并可免费使用,如 C、C++、Fortran77、ADA、Pascal、Modual2/3、Java、SmallTalk/X 等。

1.3.3 并行操作系统

计算机的应用经历了从数据处理到信息处理,从信息处理到知识处理的过程,每前进一步都要求增加计算机的处理能力。为了达到极高的性能,除提高元器件的速度外,计算机系统结构必须不断改进,而这一点主要采用增加同一时间间隔内的操作数量,通过并行处理(parallel processing)技术,研究并行计算机来达到的。已经开发出的并行计算机有:阵列处理机、流水线处理机、多处理机。并行处理技术已成为近年来计算机研究的热门课题,它在气象预报、石油勘探、空气动力学、基因研究、核技术及航空航天飞行器设计等领域均有广泛应用。

为了发挥并行计算机的性能,需要有并行算法、并行语言等许多软件的配合,而并行操作系统则是并行计算机发挥高性能的基础和保证。所以,人们越来越重视并行操作系统的研究和开发。目前已经研究出来的并行操作系统有:美国 Stanford 大学的 V-Kernel、美国 Bell 实验室的 Meglos、美国卡内基梅隆大学的 MACH 等。

1.3.4 网络操作系统

网络操作系统是通过通信设施将地理上分散的并具有自治功能的多个计算机系统互联起来的系统。网络操作系统使计算机在网络中能方便地传送信息和共享资源,并能为网络用户提供各种所需服务的操作系统。网络操作系统主要有两种工作模式:第一种是客户机/服务器(Client/Server)模式,这种模式中又分成两类站点,一类作为网络控制中心或数据中心的服务器,提供文件打印、通信传输、数据库等各种服务,另一类是本地处理和访问服务器的客户机。这是目前较为流行的工作模式。第二种是对等(peer-to-peer)模式,这种网络中的站点都是对等的,每一个站点既可作为服务器,又可作为客户机。

网络操作系统应该具有以下几项功能。

(1)网络通信。其任务是在源计算机和目标计算机之间,实现无差错的数据传输。具体来说是完成建立/拆除通信链路、传输控制、差错控制、流量控制、路由选择等功能。

(2)资源管理。对网络中的所有硬件资源、软件资源实施有效管理,协调诸用户对共享资源的使用,保证数据的一致性和完整性。典型的网络资源有:硬盘、打印机、文件和数据。

(3)网络管理。包括安全控制、性能监视、维护功能等。

(4)网络服务。如电子邮件、文件传输、共享设备服务、远程作业录入服务等。

目前,计算机网络操作系统有三大主流系统:UNIX、Netware 和 Windows NT。UNIX 是唯一能跨多种平台的操作系统;Windows NT 工作在微机和工作站上;Netware 则主要面向微机。支持 C/S 结构的微机网络操作系统则主要有:Netware、UNIXware、Windows NT、LAN Manager 和 LAN Server 等。

下一代网络操作系统应能提供以下功能支撑。

①位置透明性。支持客户机、服务器和系统资源在网络中不断地装入卸出,且不固定确切位置的工作方式。

②名空间透明性。网络中的任何实体都必须从属于同一个名字空间。

③管理维护透明性。如果一个目录在多台机器上有映像文件,应负责对其同步维护;应能将用户和网络故障相隔离;能同步多台在地域上分散的机器的时钟。

④安全权限透明性。用户仅需使用一个注册名及口令,就可在任何地点对任何服务器的资源进行存取,请求的合法性由操作系统验证,数据的安全性由操作系统保证。

⑤通信透明性。提供对多种通信协议的支持,缩短通信的延时。

1.3.5 分布式操作系统

在以往的计算机系统中,处理和控制功能都高度集中在一台计算机上,所有的任务都由它完成,这种系统称为集中式计算机系统。而分布式计算机系统是指由多台分散的计算机,经互联网络联结而成的系统。分布式计算系统的每台计算机高度自治又相互协同,能在系统范围内实现资源管理和任务分配,能并行地运行分布式程序。

用于管理分布式计算机系统的操作系统称为分布式操作系统(distributed operating system)。它与单机集中式操作系统的主要区别在于资源管理、进程通信和系统结构三个方面。和计算机网络类似,分布式操作系统中必有通信规程,计算机之间的发信收信按规程进行。分布式系统的通信机构、通信规程和路径算法都是十分重要的研究课题。集中式操作系统的资源管理比较简单,一类资源由一个资源管理程序来管理。这种管理方式并不适用于分布式系统,例如,用一台机器上的文件系统来管理其他计算机上的文件是有困难的。所以,在分布式系统中,对于一类资源往往有多个资源管理程序,这些管理程序必须协调一致地工作,才能管好资源。这种管理方式比单个资源管理程序的方式复杂得多,人们已开展了许多研究工作,提出了许多分布式同步算法和同步机制。分布式操作系统的结构也和集中式操作系统不一样,它往往有若干个相对独立的部分,各部分分布于不同计算机上,每一部分在另外的计算机上往往有一个副本,当一台机器发生故障时,由于操作系统的每个部分在其他机上有副本,因而仍可维持原有功能。

Plan9 是由 AT&T 公司的 BELL 实验室于 1987 年由 Ken Thompson(UNIX 设计者之一)参与开发的一个具有全新概念的分布式操作系统。开发 Plan9 的主要动机是为解决 UNIX 系统日趋庞大而在可移植性、可维护性和对硬件环境的适应性方面所遇到的种种困难。小而精的思想贯彻 Plan9 到系统的设计中,整个系统仅有约 15 000 行 C 源代码。Plan9 是运行在由不同网络联结的 CPU 服务器、文件服务器及终端机的分布式硬件上的一个分布式操作系统。Plan9 运行中引入和使用了以下概念和技术:命名空间(Naming Space)、进程文件系统(Process File System)、窗口系统(Windows System)、CPU 命令(CPU Command)等。

其他著名的分布式操作系统还有:Cm *(美国卡内基梅隆大学),X 树系统(美国加州大学伯克利分校),Arachne(美国威斯康星大学),Chorus(法国国家信息与自动化研究所),Guide(法国 Bull 研究中心),Clouds(美国乔治亚理工学院),CMDS(英国剑桥大学)。

分布式系统研究和开发的主要方向有以下几个方面。

- 分布式系统结构:研究非共享通路结构和共享通路结构。
- 分布式操作系统:研究资源管理方法、同步控制机制、死锁的检测与解除、进程通信模型及手段等。
- 分布式程序设计:扩充顺序程序设计语言使其具有分布式程序设计能力、开发新的分布式程序设计语言。

● 分布式数据库:设计开发新的分布式数据库。

● 分布式应用:研究各种分布式并行算法,研究在办公自动化、自动控制、管理信息系统等各个领域的应用。

1.3.6 嵌入式操作系统

嵌入式操作系统指运行在嵌入式计算机环境中,是对整个系统及所有操作的各种部件、装置等资源进行统一协调、处理、指挥和控制的系统软件。由于它仍旧是一个操作系统,因此,具有通常操作系统的功能,包括与硬件相关的底层软件、一般操作系统的核心功能(文件系统、存储管理、设备管理、进程管理、处理机管理和中断处理等)。功能强大的还提供图形界面、通信协议、小型浏览器等功能。但由于嵌入式操作系统的硬件平台的局限性、应用环境的多样性和开发手段的特殊性,它与一般操作系统相比又有很大不同,嵌入式操作系统有以下特点。

(1)微型化:硬件平台的局限性表现在可用内存少(1MB以内)、往往不配置外存,微处理机字长短且运算速度有限(8位或16位字长居多)、能提供的能源较少(用微小型电池)、外部设备和被控设备千变万化。因而,不论从性能还是从成本角度考虑,都不允许它占用很多资源,由于系统代码量少,应在保证应用功能的前提下,以微型化作为出发点来设计嵌入式操作系统的结构与功能。

(2)可定制:嵌入式操作系统运行的平台多样,应用种类繁多,表现出专业化的特点。从减少成本和缩短研发周期的角度考虑,要求系统能运行在不同微处理机平台上,能针对硬件变化进行结构与功能上的配置,以满足不同应用需要。例如,提供可配置和可剪裁的内核处理机模块和对不同存储器(ROM、RAM或Flash Memory)的存储管理模块供应用选择;同样,如文件系统、图形接口、网络通信与TCP/IP、多媒体处理等各种功能可做成模块,供用户选择。

(3)实时性:嵌入式操作系统广泛应用于过程控制、数据采集、传输通信、多媒体信息(语音、视频影像处理)及关键要害领域等要求迅速响应的场合,对实时响应要求严格。因而,实时性是其主要的特点之一。针对应用的响应时间要求,可设计成硬实时、软实时和非实时不同级别的系统。对于应用在军事武器、航空航天、交通运输等特殊领域有硬实时要求的系统,其中断响应、处理机调度等机制必须严格符合时间要求。

(4)可靠性:系统构件、模块和体系结构必须达到应有的可靠性,对关键要害应用还要提供容错和防故障措施,进一步改进可靠性。

(5)易移植性:为了提高系统的易移植性,通常采用硬件抽象层HAL(Hardware Abstraction level)和板级支撑包BSP(board support package)的底层设计技术。HAL提供了与设备无关的特性,屏蔽硬件平台的细节和差异,向操作系统上层提供统一接口,保证了系统的可移植性。而一般由硬件厂家提供的,按给定的编程规范完成的BSP,保证了嵌入式操作系统可在新推出的微处理机硬件平台上运行。目前国际上主要的嵌入式操作系统可以支持的微处理机已经超过几十种。

(5)开发环境:嵌入式操作系统与其定制或配置工具联系密切,构成了嵌入式操作系统集成开发环境。其中,通常提供了代码编辑器、编译器和链接器、程序调试器、系统配置器和系统仿真器。

嵌入式操作系统与应用环境密切相关。按应用范围划分，可把它分成通用型嵌入式操作系统和专用型嵌入式操作系统。前者可适用于多种应用领域，比较有名的有 Windows CE、VxWorks(被美国火星探险计划使用)和嵌入式 Linux；而后者则面向特定的应用场合，如适用于掌上电脑的 plam OS、适用于移动电话的 Symbian 等，至今已有几十种嵌入式操作系统面世。

目前国际上嵌入式操作系统丰富多彩，具有代表性的有：Chorus(Chorus 公司)，Diba(Sun 公司)，Navio(Oracle 公司)，OS－9(Microsoft 公司)，Psos(ISI 公司)，QNX(QSSL 公司)，VxWork(WindRiver 公司)和 Windows CE(Microsoft 公司)。

Windows CE 是微软开发的，用于通信、娱乐和移动式计算设备的嵌入式操作系统，它是微软“维纳斯”计划的核心。Windows CE 是具有开放性、32 位多任务、多线程嵌入式的操作系统。Personal Java 是 SUN 公司开发的一种用于给家庭、办公室和移动信息电器创建联网应用的 Java 应用环境。它继承了 Java 产品家属跨硬件平台的优秀特性，非常适于更新换代快的信息电器的应用开发。同时，SUN 公司又开发出专门用于信息电器应用开发的实时操作系统 Java OS for Consumers 和适用于存储空间有限的专用实时嵌入式操作系统 Embedded Java。

1.4 操作系统的特性

每一种操作系统都有各自的个性特征，但是它们都具有并发性、共享性、异步性和虚拟性这四个基本特性。其中并发性是操作系统最重要的特征，其他三个特征都是以并发性为前提的。

1.4.1 并发性

并发性(concurrence)是指两个或两个以上的事件或活动在同一时间间隔内发生。操作系统是一个并发系统，并发性是它的重要特征，操作系统的并发性指它应该具有处理和调度多个程序同时执行的能力。多个 I/O 设备同时在进行输入输出操作；设备 I/O 和 CPU 计算同时进行；内存中同时有多个系统和用户程序被启动，交替地执行，这些都是并发性的例子。发挥并发性能够消除计算机系统中部件和部件之间的相互等待，有效地改善系统资源的利用率，改进系统的吞吐率，提高系统效率。例如，一个程序等待 I/O 时，就出让 CPU，而调度另一个程序占有 CPU 执行运行。这样，在一个程序等待 I/O 时，CPU 也不会空闲，这就是并发技术。

并发性虽然能有效改善系统资源的利用率，但却会引发其他问题，使操作系统的设计和实现变得复杂化。如：怎样从一个运行程序切换到另一个运行程序？以什么样的策略来选择下一个运行的程序？怎样将各个运行程序隔离开来，使之互不干扰，免遭对方破坏？怎样让多个运行程序互通消息和协作完成任务？怎样协调多个运行程序对资源的竞争？多个运行程序共享文件数据时，如何保证数据的一致性？操作系统必须具有控制和管理程序并发执行的能力，为了更好地解决上述问题，操作系统必须提供机制和策略来进行协调，以使各个并发进程能顺利推进，并获得正确的运行结果。另外，操作系统还要合理组织计算机工作流程，协调各类软硬件设施工作，充分提高资源的利用率，发挥系统的并行性，这些也都是在操作系统的统一指挥和管理下进行的。

采用了并发技术的系统又称为多任务系统，计算机系统中，并发实际上是一个物理CPU在若干道程序之间的多路复用，这样就可以实现运行程序之间的并发，以及CPU与I/O设备、I/O设备与I/O设备之间的并行，并发性的实质是对有限物理资源强制行使多用户共享以提高资源使用效率。在多处理机系统中，程序的并发性不仅体现在宏观上，也体现在微观上，即在多个CPU上程序也是并发的，又称并行的。

并行性是指两个或两个以上事件或活动在同一时刻发生。在多道程序环境下，并行性使多个程序同一时刻可在不同CPU上同时执行。而在分布式系统中，多台计算机的并存使程序的并发性得到了更充分的发挥。可见并行性是并发性的特例，而并发性是并行性的扩展。由于并发技术的本质思想是：当一个程序发生其他事件（如等待I/O）时出让其占用的CPU给另一个程序运行，据此不难看出，实现并发技术的关键之一是如何对系统内的多个运行程序（进程）进行切换。

1.4.2 共享性

共享性是操作系统的另一个重要特性。所谓共享，是指操作系统中的资源（包括硬件资源和信息资源）可被多个并发执行的进程共同使用，而不是被一个进程所独占，相应的把这种资源共同使用称为资源共享，或者称为资源复用。一次性向每个用户程序分别提供它们所需要的全部资源不但是浪费的，有时也是不可能的。通常是让操作系统和多个用户程序共用一套计算机系统的所有资源，称为资源共享。资源共享的方式可以分成两种：

第一种是互斥访问。系统中的某些资源如打印机、磁带机、卡片机，虽然它们可提供给多个进程使用，但在同一时间内却只允许一个进程访问这些资源，即要求互相排斥地使用这些资源。当一个进程还在使用该资源时，其他欲访问该资源的进程必须等待，仅当该进程访问完毕并释放资源后，才允许另一进程对该资源访问。这种同一时间内只允许一个进程访问的资源称临界资源，许多物理设备，以及某些数据和表格都是临界资源，它们只能互斥地被共享。

第二种是同时访问。系统中还有许多资源，允许同一时间内多个进程对它们进行访问，这里“同时”是宏观上的说法。典型的可供多进程同时访问的资源是磁盘，可重入程序也可被同时访问。

并发性和共享性是操作系统两个最基本的特性，它们互为依存。一方面，资源的共享是因为程序的并发执行而引起的，若系统不允许程序并发执行，自然也就不存在资源共享的问题。另一方面，若系统不能对资源共享实施有效管理，必然会影响到程序的并发执行，甚至程序无法并发执行，操作系统也就失去了并发性，导致整个系统效率低下。

1.4.3 异步性

操作系统的第三个特性是异步性，或称随机性。在多道程序环境中，允许多个进程并发执行，由于资源有限而进程众多，多数情况，进程的执行不是一贯到底，而是“走走停停”。例如，一个进程在CPU上运行一段时间后，由于等待资源满足或事件发生，它被暂停执行，

CPU转让给另一个进程执行。系统中的进程何时执行,何时暂停,以什么样的速度向前推进以及进程总共要花多少时间执行才能完成,这些都是不可预知的,或者说该进程是以异步方式运行的,其导致的直接后果是程序执行结果可能不唯一。

异步性给系统带来了潜在的危险,有可能导致进程产生与时间有关的错误,但只要运行环境相同,操作系统必须保证多次运行进程都会获得完全相同的结果。操作系统中的随机性处处可见,例如,作业到达系统的类型和时间是随机的;操作员发出命令或按按钮的时刻是随机的;程序运行发生错误或异常的时刻是随机的;各种各样硬件和软件中断事件发生的时刻是随机的,等等。操作系统内部产生的事件序列有许许多多可能,而操作系统的一个重要任务是必须确保捕捉任何一种随机事件以及正确处理可能发生的随机事件以及正确处理任何一种产生的事件序列,否则将会导致严重后果。

1.4.4 虚拟性

虚拟性是指操作系统中的一种管理技术,它是把物理上的一个实体变成逻辑上的多个对应物,或把物理上的多个实体变成逻辑上的一个对应物的技术。显然,前者是实际存在的,而后者是虚构假想的。采用虚拟技术的目的是为用户提供易于使用、方便高效的操作环境。例如,在多道程序系统中,物理CPU可以只有一个,每次也仅能执行一道程序,但通过多道程序和分时使用CPU技术,宏观上有多个程序在执行,就好像有多个CPU在为各道程序工作一样,物理上的一个CPU变成了逻辑上的多个CPU。

通过虚拟设备技术,将一台物理I/O设备虚拟为多台逻辑上的I/O设备,并允许每个用户占用一台逻辑上的I/O设备,这样便可使原来仅允许在一段时间内由一个用户访问的设备(即临界资源),变为在一段时间内允许多个用户同时访问的共享设备。

1.5 操作系统的功能

操作系统的主要任务是保证多道程序能高效地运行,并能最大限度地提高系统中各种资源的利用率和方便性。为了实现该任务,操作系统功能应该包括:处理机管理、存储器管理、设备管理、文件管理和提供用户接口。此外,为了方便计算机联网,应该在操作系统中增加面向网络的功能。

1.5.1 处理机管理

处理机管理的第一项工作是处理中断事件。硬件只能发现中断事件,捕捉它并产生中断信号,但不能进行处理,配置了操作系统,就能对中断事件进行处理。

处理机管理的第二项工作是处理机调度。处理机是计算机系统中一种稀有和宝贵的资源,应该最大限度地提高处理机的利用率。在单用户单任务的情况下,处理机仅为一个用户的一个任务所独占,处理机管理的工作十分简单。为了提高处理机的利用率,操作系统采用了多道程序设计技术。在多道程序或多用户的情况下,组织多个作业或任务执行时,就要解决处理机的调度、分配和回收等问题。近年来设计出各种各样的多处理机系统,处理机管理就更加复杂。为了实现处理机管理的功能,描述多道程序的并发执行,操作系统引入了进程的概念，处理机的分配和执行都是以进程为基本单位；随着并行处理技术的发展，为了进一步提高系统并行性，使并发执行单位的粒度变细，并发执行的代价降低，操作系统又引入了线程的概念。

对处理机的管理和调度最终归结为对进程的管理和调度，包括：

(1)进程控制　在多道程序环境中，要使作业运行必须首先为它创建一个或多个进程，并分配必要的资源。当进程运行结束时，以及撤销该进程时，回收该进程所占用的各类资源。进程控制的主要功能是为作业创建进程，撤销已结束的进程，以及控制进程在运行过程中的状态转换。

(2)进程同步　进程同步的主要任务是为多个进程(含线程)的运行进行协调。有两种协调方式。

①进程互斥方式：是指诸进程(线程)在对临界资源进行访问时，应采用互斥方式；

②进程同步方式：指在相互合作去完成共同任务的诸进程(线程)间，由同步机构对它们的执行次序加以协调。

(3)进程通信　为了加速应用程序的运行，应在系统中建立多个进程(线程)，由这些进程(线程)相互合作去完成一个共同的任务。

当相互合作的进程(线程)处于同一计算机系统时，通常在它们之间是采用直接通信方式，即由源进程发送命令直接将消息挂到目标进程的消息队列上，以后由目标进程接收命令从其消息队列中取出消息。

(4)调度　在后备队列上等待的每个作业，通常都要经过调度才能执行。包括作业调度和进程调度两步。

作业调度的基本任务：从后备队列中按照一定的算法，选择出若干个作业，为它们分配必需的资源(首先是分配内存)。在将它们调入内存后，分别为它们建立进程，使它们都成为可能获得处理机的就绪进程，并按照一定的算法将它们插入就绪队列。

进程调度的任务：从进程的就绪队列中选出一个新进程，把处理机分配给它，并为它设置运行现场，使进程投入执行。值得提出的是，在多线程 OS 中，通常是把线程作为独立运行和分配处理机的基本单位，为此，需把就绪线程排成一个队列，每次调度时，就是从就绪线程队列中选出一个线程，把处理机分配给它。

由于操作系统对处理机的管理策略不同，其提供的作业处理方式也就不同，例如，批处理方式、分时处理方式、实时处理方式等。因此呈现在用户面前成为具有不同处理方式和不同特点的操作系统。

1.5.2　存储管理

存储管理的主要任务是管理存储器资源，为多道程序运行提供有力的支撑，便于用户使用存储资源，提高存储空间的利用率。存储管理的主要功能包括以下几点。

1)内存分配

存储管理将根据用户程序的需要分配给它存储器资源，这是多道程序能并发执行的首要条件。实现内存分配可以采取静态和动态两种方式。静态分配方式中，在程序装入时确定每个作业的内存空间，作业装入后的整个运行期间不允许作业在内存中动态移动，也不允许动态增长；动态分配方式中，每个作业所要求的基本内存空间是在程序装入时确定的，但是允许作业在执行中继续申请新的附加内存空间，以适用程序和数据的动态增长，也允许作业在内存中“移动”。

2）内存保护

内存保护的主要任务是确保每道用户程序都只在自己的内存空间内运行，彼此互不干扰；决不允许用户程序访问操作系统的程序和数据；也不允许用户程序转移到非共享的其他用户程序中去执行。

常用的内存保护机制包括：

①上下界保护法　上下界存储保护技术为每个进程设置一对上下界寄存器。上下界寄存器中装有被保护程序和数据段的起始地址和终止地址。在程序执行过程中，在对内存进行访问操作时首先进行访址合法性检查，即检查经过重定位后的内存地址是否在上下界寄存器所规定的范围之内。若在规定的范围之内，则访问是合法的；否则是非法的，并产生访址越界中断。

②保护键法　保护键法为每一个被保护存储块分配一个单独的保护键。在程序状态字中则设置相应的保护键开关字段，对不同的进程赋予不同的开关代码以和被保护的存储块中的保护键匹配。保护键可设置成对读写同时保护的或只对读、写进行单项保护的。如果开关字与保护键匹配或存储块未受到保护，则访问该存储块是允许的，否则将产生访问出错中断。

3）地址映射

为了保证 CPU 执行指令时可正确访问存储单元，需将用户程序中的逻辑地址转换为运行时由机器直接寻址的物理地址，这一过程称为地址映射。通常地址映射应该在硬件的支持下完成。

4）存储扩充

由于受到处理机寻址能力的限制，一台计算机的物理内存容量总是有限的，难以满足用户大型程序的需求，而外存（辅助存储器）容量大且价格便宜。存储管理还应该能从逻辑上来扩充内存储器，把内存和外存混合起来使用，为用户提供一个比内存实际容量大得多的逻辑编程空间，方便用户的编程和使用。

操作系统的这一部分功能与硬件存储器的组织结构和支撑设施密切相关，操作系统设计者应根据硬件情况和用户使用需要，采用各种相应的有效存储资源分配策略和保护措施。

1.5.3　设备管理

设备管理的主要任务是管理各类外围设备，完成用户提出的 I/O 请求，加快 I/O 信息的传送速度，发挥 I/O 设备的并行性，提高 I/O 设备的利用率，以及提供每种设备的设备驱动程序和中断处理程序，为用户隐蔽硬件细节，提供方便简单的设备使用方法。

为实现这些任务，设备管理应该具有以下功能。

1）缓冲管理

CPU 运行的高速性和 I/O 低速性的矛盾非常突出，严重降低了 CPU 的利用率。为了缓和这两者之间速度不匹配的问题，可以在内存中设置缓冲区，同时可以通过增加缓冲区容量的方法来改善系统的性能。

2)设备分配

设备分配的基本任务是根据用户进程的 I/O 请求、系统的现有资源情况以及按照某种设备的分配策略,为之分配所需的设备。为了实现设备分配,系统应该设置设备控制表、控制器控制表、系统设备表等数据结构,利用这些表格了解设备、控制器、通道的使用情况,然后再根据设备的类型进行分配。

3)设备处理

设备处理程序又被称为设备驱动程序。其基本任务是实现 CPU 和设备控制器之间的通信。其处理过程是:设备处理程序首先检查 I/O 请求的合法性,了解设备状态是否空闲,了解有关的传递参数及设置设备的工作方式。然后,便向设备控制器发出 I/O 命令,启动 I/O 设备去完成指定的 I/O 操作。设备驱动程序还应能及时响应由控制器发来的中断请求,并根据该中断请求的类型,调用相应的中断处理程序进行处理。

1.5.4 文件管理

文件管理则是针对系统中的信息资源的管理。在现代计算机中,通常把程序和数据以文件形式存储在外存储器上,供用户使用。这样,外存储器上保存了大量文件,对这些文件如不能采取良好的管理方式,就会导致混乱或破坏,造成严重后果。为此,在操作系统中配置了文件管理,它的主要任务是对用户文件和系统文件进行有效管理,实现按名存取;实现文件的共享、保护和保密,保证文件的安全性;并提供给用户一整套能方便使用文件的操作和命令。具体来说,文件管理要完成以下任务:

(1)提供文件逻辑组织方法;

(2)提供文件物理组织方法;

(3)提供文件存取方法;

(4)提供文件使用方法;

(5)实现文件的目录管理;

(6)实现文件的共享和存取控制;

(7)实现文件的存储空间管理。

1.5.5 用户接口

为了使用户能灵活、方便地使用计算机和系统功能,操作系统还提供了一组友好的使用其功能的手段,称为用户接口,它包括两大类:程序接口和操作接口。用户通过这些接口能方便地调用操作系统功能,有效地组织作业及其工作和处理流程,并使整个系统能高效地运行。程序接口是指一组系统功能调用。操作接口是指一组操作控制命令。

1)系统调用

操作系统的主要功能是为应用程序的运行创建良好的环境,为了达到这个目的,系统内核提供了一系列具备预定功能的多内核函数,通过一组称为系统调用的接口呈现给用户。系统调用把应用程序的请求传给系统内核,调用相应的内核函数完成所需的处理,将处理结果返回给应用程序,如果没有系统调用和内核函数,用户将不能编写大型应用程序。用户程序可以通过系统调用来获得操作系统内核提供的服务,比如用户可以通过文件系统相关的调用请求系统打开文件、关闭文件或读写文件,也可以通过时钟相关的系统调用获得系统时间或设置定时器等。

当用户使用系统调用时，产生一条相应的指令，处理机在执行到该指令时发生相应的中断，并发出有关信号给该处理机构。该处理机构在收到处理机发来的信号后，启动相关的处理程序去完成该系统调用所要求的功能。在系统中为控制系统调用服务的机构称为陷阱处理机构。与之相应，把由于系统调用引起处理机中断的指令称为陷阱指令(或称访管指令)。

为了实现系统调用，系统设计人员还必须为实现各种系统调用功能的子程序编造入口地址表，每个入口地址都与相应的系统子程序名对应起来。然后，由陷阱处理程序把陷阱指令中所包含的功能号与该入口地址表中的有关项对应起来，从而由系统调用功能号驱动有关系统子程序执行。

由于在系统调用处理结束后，用户程序还需利用系统调用的返回结果继续执行，因此，在进入系统调用处理之前，陷阱处理机构还需保存处理机现场。再者，在系统调用处理结束之后，陷阱处理机构还要恢复处理机现场。在操作系统中，处理机的现场一般被保护在特定的内存区或寄存器中。

2)操作控制命令

使用操作控制命令进行作业控制的主要方式有两种，即脱机方式和联机方式。所谓脱机方式，即用户将作业的执行顺序和出错处理方法一并以作业控制说明书的方式或命令文件方式提交给系统，由系统按照作业说明书或命令文件中所规定的顺序控制作业执行。在执行过程中，用户无法干涉，只能等待作业正常结束或出错停止之后查看执行结果或出错信息，以便修改作业内容或控制过程。脱机控制方式利用作业控制语言来编写表示用户控制意图的作业控制程序，也就是作业说明书。作业控制语言的语句就是作业控制命令。不同的批处理系统提供不同的作业控制语言。

联机控制方式不同于脱机控制方式，它不要求用户填写作业说明书，系统只为用户提供一组键盘或其他操作方式的命令。用户使用系统提供的操作命令和系统会话，交互地控制程序执行和管理计算机系统。其工作过程是，用户在系统给出的提示符下敲入特定的命令，系统在执行完该命令后向用户报告执行结果；然后，用户决定下一步的操作。如此反复，直到作业执行结束。与脱机控制方式相比，联机控制方式的命令种类要丰富得多。

联机控制方式使用户直接参与控制作业执行，因而大大地方便了用户。但是，在某些情况下，用户反复输入众多的命令也会浪费许多不必要的时间。例如，在对某个源代码文件进行编译调试之后，需要重新和多个目标代码文件链接。如果这个调试和链接不是一次成功的话(很多情况下是不可能的)，那么，用户的控制过程将会非常单调和烦琐。显然，在这种情况下，批处理方式要优于联机控制方式。因此，在现代操作系统中，大都提供批处理方式和联机控制方式。这里，批处理方式既指传统的作业控制语言编写的作业说明书方式，也指那些把不同的交互命令按一定格式组合后的命令文件方式。

本章小结

计算机系统由计算机硬件和计算机软件两大部分组成。操作系统是管理计算机软硬件资源、合理地调度各类作业、方便用户使用的程序集合。操作系统是为应用软件提供支持的一种系统软件。

随着计算机软硬件技术的发展，从人工管理的阶段逐步形成了各种不同类型的操作系统。操作系统的基本类型可以分为:批处理操作系统(单道批处理系统和多道批处理系统、分时操作系统、实时操作系统。其中批处理操作系统是指批量化处理作业方式的操作系统;分时操作系统是允许多个联机用户同时使用一台计算机系统进行计算的操作系统;实时操作系统是指当外界事件或数据产生时,能接收并以足够快的速度予以处理,处理的结果又能在规定时间内出来以控制监控的生产过程或对处理系统作出快速响应,并控制所有实时任务协调一致运行的操作系统。

现代操作系统主要有常用的 Windows 操作系统、Linux 操作系统,网络操作系统、分布式操作系统和嵌入式操作系统等。无论哪种类型的操作系统,都应该满足四个基本特征:并发性、共享性、虚拟性和异步性。即程序执行的并发性,资源使用的共享性,随机事件产生的不确定性,以及设备访问的虚拟性。

为了提高操作系统的资源利用率,保证计算机系统安全可靠地工作,操作系统对各类资源统一管理。从资源管理的角度看,操作系统的基本功能可以分为:处理机管理、存储管理、文件管理、设备管理和用户接口。处理机管理主要是对 CPU 进行管理,其主要任务是对处理机进行分配,并对其运行进行有效的控制和管理。存储管理的主要功能是内存分配、内存保护、地址映射和内存扩充。设备管理是指对除了 CPU 与内存以外的所有输入/输出设备的管理,其主要任务是为设备提供驱动程序或控制程序,以使用户不必详细了解技术细节就可方便对设备进行操作。文件管理的主要任务是有效地组织、存储、保护文件。它的主要功能包括:文件存储空间管理、文件目录管理、文件存储控制和文件操作。用户接口的主要功能包括:程序接口和操作接口。

习 题

一、单项选择题

1. 操作系统是一种(   )。

A. 通用软件　　B. 系统软件　　C. 应用软件　　D. 软件包

2. 操作系统的(   )管理部分负责对进程进行调度。

A. 主存储器　　B. 控制器　　C. 运算器　　D. 处理机

3. 操作系统是对(   )进行管理的软件。

A. 软件　　B. 硬件　　C. 计算机资源　　D. 应用程序

4. 从用户的观点看,操作系统是(   )。

A. 用户与计算机之间的接口

B. 控制和管理计算机资源的工具

C. 合理地组织计算机工作流程的软件

D. 由若干层次的程序按照一定的结构组成的有机体

5. 操作系统的功能是进行处理机管理、(   )管理、设备管理及信息管理。

A. 进程　　B. 存储　　C. 硬件　　D. 软件

6. 操作系统中采用多道程序设计技术提高 CPU 和外设的(   )。

A. 利用率　　B. 可靠性　　C. 稳定性　　D. 兼容性

7. 操作系统的基本类型有(   )。

A. 批处理系统,分时系统及多任务系统

B. 实时系统,批处理系统及分时系统

C. 单用户系统,多用户系统及批处理系统

D. 实时系统,分时系统及多用户系统

8. 批处理系统的主要缺点是(　　)。

A. CPU 利用率低　　B. 不能并发执行

C. 缺少交互性　　D. 以上都不是

9. (　　)操作系统允许在一台主机上同时连接多台终端,多个用户可以通过各自的终端同时交互地使用计算机。

A. 网络　　B. 分布式　　C. 分时　　D. 实时

10. 在(　　)操作系统控制下,计算机系统能及时处理由过程控制反馈的数据并作出响应。

A. 网络　　B. 分布式　　C. 分时　　D. 实时

11. Windows 2000 是(　　)操作系统

A. 多用户多任务　　B. 单用户多任务

C. 网络　　D. 单用户单任务

12. 如果分时系统的时间片固定,那么(　　),则响应时间越长。

A. 内存越大　　B. 内存越少　　C. 用户数越少　　D. 用户数越多

13. 在排版系统、飞机订票系统、股票系统、计算机辅助设计系统、机器翻译系统、火箭发射系统、远程教育系统和 C 语言编译系统中,属于实时操作系统的有(　　)个。

A. 3　　B. 4　　C. 5　　D. 6

14. 下列语言中属于脱机作业控制语言的是(　　)。

A. 作业控制语言　　B. 汇编语言

C. 会话式程序设计语言　　D. 解释 Basic

15. 以下不属于操作系统设计目标的是(　　)。

A. 正确性　　B. 交互性

C. 高效性　　D. 可维护性和可移植性

二、填空题

1. 操作系统的基本功能包括(　　)管理,(　　)管理,(　　)管理,(　　)管理以及提供用户接口。

2. 批处理系统可以分为:(　　)系统和(　　)系统。

3. 分时系统中,每个用户都感到好像各自有一台(　　)的、与自己(　　)的计算机。

4. 实时系统与分时系统的主要区别是(　　)和(　　)。

5. 采用多道程序设计技术能充分发挥(　　)和(　　)并行工作能力。

6. Windows 98 是(　　)类型的操作系统,Windows NT 是(　　)类型的操作系统,DOS 是(　　)类型的操作系统,LINUX 是(　　)类型的操作系统。

7. 操作系统的基本特征是(　　),(　　),(　　)和(　　)。

8. 分时系统的特点是(　　),(　　),(　　)和(　　)。

9. 分时系统的响应时间与(　　)和(　　)有关。

10. 如果操作系统具有很强的交互性,它可供多个用户使用,但时间响应不太及时,则属

于(　　)类型。如果操作系统可靠,响应及时但仅有简单的交互能力,则属于(　　)类型。如果操作系统在用户提交作业后不提供交互能力,而只提供作业流程的自动化,则属于(　　)类型。

三、问答题

1. 不同类型的操作系统提供不同的功能。假如有如下应用环境,选择他们适合的操作系统。

(1)飞机的导航 (2)办公自动化系统(3)航空订票系统(4)复杂的科学计算(5)图书检索系统。

2. 试对分时系统和实时系统进行比较。

3. 什么是操作系统的基本功能?

4. 什么是批处理系统,分时系统和实时系统?

5. 简述操作系统在计算机系统中的作用。

6. 操作系统中引入多道程序设计,可以实现哪几方面的好处?

7. 设有两道程序按 A、B 的优先次序运行,其内部计算和 I/O 操作的时间如下:

程序 A 使用 30msCPU 后使用 40ms 进行 I/O 设备操作,最后使用 20msCPU。

程序 B 使用 60msCPU 后使用 20ms 进行 I/O 设备操作,最后使用 30msCPU。

(1)试画出按多道程序运行的时间关系图;

(2)完成两道程序共花多少时间? 它比单道运行节省了多少时间?

8. 脱机命令接口和联机命令接口有何不同?

9. 为了保证多道程序设计的正确运行,在技术上要解决哪些基本问题?

10. 试从独立性、同时性、交互性和及时性四个方面来比较批处理系统、分时系统、实时系统。

第2章　进程与线程

本章导读

传统系统中程序不能独立运行，资源分配和独立运行的基本单位是进程。进程是对正在运行的程序的一个抽象。进程管理控制处理机和其他资源的活动实现进程、线程和资源的抽象。

本章首先从多道程序设计技术出发，引入进程的概念、进程的基本状态和进程的控制。在进程基础上介绍了线程的概念，并将线程与进程的关系进行比较。其次，分析了并发进程在竞争共享资源时可能出现的错误，讲述了进程的同步与互斥问题以及如何利用信号量机制解决。最后，说明在实现进程间的相互协同工作时的进程通信。

本章要点

- 进程的概念
- 进程的基本状态以及状态的转换
- 进程的控制
- 线程的概念
- 线程与进程的关系
- 同步和互斥的概念
- 信号量
- 经典的同步问题
- 进程通信的概念

2.1　进程的概念

现代的所有计算机都能同时做几件事。当一个用户程序正在运行时，计算机能同时读取磁盘，并向屏幕或打印机输出正文。在多道程序设计系统中，允许多个程序并发执行，CPU 由一道程序切换至另一道程序，使每道程序各运行几十或几百毫秒。

2.1.1　进程的引入

1)前趋图

前趋图是一个有向无循环图，用于描述程序、程序段或语句执行的先后次序，图中每个节点可以表示一条语句、一个程序段或一个进程，节点间的有向边"→"表示两个节点之间的前趋关系：

$\rightarrow=\{(P_i,P_j)|$在 P_j 开始前 P_i 必须完成$\}$

如果$(P_i,P_j)\in\rightarrow$，可写成 $P_i\rightarrow P_j$，P_i 是 P_j 的直接前趋，P_j 是 P_i 的直接后继。图 2-1 给出了一个具有九个节点的前趋图：P_1 为初始节点应该首先启动执行，P_9 为终止节点应该最后执行。该前趋图中存在下面的前趋关系：

$P_1\rightarrow P_2$，$P_1\rightarrow P_3$，$P_1\rightarrow P_4$，$P_2\rightarrow P_5$，$P_3\rightarrow P_5$，$P_4\rightarrow P_6$，$P_4\rightarrow P_7$，$P_5\rightarrow P_8$，$P_6\rightarrow P_8$，$P_7\rightarrow P_9$，$P_8\rightarrow P_9$。

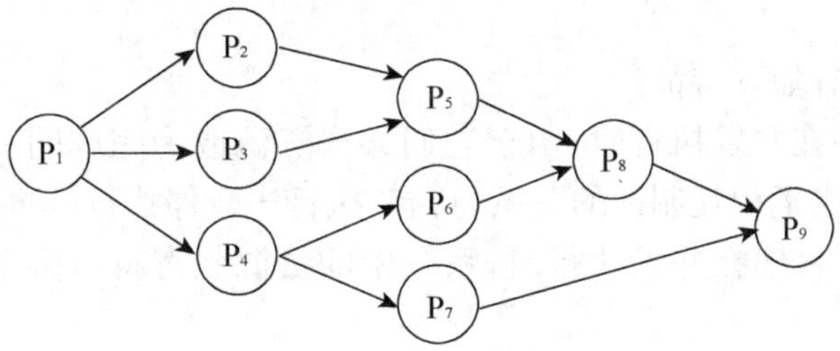

图 2-1　前趋图示例

2)程序的顺序执行

程序的基本特征是它的顺序性，即一个程序通常由若干个操作组成，这些操作必须按照某种先后次序执行，仅当前一个操作执行完成后才能执行后继操作，这类计算过程就是程序的顺序执行过程。例如，在进行计算时，总需要先输入用户的程序和数据，然后进行计算，最后才能打印计算的结果，这三个程序段的执行顺序可以按图 2-2 所示的顺序进行，I 表示输入操作，C 表示计算操作，P 为打印操作。程序顺序执行时具有如下特征。

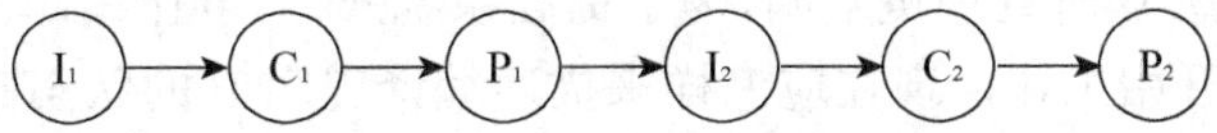

图 2-2　程序的顺序执行

(1)顺序性　一个程序的各个部分的执行，严格地按照某种先后次序执行；

(2)封闭性　程序在封闭的环境下运行，即程序运行时独占全部系统资源；

(3)可再现性　只要程序执行时的环境和初始条件相同，当程序重复执行时，不论它是从头到尾不停顿地执行，还是"停停走走"地执行，都将获得相同的结果。

程序顺序执行的特性，为程序员检测和校正程序的错误带来了很大方便。

3)程序的并发执行

在多道程序环境中，程序的执行方式由顺序的执行方式变成并发的执行方式。在图 2-3 中以前趋图的形式描述了多个程序的并发执行。对于同一个作业的输入程序、计算程序、打印程序三者之间必须顺序执行，但是对一批程序进行处理时，可使它们并发执行。例如：计算程序对第一个程序进行计算的同时，可由输入程序输入第二个程序，从而使得第一个程序的计算过程和第二程序的输入过程并发执行。若干个程序同时执行，即一个程序已经开始工作但还没有结束之前，另一个程序也可以开始工作，就可以使得这一批作业处理速度有很大的提高，CPU 与外围设备之间有效地并行工作，提高资源的利用率。

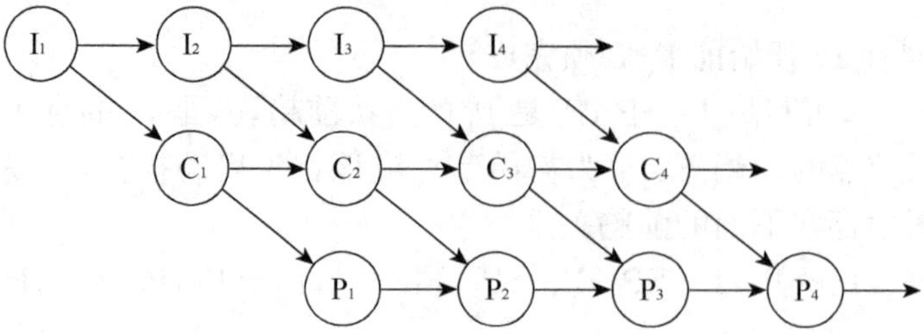

图 2－3　并发执行时的前趋图

程序并发执行具有如下特征。

(1)间断性　程序在并发执行时，由于它们共享资源或为完成同一任务而相互合作，致使在并发程序之间形成了相互制约的关系，具有“执行－暂停执行－再执行”的特征。

(2)失去封闭性　程序在并发执行时，系统中的资源状态将由多个程序来改变，使程序的运行失去了封闭性。

(3)不可再现性　程序在并发执行时，由于失去了封闭性，其计算结果与并发程序的执行速度有关，程序经过多次执行后，虽然执行的环境和初始条件相同，但得到的结果却大不相同。

在多道程序设计的系统中，往往要同时处理多个用户的计算问题。每一个用户的源程序进入系统后，首先调用“编译程序”把源程序翻译为目标程序。因此在多道程序环境中，编译程序要同时为若干个用户的源程序进行编译。编译程序 P 现在正在编译源程序甲，编译程序从起始点 A 点开始工作，当执行到 B 点时需要将信息记到磁盘上，且程序 P 在 B 点等待磁盘传输数据完成。这时处理机空闲，为了提高系统效率，可让编译程序 P 再为源程序乙进行编译，仍从 A 点开始工作。现在应怎样来描述编译程序 P 的状态呢？称它为在 B 点等待磁盘传输状态，还是称它为正在从 A 点开始执行的状态？编译程序 P 只有一个，但加工对象有甲、乙两个源程序，所以，继续以程序作为占用处理机的单位显然是不合适的了。为此，可把编译程序 P，与服务对象联系起来，P 为源程序甲服务构成进程 $P_{甲}$，P 为源程序乙服务则构成进程 $P_{乙}$。这两个进程虽共享编译程序 P，但它们可同时执行且彼此按各自的速度独立进行。现在可以说进程 $P_{甲}$ 在 B 点处于等待磁盘传输的状态，而进程 $P_{乙}$ 正处在(从 A 点开始)执行的状态。

可见程序与计算(程序的执行)不再一一对应，延用程序概念不能描述这种共享性，因而，引入了新的概念——进程，它是既能描述程序并发执行过程又能用来共享资源的一个基本单位。

2.1.2　进程的定义

一个进程就是一个正在执行的程序，包括程序计数器、寄存器和变量的当前值，通过程序计数器的值和处理机的寄存器的内容来表示当前活动。进程中通常还包括进程堆栈段(包括临时数据，如函数参数、返回地址和局部变量)和数据段(包括全局变量)。进程还可能包括堆(heap)，即在进程运行期间动态分配的内存。内存中的进程结构如图 2－4 所示。

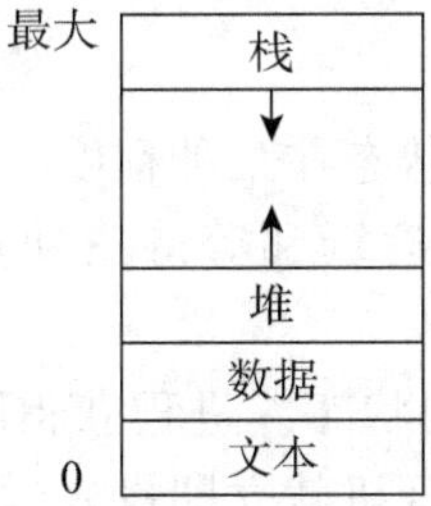

图 2-4 内存中的进程

1)进程定义

到目前为止进程还没有一个严格的定义，根据应用的需求，对进程的描述会略有不同。进程较为常见的定义如下：

(1)进程是程序的一次执行。

(2)进程是一个程序及其数据在处理机上顺序执行时所发生的活动。

(3)进程是一个独立的可以调度的活动。

(4)进程是程序在一个数据集合上运行的过程，它是系统进行资源分配和调度的一个独立单位。

(5)进程是可并发执行的程序在某个数据集合上的一次计算活动，也是操作系统进行资源分配和保护的基本单位。

总之，进程是一个具有独立功能的程序对于某个数据集在处理机上的执行过程和分配资源的基本单位。

2)进程的特征

(1)结构性　从软件结构的构造角度看，进程是由“程序＋数据＋进程控制块”构成；

(2)动态性　进程是动态变化的，并且每个进程都有一个从创建到消亡的过程；

(3)并发性　每个进程的执行过程总是与其他进程的执行过程在时间上有所重叠；

(4)独立性　进程实体是一个能独立运行、独立分配资源和独立接受调度的基本单位；

(5)异步性　进程按各自独立的、不可预知的速度向前推进，或者说进程实体按异步方式运行。

3)进程与程序的区别和联系

进程是程序的执行过程，是动态的过程，属于动态概念。同时进程存在于其生命周期中，即进程是动态地产生和消亡。程序是一组静态指令和数据的集合，用于指示处理机的操作，是一个静态概念。

进程是由“程序＋数据＋进程控制块”构成。进程实体中的程序段和相应的数据段这两个部分与程序的定义含义相近，但是进程结构中还要包含一个存储动态信息的数据结构，即进程控制块。

进程与程序并非一一对应，一个程序运行在不同的数据集上构成了不同的进程，一个进程可以执行一个或几个程序。不同的进程可以包含同一程序，只要该程序所对应的数据集不同。

2.1.3 进程状态

进程在执行时会改变状态。进程状态在某种程度上是由当前活动所定义的。从进程管理角度出发,可以将进程划分成就绪、运行和等待三种基本状态。进程可能处于下列状态之一。

(1)就绪状态　进程等待处理机的状态。进程获得除了处理机之外运行所需的一切资源,等待分配处理机资源,一旦获得处理机就立即投入运行。

(2)运行状态　进程正在处理机上运行的状态。

(3)等待状态　也被称为阻塞状态。进程等待某种事件完成(例如等待 I/O 操作的完成)而暂时不能运行的状态,处于该状态的进程不能参与竞争处理机。

一次只有一个进程可以在一个处理机上运行,但是多个进程可处于就绪或等待状态。进程的各个状态可依据一定的因素和条件发生转换,图 2-5 所示为典型的进程状态转换图。

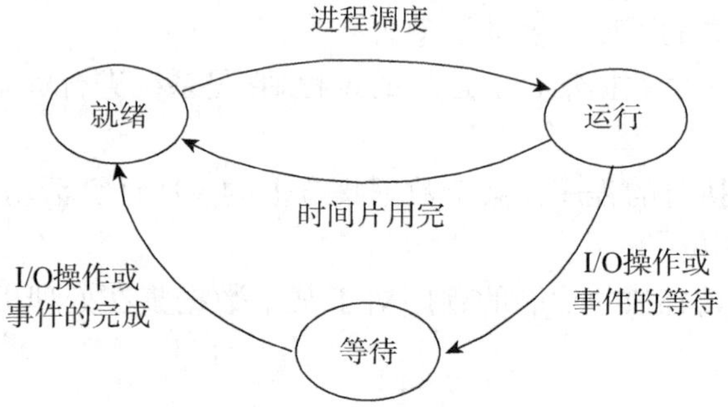

图 2-5　进程状态转换图

进程状态的转换关系如下。

(1)就绪→运行　进程调度程序根据调度算法把处理机分配给某个就绪进程,并把控制转到该进程,使它由就绪状态变为运行状态,进程投入运行。

(2)运行→就绪　运行中的进程因所分配给它的时间片用完而被暂停运行时,该进程便由执行状态回复到就绪状态。

(3)运行→等待　因发生某事件而使进程的执行受阻(例如等待文件的输入),使得进程无法继续执行,该进程将由运行状态变为等待状态。

(4)等待→就绪　等待进程在所等待的事件完成后,并不能立即投入运行,需要通过进程调度程序统一调度才能获得处理机,此时将该进程的状态变为就绪状态继续等待处理机。

在某些系统中,为了更好地管理和调度进程以及适应系统的功能目标,引入挂起状态。挂起进程可以定义为暂时被淘汰出内存的进程,机器的资源是有限的,在资源不足的情况下,操作系统对在内存中的程序进行合理的安排,其中有的进程被暂时调离出内存,当条件允许的时候,会被操作系统再次调回内存,重新进入等待被执行的状态即就绪状态,系统可以超过一定的时间没有任何动作。

引起挂起状态的原因有如下几方面。

(1)终端用户的请求。当终端用户在自己的程序运行期间发现有可疑问题时,希望暂停自己的程序。若此时用户进程正处于就绪状态而未执行，则该进程暂不接受调度，以便用户研究其执行情况或对程序进行修改。我们把这种静止状态称为“挂起状态”。

(2)父进程的请求。有时父进程希望挂起自己的某个子进程，以便考察和修改子进程，或者协调各子进程间的活动。

(3)负荷调节的需要。当实时系统中的工作负荷较重，可能影响到对实时任务的控制时，可由系统把一些不重要的进程挂起，以保证系统能正常运行。

(4)操作系统的需要。操作系统有时希望挂起某些进程，以便检查资源使用情况或进行记账。

(5)对换的需要。为了缓和内存紧张的情况，将内存中处于阻塞状态的进程换至外存。

图2-6给出了具有挂起状态的进程状态转换图。与图2-5相比，在具有挂起状态的进程状态转换图中，对就绪状态和阻塞状态进行了细分，增加了两个新的状态：挂起就绪和挂起阻塞。为了区分，将原来的就绪状态称为活动就绪，将原来的阻塞状态称为活动阻塞。

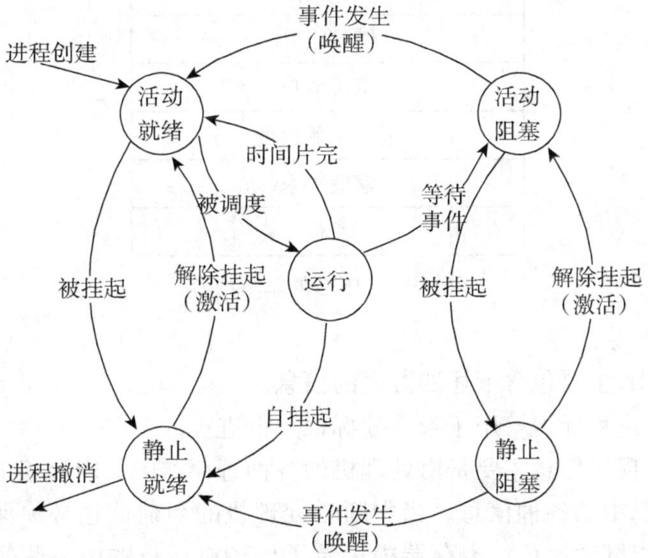

图2-6 具有挂起状态的进程状态转换图

如果一个进程原来处于执行状态或活动就绪状态，此时可因挂起命令而由原来状态变为挂起就绪状态，处于挂起就绪状态的进程不能参与处理机竞争；当处于挂起就绪状态的进程接到激活命令后，它就由原状态变为活动就绪状态。具体可有以下几种情况。

(1)活动就绪→静止就绪　当用挂起原语将进程挂起后，该进程便转变为静止就绪状态，即挂起状态，处于挂起状态的进程不再被调度执行。

(2)活动阻塞→静止阻塞　当进程处于未被挂起的阻塞状态时，称为活动阻塞状态，当用挂起原语将进程挂起后，该进程便转换为静止阻塞状态，处于该状态的进程在其所期待的事件出现后，将从静止阻塞变为静止就绪。

(3)静止就绪→活动就绪　处于静止就绪状态的进程若用激活原语激活后，该进程转变为活动就绪状态。

(4)静止阻塞→活动阻塞　处于静止阻塞状态的进程若用激活原语激活后，该进程转变为活动阻塞状态。

2.1.4 进程控制块

为了描述和控制进程的运行，系统为每个进程定义了一个数据结构——进程控制块PCB(Process Control Block)，它是进程实体的一部分。进程控制块中记录了操作系统中所需的进程当前情况以及控制进程运行的全部信息。操作系统根据进程控制块来对并发执行的进程进行控制和管理。图 2-7 给出了一个 PCB 的基本内容，它包含许多与一个特定进程相关的信息。

进程名
当前状态
优先数
现场保留区
链接指针
资源清单
进程起始地址
家庭关系
其他

图 2-7 PCB的基本内容

1)进程控制块的信息

在进程控制块中，主要包含下述四方面的信息。

(1)标识信息　进程标识符用于唯一地标识一个进程。

(2)现场信息　现场信息主要是由处理机的各种寄存器中的内容组成，保留进程在运行时存放在处理机现场中的各种信息。当中断时处理机的当前信息必须保存，确保进程重新调用时系统能从断点继续执行。寄存器中记录了处理机运行的中一些暂存信息、程序状态字、下一条指令地址、用户栈指针等。

(3)调度信息　进程调度和进程对换的相关信息。包括进程当前状态、进程的优先级、进程已等待 CPU 的时间、进程已执行的时间和事件等。

(4)控制信息　进程控制信息包括程序和数据的地址、进程的同步和通信所需的机制(信号量、消息队列指针等)、进程已分配的资源清单和链接指针。

2)进程控制块的组织方式

通常在系统中可以有很多个进程控制块。这些进程控制块常用的组织方式如下。

(1)链接方式　利用链接指针将同一状态的进程控制块链接为一个队列，如图 2-8 所示。根据进程的状态可以形成就绪队列、等待队列和空白队列。

(2)索引方式　系统根据所有进程的状态建立几张索引表，并把各索引表在内存的首地址记录在内存的一些专用单元中。在每个索引表的表目中记录具有相同状态的某个进程控制块在进程控制块表中的地址。图 2-9 中给出了索引方式的进程控制块的组织。

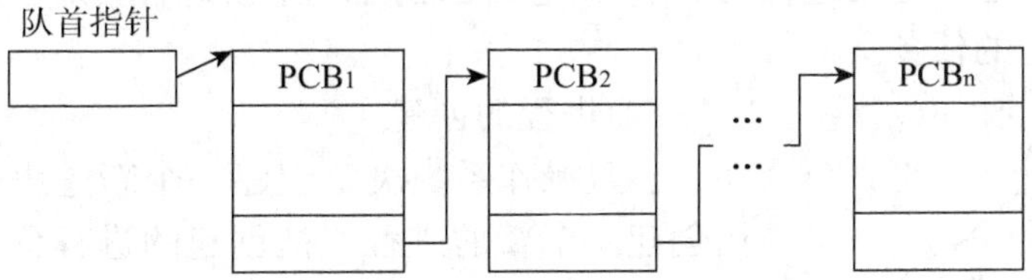

图 2－8 进程控制块的链接

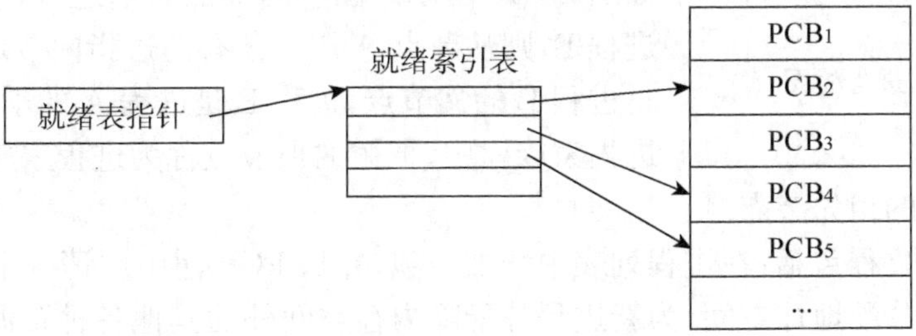

图 2－9 进程控制块的索引

2.1.5 进程控制

进程控制的职能是对系统中的全部进程进行有效的管理，其主要表现在对一个进程进行创建、撤销以及在某些进程状态间的转换。系统中可以创建一个新进程，系统还可以终止一个已完成的进程，或终止一个因出现某事件而无法运行下去的进程，还可以负责进程运行中的状态转换。

1)进程创建

进程在执行过程中，能通过进程创建、系统调用创建多个新进程，其中创建进程被称为父进程，而新进程被称为子进程。一个父进程可以创建多个子进程，从而形成树形结构，如UNIX/Linux就是这样，当父进程创建了子进程后，子进程就继承了父进程的全部资源，父子进程常常要相互通信和协作。

(1)引起进程创建的事件

在多道程序环境中，只有进程才能在系统中运行。因此，为使程序能运行必须为它创建进程。导致一个进程去创建另一个进程可以有以下四种情况。

①系统初始化　系统启动时，通常会创建若干个进程。其中有些是前台进程，即同用户交互并完成用户请求的进程。其他的是后台进程，这些进程与特定的用户没有关系，却具有某些特定的功能。

②作业调度　在批处理系统中，当作业调度程序按一定的算法调度到某作业时，操作系统认为有资源可运行，便将该作业装入内存，为它分配必要的资源，并立即为它创建进程，再把它插入就绪队列中。

③提供服务　当运行中的用户程序提出某种请求后，系统将专门创建一个进程来提供用户所需要的服务。例如，用户程序要求进行文件打印，操作系统将为它创建一个打印进程，这样，不仅可使打印进程与该用户进程并发执行，而且还便于计算为完成打印任务所花费的时间。

④应用请求　基于应用进程的需求，由它自己创建一个新进程，以便使新进程以并发运行的方式完成特定的任务。

(2)进程的创建

一旦操作系统决定创建一个新进程时，便调用创建原语创建一个新的进程。被创建的进程称为子进程，而创建进程称为父进程。进程只能由其父进程创建。因此系统中所有进程就形成进程间的家族体系，即进程树或进程族系，如图 2－10 所示。图中的节点表示进程，若进程 A 创建了进程 B，则从节点 A 用一条有向边指向节点 B，说明进程 A 是进程 B 的父节点，进程 B 是进程 A 的子进程。在形成的进程家族树中，把树的根节点称为进程家族的祖先，进程 A 是其他所有节点的祖先节点。

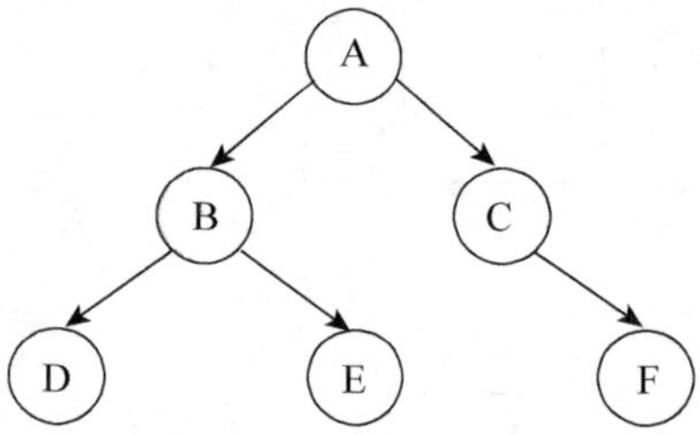

图 2－10　进程树图

进程的创建过程包括：在进程列表中增加一项，并从 PCB 池中申请一个空白 PCB；为新进程的进程映像分配地址空间；为新进程分配除内存空间外的其他各种资源；初始化进程控制块(如状态、处理机状态字、栈等)，为新进程分配一个唯一的进程标识符；把进程加入某一就绪进程队列(这时子进程就绪)，或直接将进程投入运行(这时父进程就绪)；通知操作系统的某些模块，如记账程序、性能监控程序等。

2)进程终止

当进程完成最后的语句执行并使用系统调用请求操作系统删除自身时，进程终止。进程终止时所有资源(包括物理和虚拟内存、打开文件和 I/O 缓冲)和进程控制块会被操作系统释放。

(1)引起进程终止的事件

①正常结束。进程已经运行完成，最后调用进程终止的系统调用，产生一个中断，通知操作系统进程已经运行完毕。

②异常结束。在进程运行期间出现某些错误和故障而迫使进程终止。这类异常事件很多，常见有以下几种：越界错误、保护错、非法指令、特权指令错、运行超时、等待超时、算术运算错、I/O 故障等。

③外界干预。外界干预并非指在进程运行中出现了异常事件，而是指进程应外界的请求而终止运行。这些干预包括：

● 操作员或操作系统干预。由于某种原因，例如发生了死锁，由操作员或操作系统终止该进程。

● 父进程请求。由于父进程具有终止自己的任何子孙进程的权力，因而当父进程提出请求时，系统将终止该进程。

● 父进程终止。当父进程终止时，操作系统也将它所有子孙进程终止。

(2)进程的终止过程

一旦发生上述事件，系统或有关进程将调用撤销原语终止进程或子进程，具体步骤如下：

①根据撤销进程标识号，从相应队列中找到它的 PCB；

②将该进程拥有的资源归还给父进程或操作系统；

③若该进程拥有子进程，应先撤销它的所有子孙进程，以防它们脱离控制；

④撤销进程出队，将它的 PCB 归还到 PCB 池。

3)进程的阻塞和唤醒

进程的阻塞是指使一个进程让出处理机，去等待一个事件，如等待资源、等待 I/O 完成、等待一个事件发生等。当一个等待事件结束会产生一个中断，然后激活操作系统，在系统的控制之下将被阻塞的进程唤醒，如 I/O 操作结束、某个资源可用或期待事件出现。进程的阻塞和唤醒是由进程切换来完成。

(1)进程的阻塞

一个正在运行的进程，因为未满足其所需求的资源而被迫处于阻塞状态，等待所需事件的发生，进程的这种状态的变化就是通过进程本身调用阻塞原语实现的。其实现过程是：首先中断处理机，停止进程运行，将 CPU 的现行状态存放到 PCB 的 CPU 状态保护区中，然后将进程置为阻塞状态，并把它插入到等待队列中。

(2)进程的唤醒

其基本功能是：把除了处理机之外的一切资源都得到满足的进程置成就绪状态。执行时，首先找到被唤醒进程的进程名，让该进程脱离阻塞队列，将现行状态改变为就绪状态。

4)进程的挂起和激活

(1)进程的挂起

当出现了引起进程挂起的事件时(例如，用户进程请求将自己挂起，或父进程请求挂起某子进程)调用挂起原语 suspend()。它的执行过程是：首先检查被挂起进程的状态并进行相应操作(运行态、活动就绪→静止就绪；活动阻塞→静止阻塞)；为便于用户或父进程考查该进程的运行情况，把该进程的 PCB 复制到某指定的内存区域；最后，若被挂起的进程正在执行，则转向调度程序重新调度，从而将处理机重新分配。

(2)进程的激活过程

当发生激活进程的事件时(如父进程或用户进程请求激活指定进程)调用激活原语 active( )。它的激活过程：首先将进程从外存调入内存；检查该进程的现行状态并进行相应操作(静止就绪→活动就绪；静止阻塞→活动阻塞)；假如采用的是抢占调度策略，则每当有新进程进入就绪队列时，检查是否要进行重新调度，即比较被激活进程与当前进程的优先级，决定处理机的归属。

2.2 线程

在传统的操作系统中，进程是系统进行资源分配的基本单位，以进程为单位分配存放其映像所需要的虚地址空间、执行所需要的主存空间、完成任务需要的其他各类外围设备资源和文件。此时，进程是资源的拥有者，因而在创建、撤销和切换中，系统必须为之付出较大的时空开销。为了使多个程序更好地并发执行同时又尽量减少系统的开销，考虑将进程中调度和资源分配这两个属性分开，作为调度的基本单位不拥有资源，以充分发挥并发处理能力，提高系统性能。在这种思想的指导下，形成了线程的概念。

2.2.1 概述

线程是CPU使用的基本单元，它由线程ID、程序计数器、寄存器集合和栈组成。线程也被称为轻量进程，它与属于同一进程的其他线程共享代码段、数据段和其他操作系统资源，如打开文件和信号。传统的进程只有单个控制线程。如进程有多个控制线程，那么它能同时完成多个任务。图2-11说明多线程进程结构。

在多线程环境中，与进程相关的内容是PCB和用户地址空间，而每个线程除了有独立堆栈，以及包含现场信息和其他状态信息外，也要设置线程控制块。线程是操作系统进程中能够独立执行的实体(控制流)，是处理机调度和分派的基本单位。线程是进程的组成部分，每个进程允许包含多个并发执行的实体(控制流)，这就是多线程。同一个进程中的所有线程共享进程获得的主存储空间和资源，但不拥有资源。

线程在执行过程中与进程不同。每个独立的线程有一个程序运行的入口、顺序执行序列和程序的出口。但是线程不能够独立执行，必须依存在应用程序中，由应用程序提供多个线程执行控制。从逻辑角度来看，多线程的意义在于一个应用程序中，有多个执行部分可以同时执行。但操作系统并没有将多个线程看做多个独立的应用，来实现进程的调度和管理以及资源分配。

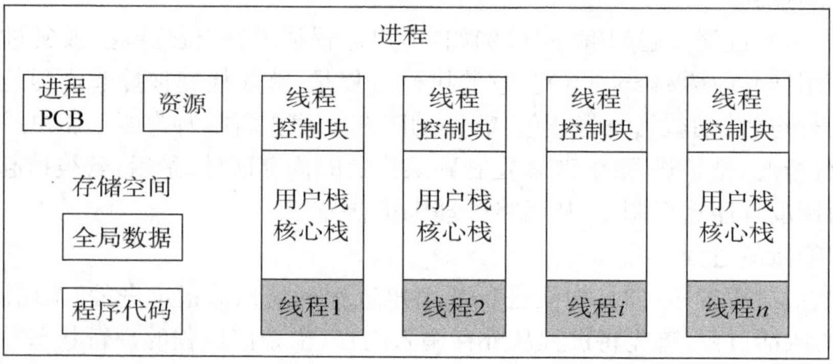

图2-11 多线程进程

2.2.2 线程与进程的关系

线程是计算机中独立运行的最小单位，运行时占用很少的系统资源。可以把线程看成是操作系统分配CPU时间的基本单元。一个进程可以拥有一个至多个线程。它包含有如下优点：

(1)多进程情况下，每个进程有自己独立的地址空间；在多线程的情况下，同一个进程内的线程共享进程的地址空间。创建一个新的线程耗费的资源要比创建新进程少很多。

(2)系统调度方面，线程共享地址空间，因此线程间的切换速度要远远快于进程间的切换速度。

(3)同一进程内的线程共享数据时，可以直接提供给其他线程使用，而不必经过操作系统，因此线程间通信更加方便和省时。

线程在进程内部共享地址空间、打开的文件描述符等资源。同时线程也有其私有的数据信息，包括：线程号、寄存器（程序计数器和堆栈指针）、堆栈、信号掩码、优先级、线程私有存储空间。

2.2.3 线程的状态

线程与进程类似，也有生命周期，因而也存在各种状态。线程的主要状态有运行状态、就绪状态和等待状态。线程没有进程中的挂起状态，线程不会因交互而进入外存。线程的三个状态如下。

(1)就绪状态　线程已具备执行条件，调度程序可以为其分配一个 CPU 执行。

(2)运行状态　线程正在某一个 CPU 内运行。

(3)等待状态　线程正在等待某个事件发生，则被阻塞。

线程的状态转换是通过相关的控制原语实现的。常用的原语有：创建线程、终止线程、线程阻塞等。创建线程通常被称为派生，它可以在进程内派生出来，也可以由线程派生。一个新派生的线程具有相应的数据结构指针和变量，然后放入就绪队列。如果一个线程执行完后终止该线程，它的寄存器上下文以及堆栈内容将被释放。

由于同一进程的所有线程共享该进程的所有资源和地址空间，任何线程对资源的操作都会对其他相关线程带来影响。因此，系统必须为线程的执行提供同步控制机制，以防止因线程的执行而破坏其他的数据结构从而给其他线程带来不利的影响。

2.2.4 多线程的实现

多线程机制是指操作系统支持在一个进程内执行多个线程的能力。从线程的观点来看，MS－DOS 支持一个用户进程和一个线程。UNIX 支持多个用户进程，但一个进程只有一个线程；一个 Java 运行引擎只用一个进程但有多个线程；Windows NT 支持多进程多线程。

多线程的实现分为三大类：用户级线程、内核级线程以及混合方式。

1)用户级线程

用户级线程是由用户应用程序建立，由用户应用程序负责对这些线程进行调度和管理。内核无需感知线程的存在。用户级线程由用户空间中的线程库来完成，应用程序通过线程库进行设计，再与线程库连接、运行以实现多线程。

用户级线程有许多优点：应用程序中的线程切换无需使用内核特权方式，可以节省模式切换的开销和内核的资源；线程的调度算法与操作系统的低级调度算法无关；用户级线程方法可适用于任何操作系统，内核无需作任何改变。用户级线程的明显缺陷是一个用户级线程的阻塞将引起整个进程的阻塞。

2)内核级线程

内核级线程中所有线程的创建、调度和管理全部由操作系统内核负责。当提交给操作系统执行时，内核为它创建一个进程和一个基线程，线程在执行中可以通过内核创建线程原语来创建其他线程，应用程序的所有线程均在一个进程中获得支持。内核需要为整个进程及进程中的单个线程维护现场信息，所以，应在内核空间中建立和维护进程控制块及线程控制块，内核的调度是在线程的基础上进行。

内核级线程的主要优点有：内核可调度一个进程中的多个线程，使其同时在多个处理机上并行运行;当进程中的一个线程被阻塞时,进程中的其他线程仍可运行;内核级线程只有很小的数据结构,其切换速度快,内核本身也可用多线程技术实现。内核级线程的主要缺点是线程在用户态运行,而调度和管理在内核实现,因此在同一进程中控制权转换时需要状态的模式切换,系统开销大。

3)混合式线程

由于内核级线程和用户级线程各有优缺点,混合式线程是将两种方法相结合。在混合式线程系统中,内核必须支持内核级多线程的建立、调度和管理,同时,允许用户应用程序建立、调度和管理用户级线程。一个应用程序中的多个用户级线程能分配和对应于一个或多个内核级线程,内核级线程可同时在多处理机上并行运行,且阻塞一个用户线程时,内核可以调度另一个线程执行,使得系统具有很好的并行性。

2.3 进程同步

考虑两个进程 $p1$ 和 $p2$,两者都有异步递增公共变量 x。

```
cobegin
p1:…
    x=x+1;
    …
p2:…
    x=x+1;
    …

coend
```

此时将命令 $x=x+1$ 解释为机器指令,步骤为:

(1)把 x 的值加载到某个内部寄存器中($R=x$;)。

(2)增加该寄存器($R=R+1$;)。

(3)把新值存到变量 x 中($x=R$;)。

假设进程 $p1$ 和 $p2$ 运行在不同的CPU上,每个CPU都有自己的寄存器组,但是共享主存。假设两个进程是异步的,可以按任意的步调运行,那么如下所示的两个执行序列随着时间推移都有可能发生。

序列1:

```
p1:
  R1=x;
  R1=R1+1;
  x=R1;                p2:…
  …                    R2=x;
                       R2=R2+1;
                       x=R2;
```

…

假设开始执行时，x 的初始值为 v。在执行结束后 x 的值应该是 $v+2$。在序列 1 的情况下得到该结果是 $v+2$，即指令按顺序执行的。

序列 2：

```
p1:
  R1=x;              p2:…
  R1=R1+1;           R2=x;
  x=R1;              R2=R2+1;
  …                  x=R2;
  …
```

在序列 2 的情况下得到 x 的值是 $v+1$。产生这一结果的主要原因是 R1 和 R2 都收到了相同的初始值 v，然后把同样的值 $v+1$ 赋给了 x。

在单处理机系统中会出现相同的问题。例如进程 $p1$ 和 $p2$ 分时共享一个 CPU，通过终端在两个进程之间切换控制权。即使两个进程都使用相同的寄存器来装载和更新 x 的值，问题也是可能出现的。原因是寄存器在每次进程切换时都要进行保存和恢复，而每个进程都有自己的一份对寄存器的所有内容的副本。例如，以下执行的交错序列 3 会产生与序列 2 相同的错误结果。

序列 3：

```
p1:
  R1=x;              p2:…
  …                    R2=x;
                       R2=R2+1;
                       x=R2;
  R1=R1+1;             …
  x=R1;
  …
```

序列 2 和序列 3 对 x 的值的更新都有一次遗失，这显然不是预期的结果。之所以得不到正确的结果，是因为允许 $p1$ 和 $p2$ 两个进程并发操作变量 x。为了避免上述情况的发生，需要确保一段时间内只有一个进程能操作变量 x。

2.3.1 临界资源和临界区

在计算机中有许多资源一次只能允许一个进程使用，如果有多个进程同时使用这类资源就会引起竞争。因此必须保护这些资源，避免两个或多个进程同时访问这类资源。例如：若进程 $p1$ 和 $p2$ 共享硬件“打印机”资源，可以看出此时打印机是需要独占使用的资源，如果让它们随意使用，那么两个进程的输出信息可能交织在一起。我们把一次仅允许一个进程使用的资源称为临界资源。临界资源包括物理设备（如打印机、磁带机、绘图仪等）也包括一些共享变量、队列等数据结构。进程中访问临界资源的那段代码称为临界区，也被称为临界段。

为了保证临界资源的访问，可以把临界资源的访问过程分成如图 2－12 所示的四个部分。

(1)进入区　为了进入临界区使用临界资源,在进入区要检查是否可以进入临界区,通常设置相应的“正在访问临界区”标志,以阻止多个进程同时进入临界区。

(2)临界区　进程中访问临界资源的那段程序。

(3)退出区　进入临界区之后用于将“正在访问临界区”标志清除的部分。

(4)剩余区　进程的其余代码。

为了使临界资源得到合理使用,必须禁止两个或两个以上的进程同时进入临界区,因此进程应该遵循以下条件。

(1)空闲让入　当无进程处于临界区时,表明临界资源处于空闲状态,应允许一个请求进入临界区的进程立即进入自己的临界区,以有效地利用临界资源。

(2)忙则等待　当已有进程进入临界区时,表明临界资源正在被访问,因而其他试图进入临界区的进程必须等待,以保证对临界资源的访问。

(3)有限等待　对要求访问临界资源的进程,应保证在有限时间内能进入自己的临界区以免陷入“死等”状态。

(4)让权等待　当进程不能进入自己的临界区时,应立即释放处理机,以免进程陷入“忙等”状态。

```
do {
        进入区
        临界区
        退出区
        剩余区
    }while(True)
```

图 2-12　临界区的访问过程

2.3.2　同步与互斥的概念

并发执行的多个进程,看似是异步前进的,彼此之间都可以互不相关的速度向前推进,而实际上每个进程在其运行过程中并非相互隔绝。多个相互合作的进程在一些关键点上可能需要相互等待或相互交换信息,这种相互制约关系称为进程同步。

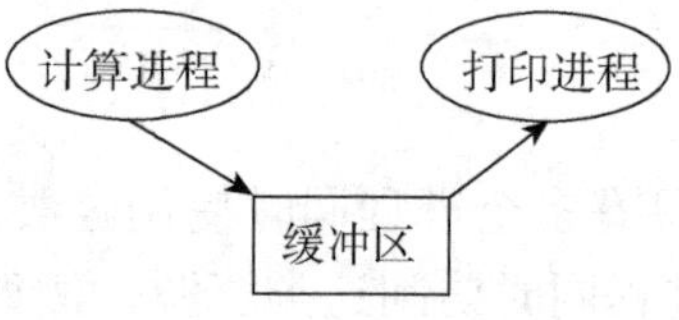

图 2-13　两个进程的相互合作

例如:有一个单缓冲区为两个相互合作的进程所共享,计算进程对数据进行计算,而打印进程输出计算的结果,如图 2-13 所示。计算进程未完成计算则不能向缓冲区传送数据,此时打印进程未得到缓冲区的数据也无法输出打印结果。一旦计算进程向缓冲区输送了计算结果,打印进程就可以立刻进行工作,输出打印结果。反之,打印进程未打印完成之前,缓冲区中还存放数据,计算进程也不能向缓冲区传送数据。当打印进程完成打印结果后,计算进程可以继续向缓冲区传送数据。计算进程与打印进程之间必须相互合作,在执行上存在先后次序的等待关系,这两者之间就是同步关系。

互斥是由于进程共享某些资源而引起的。当一个进程正在使用某资源时，其他希望使用该资源的进程必须等待，当该进程用完资源并释放后，才允许其他进程去访问此资源，这种制约关系称为互斥。

例如：一个假脱机打印程序。当一个进程需要打印一个文件时，它将文件名存放在一个特殊的假脱机目录中，另一个进程（打印机守护进程）则周期性地检查是否有文件需要打印，若有就进行打印并将该文件名从目录中删除。假设假脱机目录中有很多槽位，编号依次为 0，1，2，…，每个槽位存放一个文件名。可以把这两个变量保存在一个所有进程都能访问的文件中，该文件的长度为两个字。某一时刻 4 到 6 号槽位被占用，图 2-14 中同时进程 A 和进程 B 同时决定将一个文件排队打印，进程 A 和进程 B 对空槽位 7 所在内存的访问关系就是一种互斥关系。

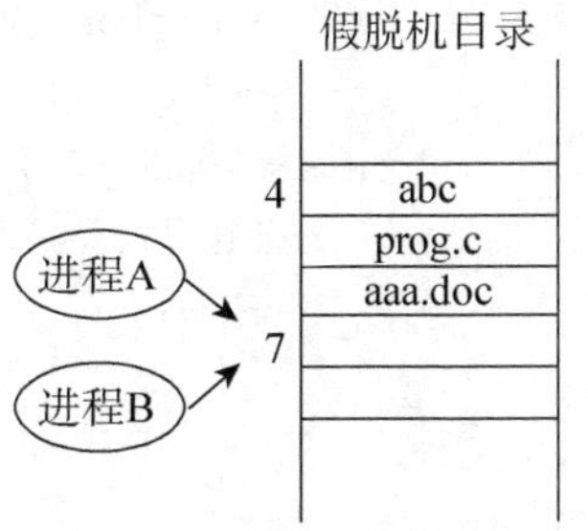

图 2-14 两个进程同时访问共享内存

2.3.3 信号量

为了解决进程的同步与互斥的问题，可以使用信号量同步工具。1965 年 Dijsktra 提出了信号量同步工具，通常被称为信号量机构。信号量机构由“信号量”和“P 操作、V 操作”两部分组成。

信号量 *s* 是一个非负整数变量，它只能通过一对不可分割的原语进行修改和检测：

```
wait(s)：while s≤0 do skip；
      s=s-1；
signal(s)：s=s+1；
```

原语是指完成某种功能且不被分割不被中断执行的操作序列。它就像单条机器指令的执行一样。P 操作（wait 原语）的目的是检测一个整数变量，如果变量不是正数，则阻塞调用进程；V 操作（signal 原语）是通知一个被阻塞的进程恢复执行。

1）信号量的实现

采用整型信号量机制的主要缺点是要求忙等待，即当一个进程位于其临界区内时，任何其他试图进入其临界区的进程都必须在其进入代码中连续地循环。

为了克服忙等，可以修改 wait 和 signal 操作的定义。当一个进程执行 wait()操作时，发现信号量的值不为正，则它必须等待。然而，该进程不是忙等而是阻塞自己。阻塞操作将一个进程放入到与信号量相关的等待队列中，并将该进程的状态切换成等待状态。接着，控制转到 CPU 调度程序，调度其他进程的执行。

一个被阻塞在等待信号量 *s* 的进程，可以在其他进程执行 signal()操作之后被重新执行。该进程的重新执行是通过唤醒操作来进行的，该操作将进程从等待状态切换到就绪状态。接着，该进程被放入到就绪队列中。

为了实现这种定义的信号量，将信号量定义为如下结构：

```
typedef struct{
  int value;
  struct process * list;
} semaphore;
```

每个信号量定义成一个记录，其中包括一个整型变量 value 和与该信号量相关的进程链表。

信号量操作 wait()可以按如下定义：

```
wait(semaphore * s){
s->value--;
if(s->value<0){
  add this process to s->list;
  block();
 }
}
```

信号量操作 signal()可以按如下定义：

```
signal(semaphore * s) {
  s->value++;
  if (s->value<=0) {
    remove a process P from s->list;
    wakeup(P);
  }
}
```

这里定义的 wait()和 signal()取消了应用程序进入临界区的忙等。

2)用信号量解决互斥问题

为使多个进程能互斥地访问某个临界资源，只需为该资源设置一个互斥信号量 mutex，并设其初始值为 1，然后将各进程访问临界资源的临界区置于 P(mutex)和 V(mutex)操作之间即可。这样，每个欲访问临界资源的进程在进入临界区之前，都要对 mutex 执行 P 操作，若该资源此刻未被访问，本次 P 操作必然成功，进程可以进入自己的临界区，此时若有其他进程也要进入自己的临界区，此时由于对 mutex 执行 P 操作必定失败，因而该进程阻塞，从而保证了该临界资源能被互斥地访问。当访问临界资源的进程退出临界区后，又对 mutex 执行 V 操作，以便释放该临界资源。

例如，假设两个进程 A 和 B，它们分别对某一临界资源进行共享，为了保证该资源的互斥使用，对每个进程都用 PV 操作来实现。设信号量 mutex 初始值为 1，互斥模型为：

```
进程 A          进程 B
…               …
P(mutex);       P(mutex);
临界区;          临界区;
V(mutex);       V(mutex);
…               …
```

假设进程 A 在临界区执行时被中断后，另一进程 B 占用了 CPU，如果进程 B 也要进入临界区，则首先调用 P(mutex)，但是被中断的进程 A 尚未退出临界区，mutex 的值仍为 0，所以希望进入临界区的进程 B 调用 P(mutex)的结果必然是等待。只有当被中断的进程 A 再次占用 CPU，完成了临界区的操作后，调用了 V(mutex)才允许其他进程进入临界区。显然，利用 PV 操作能有效地解决进程 A 和进程 B 互斥访问某一临界资源的问题。

3)用信号量解决前趋关系

若干个进程为了完成一个共同的任务而并发执行，这些进程之间可能在执行的顺序上有一定的先后次序关系，也就是说它们必须遵循一定的同步规则。

例如，P1、P2、P3、P4 为一组合作进程，其执行的先后顺序关系如图 2-15 所示，试用 P、V 操作实现这四个进程的同步描述。

图 2-15 说明任务启动后 P1 先执行，当它结束后 P2、P3 可以开始执行，当 P2、P3 执行完成后，P4 才能开始执行。

设置同步信号量 a、b、c、d 分别表示进程 P1、P2、P3 是否执行完成相关的信号量，其初始值均为 0，这四个进程的同步描述如下：

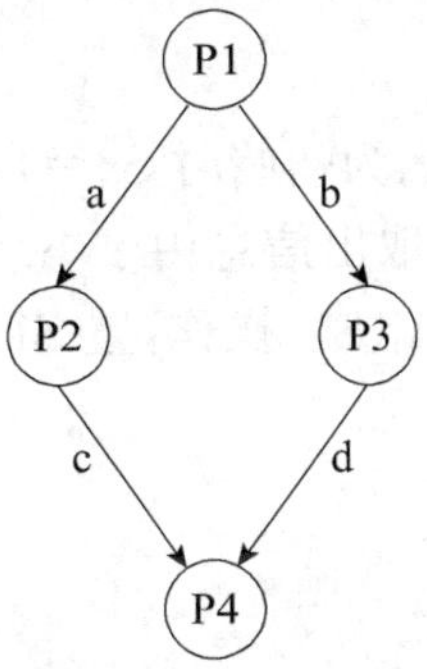

图 2-15 进程执行的前趋图

```
semaphore a,b,c,d;
a=0;
b=0;
c=0;
d=0;
cobegin
    P1()
    {
        …
        V(a);
        V(b);
    }
    P2()
    {
        P(a);
        …
        V(c);
    }
    P3()
    {
        P(b);
        …
        V(d);
    }
    P4()
    {
        P(c);
        P(d);
        …
    }
coend
```

4)用信号量解决同步问题

设计算进程A和打印进程B共用缓冲区B1,其中计算进程A将计算的信息写入缓冲区B1中,而打印进程B从缓冲区B1中取出信息打印,此时进程A和进程B之间的关系是一种同步关系。为此可设置两个信号量:S1表示缓冲区满,令S1=0;S2表示缓冲区空,令S2=1。计算进程和打印进程的P、V描述如下:

计算进程A	打印进程B
…	…
P(S2);	P(S1);
读信息到缓冲区B1;	从B1中取出信息;
V(S1);	V(S2);
…	…

因为初始时S2=1,所以先由计算进程A向缓冲区B1输入信息,此时若打印进程B从B1中取出信息由于S1=0,打印进程被阻塞;当计算进程A把信息送入缓冲区B1完成后,执行V(S1)操作,置S1=1,则唤醒打印进程B,使之进入就绪队列,经调度即可进入临界区。

2.4 经典同步问题

本章主要介绍三个经典的同步问题:生产者—消费者问题,读者—写者问题,哲学家就餐问题。

2.4.1 生产者—消费者问题

生产者—消费者问题是计算机操作系统中并发进程内在关系的一种抽象模型,是典型的进程同步问题。问题可以描述为:有k个生产者和m个消费者,连接在具有n个单位缓冲区的有界环状缓冲池上,该问题又被称为有界缓冲问题。如图2-16所示,有生产者进程$p_1, p_2, \cdots, p_k$,消费者进程$c_1, c_2, \cdots, c_m$,每个缓冲区中存放一个“产品”,生产者进程p_i和消费者进程c_j都是并发进程,只要缓冲区未满,生产者进程p_i所生产的产品就可投入缓冲区;只要缓冲区非空,消费者进程c_j就可从缓冲区取出并消耗产品。

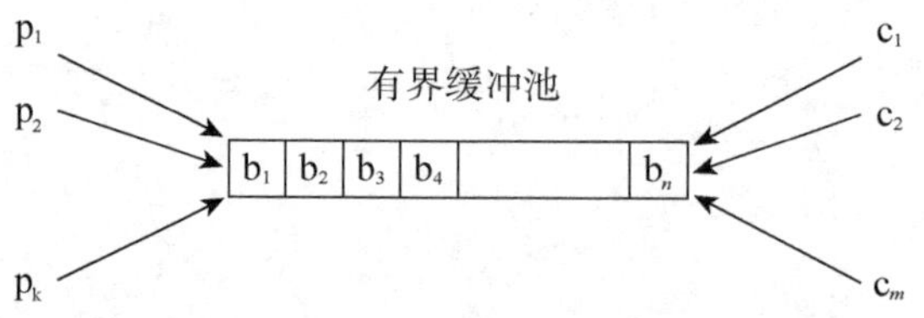

图2-16 生产者—消费者模型图示

这里既存在同步问题,也存在互斥问题。同步存在于生产者进程和消费者进程之间:当缓冲池已放满了产品时,生产者进程必须等待;当缓冲池已空时,消费者进程必须等待。互斥存在于所有进程之间:所有进程都需要互斥使用缓冲池这一临界资源。下面使用信号量机构来解决这些问题，首先定义下列公共信号量：

(1)信号量 mutex。初始值为 1，用于控制缓冲池的互斥访问。

(2)信号量 full。初始值为 0，表示当前缓冲池中“满”缓冲区数。

(3)信号量 empty。初始值为 n，表示当前缓冲池中“空”缓冲区数。

生产者—消费者进程描述如下：

```
type item=…;                          //产品类型
var buffer:…;                         //缓冲区
semaphore full, empty, mutex;         //信号量
item nextp,nextc;
full=0;
empty=n;
mutex=1;
cobegin
process Producer()
    {   repeat                        //生产未完成
        …
        produce an item in nextp      //生产一件产品
        …
        P(empty);
        P(mutex);
        add nextp to buffer;          //将产品存入缓冲区
        V(mutex);
        V(full);
        until false;
    }
process Consumer()
    {   repeat                        //消费未完成
        P(full);
        P(mutex);
        remove an item from buffer to nextc; //将产品从缓冲区中取出
        V(mutex);
        V(empty);
        …
        comsume the item in nextc;    //消费一件产品
        …
        until false;
    }
coend
```

程序中的 P(mutex)和 V(mutex)必须成对出现，两者之间的代码段是进程的临界区。施加于信号量 full 和 empty 上的 P、V 操作也必须成对出现，但分别位于不同的程序中。需要特别注意的是，无论是生产者进程或是消费者进程，其中 V 操作的次序无关紧要，但是 P

操作的次序不能随意交换，否则可能造成死锁。

2.4.2 读者—写者问题

一个数据对象(如一个文件或记录)可以为多个并发进程所共享。这些进程中的某些进程可能只需读共享对象的内容，另外一些进程需要对共享对象进行写操作。为了区分这两类进程，将前者称为读者，后者称为写者。显然，如果两个读者同时访问共享文件，那么不会产生副作用。然而，如果一个写者和其他进程(写着或读者)同时访问共享文件时，则可能导致错误。

为了避免错误，要求写者对共享文件有排他的访问。这种特殊的同步互斥问题被称为读者—写者问题。这个问题有两种类型：读者优先的读者—写者问题；写者优先的读者—写者问题。这两种类型的主要区别是当写者提出了存取共享文件后，是否允许新的读者继续进入，如果允许就是读者优先，否则就是写者优先。本节给出读者优先的读者—写者问题的解决方法，即当存在读者时，写者将被延迟，且只要有一个读者正在读操作，随后而来的读者都被允许访问文件。首先定义数据结构：

```
semaphore mutex;                    //互斥修改 readcount
semaphore wrt ;                     //读者与写者共用的互斥信号量
int readcount;                      //正在进行读操作的读者进程人数
```

其中，mutex 和 wrt 初始值为 1，readcount 初始值为 0。readcount 记录了正在进行读操作的读者进程个数，是一个共享变量，即是临界资源，对该变量的访问必须互斥访问。mutex 用于保证读者进程与读者进程之间能互斥地修改变量 readcount，信号量 wrt 是读者与写者共用的一个互斥信号量。

读者进程的结构为：

```
P(mutex);
    readcount=readcount+1;
    if readcount = =1 then P(wrt);
V(mutex);
…
reading is performed;
…
P(mutex);
    readcount=readcount-1;
    if readcount = =0 then V(wrt);
V(mutex);
写者进程的机构为：
P(wrt);
…
writing is performed
…
V(wrt);
```

特别需要注意的是，如果一个写者已经进入临界区且有 n 个读者要求访问该文件，则只有一个读者进入 wrt 等待队列,其余 n－1 个读者则进入 mutex 等待队列。此外,由于只要有一个读者正在读操作,随后而来的读者都被允许访问文件,从而导致写者长时间等待,有可能出现写者饥饿的现象。

2.4.3 哲学家就餐问题

该问题描述的是有五个哲学家共用一张圆桌,分别坐在周围的五张椅子上,在桌子中心放有一盘通心面,每人面前有一只空盘子,每两人之间放一根筷子;每位哲学家思考,饥饿后吃通心面;为了吃面,哲学家必须获得两根筷子,且每人只能从近邻自己的左边或右边去取筷子。如图 2-17 所示。

经分析可知,放在桌上的筷子是临界资源,一段时间内只允许一位哲学家使用。为了实现对筷子的互斥使用,应为每根筷子设置互斥信号量 fork[i](i=0,1,2,3,4),其初始值为 1,当一位哲学家吃通心面之前必须执行两个 P 操作,获得自己左右两边的两根筷子,当吃完通心面后必须执行两个 V 操作,放下两根筷子。

图 2-17 哲学家就餐时的情况

```
semaphore fork[5];
for (int i=0;i<5;i++)
      fork[i]=1;
cobegin
process philosopher_i() {                          //i=0,1,2,3,4
      while (True) {
         think();
         P(fork[i]);
         P(fork[(i+1)%5]);
         eat();
         V(fork[i]);
         V(fork[(i+1)%5]);   }
}
```

coend

在以上的描述中,当哲学家饥饿时,总是先去拿他左边的筷子,即执行 P(fork[i]);成功后,再拿右边的筷子,即执行 P(fork[(i+1)%5]);又成功后便可就餐。就餐完毕后,按照相同的顺序现放下左边的筷子,然后再放下右边的筷子。如果 5 位哲学家同时拿起左边(右边)的筷子,就会使五个信号量 fork 均为 0;当每位哲学家企图再拿起右边的筷子时,将会出现因无筷子可拿而无限等待的情况,也就是死锁。对于出现的死锁问题,可采取以下几种解决方法:

(1)至多允许 4 位哲学家同时吃面;

(2)奇数号哲学家先取左边的筷子,再取右边的筷子;偶数号哲学家先取右边的筷子,再取左边的筷子;

(3)每位哲学家同时取到手边的两根筷子时才开始吃面,否则,连一根筷子也不取。

哲学家就餐问题是一个典型的同步问题,一个并发控制问题的例子。它是一个需要在多个进程之间分配多个资源且不会出现死锁和饥饿的典型实例。

2.5 进程通信

进程间通信是指至少两个进程或线程间传送数据或信号的一些技术或方法。进程是计算机系统分配资源的最小单位。每个进程都有一部分自己的独立的系统资源,彼此间是隔离的。为了能使不同的进程互相访问资源并进行协调工作,才有了进程间通信。通信的方式主要包括以下几种:

(1)信号通信机制;

(2)共享存储器通信机制;

(3)消息传递机制;

(4)管道通信机制。

其中,信号通信机制通过发送指定信号来通知进程某个异步事件发生,以迫使进程执行信号处理程序。前面介绍的同步与互斥就是一种信号通信,由于这种通信交换的信息量较少且通信效率较低,通常称为低级进程通信方式。高级进程通信方式是指进程之间以较高的效率传送大量的数据。本节介绍的进程通信为高级通信方式。

2.5.1 共享存储器通信机制

在共享存储器通信机制中,进程通过共享内存中的存储区来实现通信。共享存储器是指在主存中开辟一个共用存储区,需要通信的进程把自己的虚地址空间影射到共享存储区,如图 2-18 所示。当发送进程将信息写入共享区的某个位置时,接收进程可从此位置读取信息,由于共享区同时出现在进程 1 和进程 2 的虚存空间中,从而能实现进程之间的通信。通信完成之后,应该将共享内存区与进程地址空间断接;若不再需要共享存储器时还可以删除共享区。

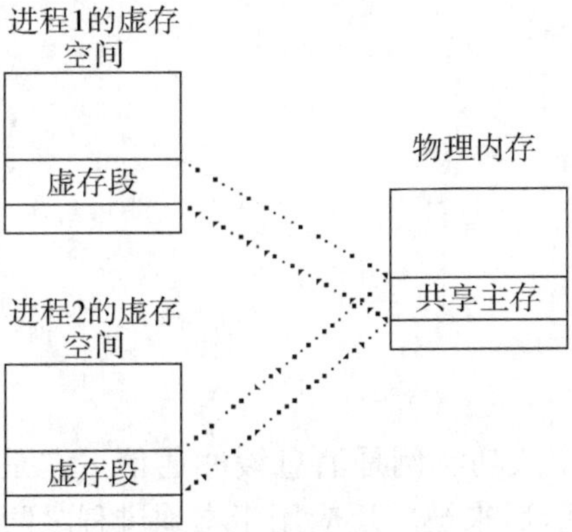

图 2-18 共享存储器通信机制

2.5.2 消息传递机制

消息传递机制是当前使用最广泛的一种进程通信机制。在该机制中,进程间的数据交换是以格式化的消息为单位。消息是一组信息,由消息头和消息体组成。消息传递机制至少需要提供两条原语 send 和 receive,前者向一个给定的目标发送一个消息,后者则从一个给定的源接收一条消息。程序员直接利用这两条原语,不仅能实现大量数据的传递,而且还隐藏了通信的实现细节,使通信过程对用户是透明的,从而大大简化了通信程序编制的复杂性。

采用了消息传递机制后,进程间用消息来交换信息。一个正在执行的进程可以在任何时刻向另一个正在执行的进程发送一个消息;一个正在执行的进程也可以在任何时刻向正在执行的另一个进程请求一个消息。如果一个进程在某一时刻的执行依赖于另一进程的消息或等待其他进程对发出消息的回答,那么,消息传递机制将紧密地与进程的阻塞和释放相联系。这样,消息传递就进一步扩充了并发进程间对数据的共享,提供了进程同步的能力。

消息传递机制因实现方式的不同可以分为直接通信方式和间接通信方式。

1)直接通信方式

发送进程利用操作系统所提供的发送命令,直接把消息发送给目标进程。通常,系统提供两条通信命令:

Send(P,message):把一个消息发送给进程 P。
Receive(Q,message):从进程 Q 接收一个消息。

例如,原语 Send(P_2,m_1)表示将信息 m_1 发送给接收进程 P_2;而原语 Receive(P_1,m_1)则表示接收由 P_1 发来的消息 m_1。

可以利用直接通信原语来解决生产者—消费者问题。当生产者生产出一个产品后,使用 Send 原语将消息发送给消费者进程;而消费者进程则利用 Receive 原语得到一个消息。如果消息尚未生产出来,消费者必须等待,直至生产者进程将消息发送过来。生产者—消费者的通信过程可分别描述如下:

```
repeat
    …
```

```
        produce an item in nextp;
        …
        send(consumer, nextp);
    until false;
    repeat
        receive(producer, nextc);
        …
        consume the item in nextc;
    until false;
```

基于消息直接通信的一个成功实例是消息缓冲通信。它是由美国的 Hansan 首先提出的，并在 RC 4000 系统上实现，后来被广泛应用于本地进程之间的通信。

(1)消息缓冲通信机制中的数据结构

在消息缓冲通信机制中，主要利用的数据结构是消息缓冲区。对它的描述如下：

```
type message buffer=record
    sender;                          //消息发送者进程标示符
    size;                            //消息长度
    text;                            //消息正文
    next;                            //指向下一消息缓冲区的指针
end
```

为完成通信，还需要在 PCB 中增加有关通信的数据项：

```
type processcontrol block =record
    mq;                              //消息队列队首指针
    mutex;                           //消息队列互斥信号量
    sm;                              //消息队列资源信号量,即消息数目
    …
end
```

(2)消息发送

发送进程在利用发送原语发送消息之前，应先在自己的内存空间设置一个发送区 a，如图 2-19 所示。把待发送的消息正文、发送进程标示符、消息长度等信息填入其中，然后调用发送原语，把消息发送给目标进程。发送原语首先根据发送区 a 中所设置的消息长度 a. size 来申请一缓冲区 i，接着把发送区 a 中的信息复制到缓冲区 i 中。为了能将 i 挂在接收进程的消息队列 mq 上，应先获得接收进程的内部标示符 j，然后将 i 挂在 j. mq 上。由于队列属于临界资源，因此在执行 insert 操作的前后，都需要执行 P、V 操作。

发送原语描述如下：

```
procedure send(receiver ,a )
begin
    getbuf(a. size,i);               //申请一消息缓冲区 i
    i. sender:=a. sender;
    i. size:=a. size;
    i. text:=a. text;
```

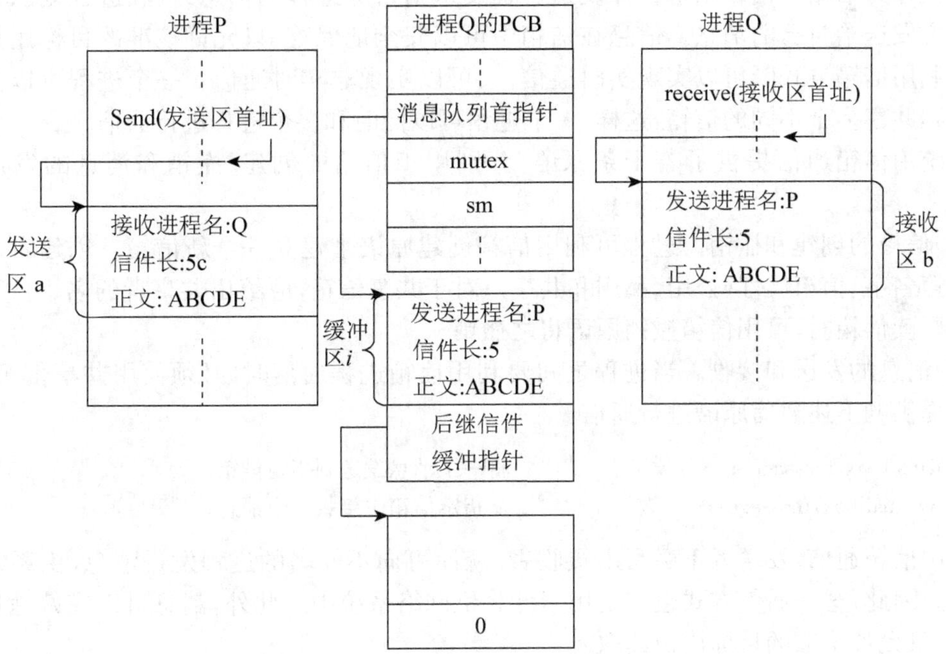

图 2-19 消息缓冲通信

```
    i. next:=0;                          //复制信息
    getid(PCB set , receiver. j);        //获得接收进程的内部标识符 j
    P(j. mutex);                         //消息队列是临界资源,必须互斥
    insert(j. mq, i);                    //将 i 插入消息队列链尾
    V(j. mutex);
    V(j. sm);                            //释放消息队列,消息队列长度增 1
end
```

接收进程调用接收原语 receive(b),从自己的消息缓冲队列 mq 中摘下第一个消息缓冲区 i,并将其中的数据复制到以 b 为首址的指定消息接收区内。接收原语描述如下:

```
procedure receive(b)
begin
    j:=internal name;                    //获得接收进程内部名
    P(j. sm);                            //申请一个消息
    P(j. mutex);                         //对消息队列作互斥操作
    remove(j. mq, i);                    //从消息队列中移出消息 i
    V(j. mutex);
    b. sender:=i. sender;
    b. size:=i. size;
    b. text:=i. text;
end
```

2)间接通信方式

采用间接通信方式,进程之间需要通过作为共享数据结构的实体来暂存信息。这一中

间实体被称为信箱。信箱用来暂存发送进程发送给目标进程的信息；接收进程则从信箱中取出对方发送给自己的消息。信息在信箱中可以安全地保存，只允许核准的目标用户随时读取。利用信箱方式既可以实现实时通信，又可以实现非实时通信。一个进程可以分别与多个进程共享多个不同的信箱，这样，一个进程可以同时和多个进程进行通信。

系统为信箱通信提供了若干条原语，分别用于信箱的创建、撤销和消息的发送和接收等。

(1)信箱的创建和撤销。进程可利用信箱创建原语来建立一个新信箱。创建者进程应给出信箱名字、信箱属性(公用、私用和共享)；对于共享信箱，应给出共享者的名字。当进程不再需要读信箱时，可用信箱撤销原语将之撤销。

(2)消息的发送和接收。当进程之间要利用信箱进程通信时，必须使用共享信箱，并利用系统提供的下述通信原语进行通信：

send(mailbox,message)；　　将一个消息发送到指定信箱；
receive(mailbox,message)；　　从指定信箱中接收一个消息；

利用信箱通信，发送者不必写出接收者，从而可向不知名的进程发送消息，由系统选择接收者。因此，这一通信方式也广泛用于计算机网络系统中。此外，消息可以完好地保存在信箱中，只允许核准的目标用户读取。

2.5.3 管道通信机制

管道通信机制是在文件系统基础上形成的，是利用共享文件实现进程通信的一种方式。所谓管道，是指用于连接多个读写进程，实现它们之间通信的共享文件。这一文件可被几个进程以不同的使用方式打开。发送者进程以写方式打开管道文件，以字符流的形式将大量数据送入管道，而接收进程以读方式取得文件中的信息。

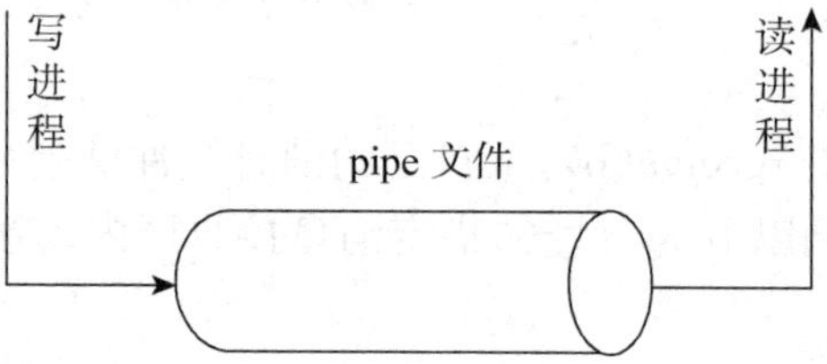

图 2-20 管道通信的示意图

图 2-20 所示的是管道通信的示意图。管道是一个特殊文件，允许按照先来先服务的方式传送数据。管道是单向的，写进程视管道文件为输出文件，以字符流的形式把大量数据送入管道；读进程视管道文件为输入文件，从管道中接收数据。在 UNIX 系统中写进程可以利用文件系统的系统调用 write(fd[1],buf,size)实现，该语句表示把 buf 中长度为 size 的字符消息送入管道入口 fd[1]中；读进程可以利用文件系统的系统调用 read(fd[0],buf,size)实现，该语句表示从管道出口 fd[0]读出长度为 size 的字符消息存入 buf 中。

在这一通信机制中，管道文件的建立、打开、读写以及关闭等操作可借用文件系统的原有机制来实现。但通信进程在通信过程中的相互协调仅靠文件系统无法解决，读写进程相互同步，必须实现以下几点：

(1)互斥。进程正在使用管道写入或读取数据时，另一个进程必须等待。

(2)同步。发送信息和接收信息之间要实现正确的同步关系。当写进程试图向已经写入数据但尚未读出数据的管道写入时，应阻塞自己，进行睡眠等待，直至读进程从管道中取出数据后将其唤醒；当读进程试图从空管道中读取数据时，也应该睡眠等待，直到写进程将消息写入管道后，再将其唤醒。利用有限管道可以循环使用以传送大量的信息。

(3)对方是否存在。读和写进程都能以一定方式了解对方是否存在，如果对方已经不存在，就没有必要再发送或接收信息。

管道是一种功能很强的通信机制，但仅用于连接具有共同祖先的进程，使用时需要临时建立，难以提供全局服务。

本章小结

进程是操作系统中最基本的概念之一，引入进程是系统资源的有限性和系统内操作的并发性而决定的。进程是并发程序的一次执行，是动态概念。从结构上看，进程由进程控制块、程序和数据组成。进程控制块(PCB)包含了进程的描述信息、控制信息和资源信息，是进程动态特征的集中反映。进程有三种基本状态：就绪状态、执行状态、阻塞状态。进程的状态会随着自身的运行和外界条件的变化而发生变化，通常可以用状态变化图来进行说明。进程具有生命周期，由创建而产生，由调度而执行，由撤销而消亡，进程的调度包括创建进程、撤销进程、进程的阻塞和唤醒、进程的挂起和激活。

操作系统中引入进程的目的是使多个程序并发执行，以便改善资源利用率和提高系统效率，而引入线程的目的是为了减少程序并发执行时所付出的时空代价，使得并发粒度更细、并发性更好。线程是进程内的基本调度单位，这个调度单位由线程 ID、程序计数器、寄存器集合和栈组成。线程也被称为轻量进程，它与属于同一进程的其他线程共享代码段、数据段和其他操作系统资源。线程的实现有用户级线程、内核级线程和混合型三种。

在多道程序系统中，同一时刻可能有多个进程/线程，它们之间存在两种基本关系：竞争关系和协作关系。互斥是竞争关系的一种手段，为了避免出现竞争关系，引入临界区的概念解决进程的互斥问题。进程的同步是确保进程之间的协调一致，指两个事件的发生有着某种时序上的关系(先，后)或共享资源的使用。可以采用信号量机制解决进程的同步与互斥。本章介绍了生产者—消费者问题、读者—写者问题、哲学家就餐问题，这些问题是并发进程/线程相互制约和内在关联的一种抽象。

进程通信方式可以分为低级通信和高级通信两种，其中高级通信是指大量传送数据的通信，主要包括消息传递机制和管道通信方式。利用相应的原语可以实现相关进程的同步，并可交换大量信息。

习　题

一、单项选择题

1. 在进程管理中，当(　　)时，进程阻塞状态变为就绪状态。

A. 进程被调度程序选中　　　　B. 等待某一事件

C. 等待的事件发生 D. 时间片用完

2. 分到必要的资源并获得处理机时进程的状态是(　　)。

A. 就绪状态 B. 执行状态

C. 阻塞状态 D. 撤销状态

3. 对进程的管理和控制使用(　　)。

A. 指令 B. 原语

C. 信号量 D. 信箱通信

4. 进程的并发执行是指若干个进程(　　)。

A. 同时执行 B. 执行时间上是重叠的

C. 执行时间上是不重叠的 D. 共享系统

5. PV 操作的信号量 S 初始值为 2,当前值为−1,则表示有(　　)个等待进程。

A. 0 B. 2

C. 1 D. 3

6. 进程间的同步是指进程间逻辑上的相互(　　)关系。

A. 连接 B. 制约

C. 继续 D. 调用

7. 操作系统通过(　　)对进程进行管理。

A. 进程 B. 进程控制区

C. 进程启动程序 D. 进程控制块

8. 信箱是一种(　　)通信方式。

A. 直接通信 B. 间接通信

C. 低级通信 D. 信号量

9. (　　)是解决进程间同步与互斥的一对低级通信原语。

A. P 和 V B. lock 和 unlock

C. W 和 S D. Send 和 Receive

10. 一个进程被唤醒意味着(　　)。

A. 该进程重新占有 CPU B. 优先级最大

C. PCB 在等待队列对首 D. 进程变为就绪状态

11. 下列对进程的描述中错误的是(　　)。

A. 进程是指令的集合 B. 进程是动态的集合

C. 进程是有生命周期的 D. 进程执行需要处理机

12. 进程在处理机上执行时(　　)。

A. 进程之间是无关的,具有封闭特性

B. 进程之间是有交往的,相互依赖、相互制约,具有并发性

C. 具有并发性,即同时执行的特性

D. 进程之间可能是无关的,但也有可能是有交往的

13. 对于进程和线程,以下说法正确的是(　　)。

A. 线程是程序中可独立执行的子任务,一个进程可以包含一个或多个线程,一个线程可属于一个或多个进程

B. 线程又称为轻型进程，因为线程都比进程小

C. 多线程技术具有明显的优越性，如速度快、通信简便、并行性高等

D. 由于线程不作为资源分配单位，线程之间可以无约束地并行执行

14. 对于两个并发进程，设互斥信号量为 mutex，若 mutex=0，则(　　)。

A. 表示没有进程进入临界区

B. 表示有一个进程进入临界区

C. 表示有一个进程进入临界区，另一进程等待进入

D. 表示有两个进程进入临界区

15. 若有三个进程共享一个互斥段，如果每次最多允许有两个进程进入互斥段，则信号量的变换范围是(　　)。

A. 3,2,1,0　　B. 2,1,0,−1

C. 4,3,2,1　　D. 1,0,−1,−2

二、填空题

1. 进程的基本特征有(　　)，(　　)，(　　)，(　　)和(　　)。

2. 临界资源是(　　)，临界区是(　　)。

3. 进程主要由(　　)(　　)(　　)三部分组成，其中(　　)是进程存在的唯一标志。

4. 在一个单处理机系统中，若有 5 个用户进程，且假设当前时刻为用户态，则处于就绪状态的用户进程最多有(　　)个，最少有(　　)个。

5. 进程使用临界区的四个准则是：(　　)(　　)(　　)和(　　)。

6. 对信号量的访问只能通过(　　)操作进行，其中(　　)的物理意义相当于申请资源，(　　)相当于释放资源。

7. 进程控制块的初始化工作包括(　　)(　　)、(　　)。

8. 某个程序运行时经常需要打印中间结果。计算时，该进程处于(　　)状态，打印时处于(　　)状态，打印结束时处于(　　)状态。

9. 通过专门的通信机制来实现进程间交换大量信息的通信方式称为进程通信。进程通信是用(　　)来交换信息的，最基本的通信原语包括(　　)和(　　)。

10. 操作系统中引入线程的主要目的是(　　)。

三、问答题

1. 临界区的管理有哪些要求？

2. 试比较进程和程序的区别？

3. 什么是进程的互斥？什么是进程的同步？

4. 什么是临界区？试举例说明。

5. 进程之间存在着哪几种制约关系？各自是什么原因引起的？下列活动各属于哪种制约关系？

(1)若干学生去图书馆借书；

(2)两队进行篮球比赛；

(3)流水线生产的各道工序；

(4)商品生产和社会消费。

6. 在公共汽车上司机和售票员各司其职。假定他们的工作流程如图 2-21 所示，请回

答如下问题：

(1)司机和售票员应该怎样配合才能确保行车的安全？

(2)用 PV 操作实现司机和售票员之间的配合。

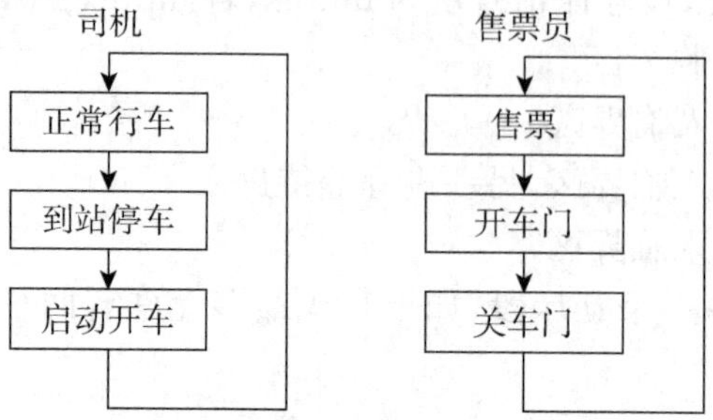

图 2-21　司机与售票员工作流程

7. 图 2-22 所示的是高级通信原语 send 和 receive 不完整的框图。填写适当的 P、V 操作，说明所使用的信号量的含义和初始值。

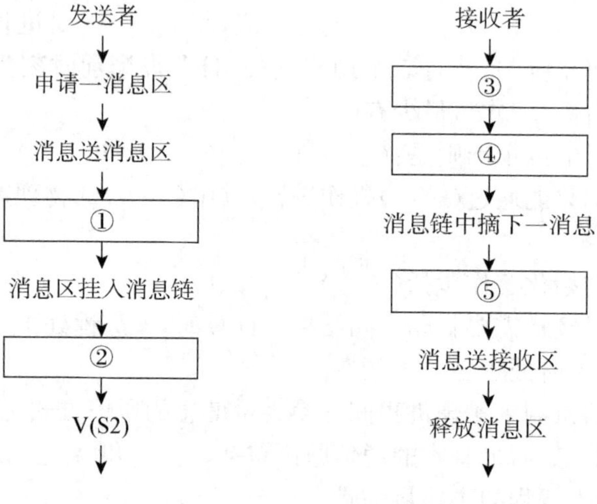

图 2-22　Send 和 Receive 实现框图

8. 有个寺庙，庙中有小和尚和老和尚若干个人，有一只水缸，由小和尚提水入缸给老和尚饮用。水缸可容 10 桶水，水取自同一口水井中。水井直径窄，每次仅能容一只水桶取水，水桶总数为 3 个。若每次只能入缸 1 桶水和取井中 1 桶水，而不能同时进行。试用 P、V 操作写出小和尚和老和尚打水和取水的活动过程。

说明：本题中有两个进程——小和尚打水进程和老和尚取水进程；考虑互斥的资源——水井和水缸。

9. 有三个进程 PA、PB 和 PC 协作解决文件打印问题，PA 将文件记录从磁盘读入主存的缓冲区 1，每执行一次读一个记录；PB 将缓冲区 1 的内容复制到缓冲区 2，每次执行一次复制一个记录；PC 将缓冲区 2 的内容打印出来，每次执行一次打印一个记录，用 PV 操作实现进程的同步。

10. 某数据采集系统由两个进程组成，进程 R 负责采集数据，并把采集到的数据存入缓冲器B中;进程W负责输出,将缓冲器B中的数据取出后打印输出。假定每次采集的数据长度不变并且B正好可以容纳采集到的数据。现在采用PV操作协调两个进程的并发执行,请回答下列问题:

(1)应该定义的信号量及初始值________________;

(2)进程的执行如下,请在方框中填写适当的PV操作。

Process R begin L1:采集数据D; [①] B:=D; [②] goto L1; end;

Process W begin L2: [③] X:=B; [④] 打印X数据; goto L2; end;

第3章 调度和死锁

本章导读

在多道程序设计环境中通常会有多个进程同时竞争 CPU。只要有两个或更多进程处于就绪状态，那么就必须选择下一个要运行的进程。完成这项工作的是调度程序，它的优劣直接影响到计算系统的性能。另一方面，多道程序的并发执行虽然能提高资源利用率，但是使用不当可能导致进程死锁的发生。

本章主要介绍各种调度策略：先来先服务、短作业优先、优先权调度、高响应比优先、多级反馈队列调度算法。其次，本章讨论了死锁及其处理方法。死锁是一种因多个并发进程等待资源而永久不能向前推进的系统状态。死锁的解决方法包括：预防、避免、检测和解除。

本章要点

- 调度类型：进程调度、作业调度、中级调度
- 调度层次和模型
- 调度算法：先来先服务、短作业优先、优先权调度、高响应比优先、多级反馈队列调度算法
- 死锁的概念
- 死锁的预防
- 银行家算法
- 死锁的检测和解除

3.1 调度的层次

多道程序的目标是在任何时候都有某些进程在运行，以使 CPU 的使用率最大化。当一个进程必须等待时，操作系统要求该进程让出 CPU 的使用权，通过调度选择另一个进程，将 CPU 交给该进程。这种调度是操作系统的基本功能。一个作业从提交到完成通常都要经历多级调度，按层次可以分为三级：高级调度、中级调度和低级调度。

3.1.1 高级调度

高级调度又称为作业调度或宏观调度。其主要功能是根据一定的算法，从输入的一批任务（作业）中选出若干个作业（从磁盘的作业后备队列中选择作业调入内存），分配必要的

资源并建立与作业相对应的进程，如内存、外设等，为它建立相应的用户作业进程和为其服务的系统进程（如输入/输出进程），最后把它们的程序和数据调入内存，等待进程调度程序对其执行调度，并在作业完成后作善后处理工作。

1）作业和作业步

作业是指在一次应用业务处理过程中，从输入开始到输出结束，用户要求计算机所做的有关该次业务处理的全部工作。一个作业实体由用户程序、数据及作业控制信息三个部分组成：

（1）程序部分表明了用户所要完成的功能；

（2）数据部分表明程序运行时的基础；

（3）作业控制信息（作业说明书）部分则表明用户对作业的控制意图。

一个作业可以包含多个程序和多个数据，但至少包含一个程序。作业中的程序和数据完成用户所要求的业务处理工作，作业说明书则体现用户的控制意图。

计算机系统在完成一个作业的过程中所做的一项相对独立的工作被称为作业步，因此也可以说一个作业是由一系列有序的作业步组成。例如，在编制程序的过程中，通常要进行编辑输入、编译、链接、运行几个步骤，其中的每一个步骤都可以看做是一个作业步。

2）作业控制块

OS向用户提供一组作业控制语言，用户用这种语言书写作业说明书，然后将程序、数据和作业说明书一起交给系统操作员。作业说明书在系统中生成一个称为作业控制块的表格。操作系统通过该表了解作业要求，并分配资源和控制作业中程序和数据的编译、链接、装入和执行等。

为了管理和调度作业，在多道批处理系统中为每个作业设置了一个作业控制块，如同进程控制块是进程在系统中存在的标志一样，它是作业在系统中存在的标志，其中保存了系统对作业进行管理和调度所需的全部信息。

作业控制块是作业在系统中存在的唯一标志，即一个作业控制块对应一个作业。操作系统根据作业控制块了解作业的情况，同时又利用作业控制块控制作业的运行。

作业控制块包括作业的基本情况、作业控制、作业资源要求的描述。作业的基本情况包括用户名、作业名、使用的编程语言等；作业的控制描述包括作业在执行过程中的控制方式（如脱机控制或联机控制）、各作业步的操作顺序等；资源描述信息包括预计运行时间、要求的资源情况、执行优先级等。

3）作业的状态及其转换

在多道程序系统中，一个作业在它的生命周期内要经历提交、后备、运行和完成四个阶段，一般要由系统经过多级调度才能实现。作业状态通常分为以下四种。

（1）提交状态

操作员将用户提交的作业通过某种输入方式输入到外存上的状态，称为提交状态。作业输入方式包括：联机输入方式、脱机输入方式、直接耦合方式、SPOOLing系统、网络输入方式。

①联机输入方式大多应用于交互系统中，外围设备直接与主机相连，用户和系统通过交互会话方式输入作业。

②脱机输入方式又被称为预输入方式，它利用低档个人计算机作为外围处理机进行输入处理。

③直接耦合方式把主机和外围低档机通过一个公用的大容量外存直接耦合起来，此时慢速的输入输出过程仍由外围低档机管理，而对于公用存储器中的大量的数据的高速存取则由主机完成。

④SPOOLing 系统利用专门的输入管理模块和输出管理模块完成将数据从外围设备读入缓冲区以及将缓冲区的数据输送到输出设备上。

⑤网络输入方式是当用户需要把在计算机网络中的某一台主机上输入的信息传送到网络中其他主机上进行操作或执行时构成的网络输入方式。

(2)后备状态

作业信息输入到计算机系统硬盘的输入井(外存中专门用来存放待处理作业信息的一组分区)中等待调度运行时的状态，称为后备状态，也被称为收容状态。当操作系统为在输入井上的作业建立一个 JCB 之后，作业就进入后备状态。

(3)运行状态

硬盘输入井中处于后备状态的作业，被作业调度程序选中装入内存，并为之建立相应的进程后，由于此时的作业已具备独立运行的资格，如果处理机空闲，便可立即开始执行，称为运行状态。处于运行状态的作业在系统中可以从事各种活动，它可能被进程调度程序选中而在处理机上执行；也可能等待某种事件或信息；还有可能在等待着进程调度程序为其分配处理机。从宏观上看，作业一旦由作业调度程序选中进入内存就开始了运行，但从微观上看，内存中的作业并不一定正在处理机上运行。

(4)完成状态

作业正常运行结束或因发生错误而终止时，释放其占有的全部资源，准备离开系统时作业的状态，称为完成状态。

图 3-1 所示为作业在整个生命活动期间的状态及其转换。作业由提交状态到后备状态的转换，是由作业建立程序完成的；从后备状态转变为运行状态是由调度程序所引起；而作业由运行状态自愿或被迫地转变为完成状态，则是在终止有关作业的系统调用的作用下完成的。

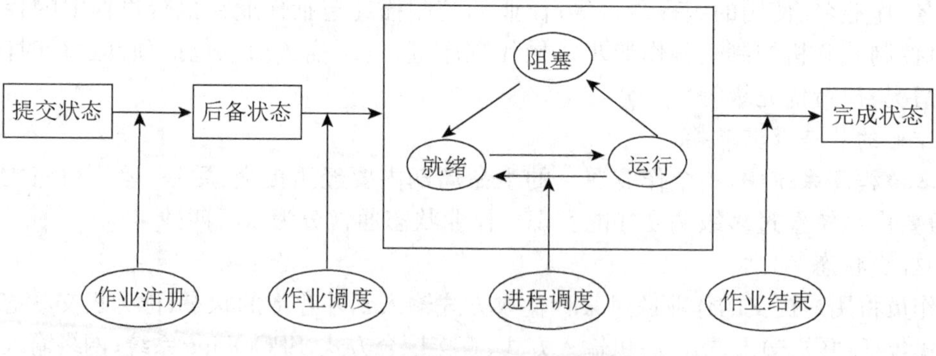

图 3-1　作业的状态及其转换

4)作业调度

作业调度的主要功能是根据作业控制块中的信息，审查系统能否满足用户作业的资源需求，以及按照一定的算法，从外存的后备队列中选取某些作业调入内存，并为它们创建进程、分配必要的资源。然后再将新创建的进程插入就绪队列，准备执行。因此，有时也把作业调度称为接纳调度。

(1)作业调度的功能

完成作业调度的程序被称为作业调度程序。作业调度程序主要完成以下工作：

①记录进入系统的各个作业情况。作业调度程序必须掌握作业在各个状态，包括运行阶段的有关信息。通常是通过作业控制块来了解作业的相关信息。

②从后备作业队列中挑选一些作业投入执行。一般来说，系统中处于后备状态的作业较多，大的系统可以达到几十个甚至几百个，而处于运行状态的作业一般只能有有限的几个。作业调度程序根据选定的调度算法，从后备队列中挑选若干个作业去投入运行。

③被选中的作业做好执行前的准备工作。作业调度程序为选中的作业建立相应的进程，并为这些进程分配它们所需要的全部资源，如分配内存、外存、外部设备等。

④在作业运行结束或运行过程中因某种原因需要撤离时，作业调度程序还要完成作业的善后工作。善后工作主要是输出作业管理信息，例如执行事件等。善后工作还需要回收该作业所占用的资源，撤销与该作业相关的全部进程和该作业的作业控制块等。

(2)作业调度的考虑因素

每个系统在选择作业调度算法时，既要考虑用户的要求，又要确保系统具有较高的效率。在每次执行作业调度时，都需做以下两个决定：

①决定接纳多少个作业　作业调度每次要接纳多少个作业进入内存，取决于多道程序度，即允许有多少个作业同时在内存中运行。当同时运行的作业太多时，可能会影响到系统的服务质量，如使周转时间太长。但是，如果内存中同时运行的作业太少时，又会导致系统资源利用率和系统吐量太低，因此，多道程序度的确定应根据系统的规模和运行速度等，做适当安排。

②决定接纳哪些作业　操作系统根据所采用的调度算法决定哪些作业从外存调入内存。例如，先来先服务调度算法将最早进入外存的作业最先调入内存；短作业优先调度算法将辅存上最短的作业最先调入内存；而基于作业优先权的调度算法则需根据作业的重要程度与轻重缓急选择调入内存的作业。

把外存上处于后备队列中的那些作业调入内存，并为它们创建进程、分配必要的资源，然后，再将新创建的进程排在就绪队列中，准备执行。在批处理系统中，作业是先驻留在外存上的，因此需要有作业调度，将它们分批装入内存。在分时系统中，为了能及时响应，用户通过键盘输入的命令或数据等，通常都是直接送入内存，因而无需配置作业调度。

3.1.2 低级调度

低级调度即进程调度，决定当存在多个就绪进程时，哪一个就绪进程将分配到中央处理机的运行时间，并且把中央处理机实际分配给这个进程。低级调度在较小的粒度上决定对处理机时间的使用权分配，又称为短程调度。低级调度执行非常频繁，进程调度程序每秒钟可执行多次进程调度，故进程调度程序必须常驻内存。

1)进程调度的功能

进程调度的具体功能可总结为如下几点。

(1)记录系统中所有进程的执行情况　作为进程调度的准备，进程管理模块必须将系统中各进程的执行情况和状态特征记录在各进程的 PCB 表中。并且,根据各进程的状态特征和资源需求等,进程管理模块还将各进程的 PCB 表排成相应的队列并进行动态队列转接。进程调度模块通过 PCB 变化来掌握系统中存在的所有进程的执行情况和状态特征,并在适当的时机从就绪队列中选择一个进程占据处理机。

(2)选择进程占有处理机　进程调度的主要功能是按照一定的策略选择一个处于就绪状态的进程,使其获得处理机执行。根据不同的系统设计目的,有各种各样的选择策略,例如系统开销较少的静态优先数调度法,适合于分时系统的轮转法和多级反馈调度等。这些选择策略决定了调度算法的性能。

(3)进行进程上下文切换　一个进程的上下文(context)包括进程的状态、有关变量和数据结构的值、机器寄存器的值和 PCB 以及有关程序、数据等。一个进程的执行是在进程的上下文中实行的。当正在执行的进程由于某种原因要让出处理机时,系统要做进程上下文切换,以使另一个进程得以执行。当进行上下文切换时系统要首先检查是否允许做上下文切换(在有些情况下,上下文切换是不允许的,例如系统正在执行某个不允许中断的原语时)。然后,系统要保留有关被切换进程的足够信息,以便以后切换回该进程时,顺利恢复该进程的执行。在系统保留了 CPU 现场之后,调度程序选择一个新的处于就绪状态的进程、并装配该进程的上下文,使 CPU 的控制权掌握在被选中的进程中。

2)调度机制

进程调度机制由以下几个部分组成。图 3-2 表示了调度程序中的三个逻辑部分:排队器、分派器和上下文切换器。

(1)当一个进程变为就绪状态时,它的描述表会被更新来反映这种变化,并且排队器组件将描述表指针放入等候 CPU 的进程列表中。排队器在将进程插入就绪队列时,可以计算为该进程分配 CPU 的优先级,并作为将来考虑什么时候要将进程从就绪队列中移出的依据。

(2)当调度程序把 CPU 从一个正在执行的进程中切换到另一个进程执行时,上下文切换器组件将保存所有 CPU 寄存器的内容,保存到正在被移出的进程的进程描述表中。

(3)当应用程序进程从 CPU 移出后,分派器被激活。分派器从就绪队列中选择一个进程,而后完成从它自己到选择的进程间的又一次上下文切换,从而分配 CPU 给选定的进程。

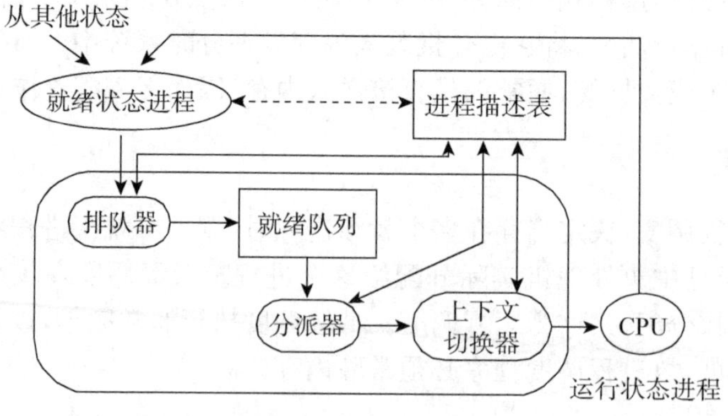

图 3-2　调度程序

3)进程调度方式

(1)非抢占方式

在这种方式下,一旦分派程序把处理机分配给某个进程后,便让它一直运行下去,直到进程完成或发生某事件而阻塞时,才把处理机分配给另一进程。即使在就绪队列存在有优先级高与当前执行进程时,当前进程仍将占用处理机直到该进程自己因调用原语操作或等待 I/O 而进入阻塞、睡眠状态,或时间片用完时才重新发生调度让出处理机。在采用非抢占调度方式时,可能引起进程调度的因素可归结为以下几种。

①正在执行的进程执行完毕,或因发生某事件而不能再继续执行;

②执行中的进程因提出 I/O 请求而暂停执行;

③在进程通信或同步过程中执行了某种原语操作,如 P 操作(wait 操作)、V 操作(signal 操作)、block 原语、wakeup 原语等。

这种调度方式的优点是实现简单、系统开销小,适用于大多数的批处理系统环境。但它难以满足紧急任务的要求——立即执行,因而可能造成难以预料的后果。显然,在要求比较严格的实时系统中,不宜采用这种调度方式。

(2)抢占方式

在这种方式下,某个进程正在运行时可以被系统以某种原则剥夺已分配给它的处理机,将处理机分配给其他进程。即就绪队列中一旦有优先级高于当前执行进程优先级的进程存在时,便立即发生进程调度,转让处理机。在这种调度方式中,进程调度程序可根据某种原则停止正在执行的进程,将已分配给当前进程的处理机收回,重新分配给另一个处于就绪状态的进程。抢占进程调度的原则有以下几种。

①时间片原则　各进程按系统分配的一个时间片运行,当该时间片用完或由于该进程等待某事件发生而被阻塞时,系统就停止该进程的执行而重新进行调度。图 3-3(a)给出了三个进程(P1,P2,P3)先后到达(几乎同时),分别需要 20、4 和 2 个单位时间运行完毕,三个进程在基于时间片原则的抢占方式下的运行情况。可以看出,P1,P2,P3 的周转时间分别为 26、10 和 6 个单位时间。如果是非抢占式调度按照 P1,P2,P3 的顺序执行,如图 3-3(b)所示,则三个进程各自的周转时间是 20,24 和 26 个时间单位。两者比较发现抢占方式对加快系统吞吐率、加速系统响应时间有明显的好处。

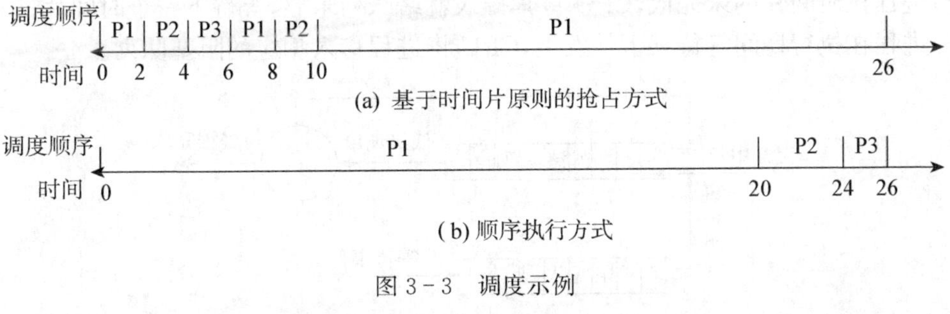

图 3-3　调度示例

②优先级原则　每个进程均被赋予一个调度优先级,通常给一些重要的和紧急的进程赋予较高的优先级。当一个新的紧迫进程到达,或者一个优先级高的进程从阻塞状态变成就绪状态的时,如果该进程的优先级比当前进程的优先级高,操作系统就停止当前进程的执

行,将处理机分配给该优先级高的进程,使之执行。

③短进程优先原则　当新到达的作业对应的进程比正在执行的作业对应进程的运行时间明显短时,系统剥夺当前进程的执行,而将处理机分配给新的短进程,使之优先执行。

3.1.3　中级调度

中级调度的目的是为了提高内存的利用率和系统吞吐量。为了让那些因为某些原因暂时不能运行的进程不再占用宝贵的内存资源,操作系统通过中级调度将这些进程调至外存进行等待。当这些处于挂起状态的进程再次准备好运行,且内存又出现空闲空间时,由中级调度决定将外存上哪些处于静止就绪状态的进程重新调入内存。被调入的进程将转换为就绪状态挂在就绪队列上,等待进程调度。

在上述三级调度中,低级调度是各类操作系统必备的功能,在纯粹的分时操作系统或实时操作系统中,通常不需要高级调度;一般的操作系统都配置高级调度和低级调度;而功能完善的操作系统为了提高主存的利用率和作业吞吐量,引入了中级调度。

3.2　调度模型和调度准则

3.2.1　调度模型

1)仅有进程调度的调度队列模型

在纯粹的分时操作系统中可以仅设置低级调度,用户键入的命令和数据都直接送入内存,由操作系统直接创建一个进程。系统提供以下功能:决定是否接受终端用户的连接;决定交互型作业能否被接纳并创建作业进程,系统通常会接纳所有授权用户,直到饱和为止。一个新建态的进程应能立即加入就绪队列参与调度。图 3 - 4 给出了仅具有进程调度的调度队列模型。

系统设置就绪队列和一个或多个阻塞队列,每当创建一个新的进程时,便将它挂在就绪队列的末尾,然后利用时间片轮转策略进行调度,进程运行时可能产生以下情况:

(1)进程在时间片内运行完成,释放 CPU;

(2)进程在时间片内未完成,CPU 将其排入就绪队列末尾,等待下一个时间片;

(3)进程在执行期间等待某事件发生,CPU 将进程移入相应的阻塞队列。

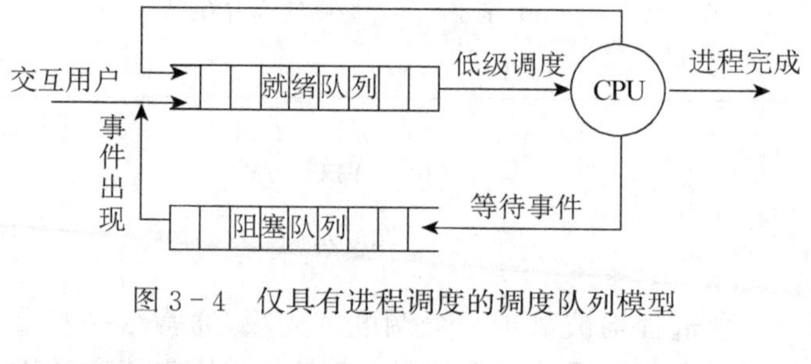

图 3 - 4　仅具有进程调度的调度队列模型

2)具有高级和低级调度的调度队列模型

该模型中,进入计算机系统的作业经过两级调度之后才能占用 CPU,第一级是高级调度，选择所需资源已被满足的部分后备作业进入主存，同时生成对应于作业的进程，使其获得参与竞争处理机的资格；第二级是低级调度，按照规定算法动态地调度进程占用处理机运行。图 3-5 给出了具有高、低两级调度的调度队列模型。

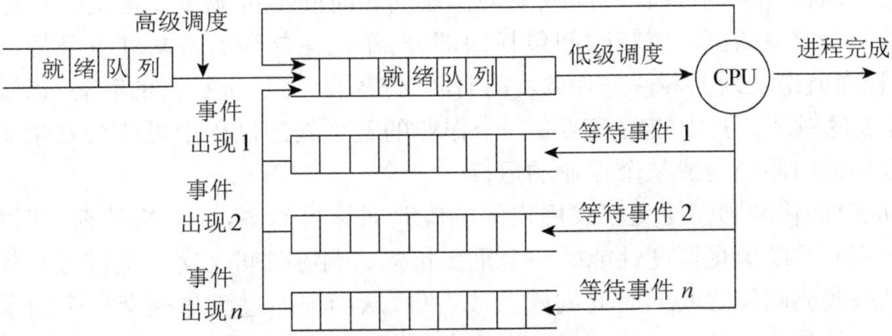

图 3-5　具有高、低两级调度的调度队列模型

通常当系统较大时，阻塞队列中等待的进程数目可以达到数百个，如果只有一个阻塞队列，其长度必然很长，将会严重影响对阻塞队列操作的效率。为了解决这个问题，可以设置多个阻塞队列，每个阻塞队列对应于某一种进程阻塞事件。

3）三级调度模型

在系统引入了中级调度后，相应的为进程增加“挂起”状态，某些进程需要挂起时，将其对换到外存的磁盘镜像区中，释放其所占的某些资源，暂时不参与低级调度。这些换出的进程状态改为就绪挂起状态（静止就绪状态）或者阻塞挂起状态（静止阻塞状态）。当系统空闲时，由中级调度把进程对换到主存，使其就绪挂起状态转换为内存就绪状态或者内存阻塞状态。图 3-6 给出具有三级调度的调度队列模型。

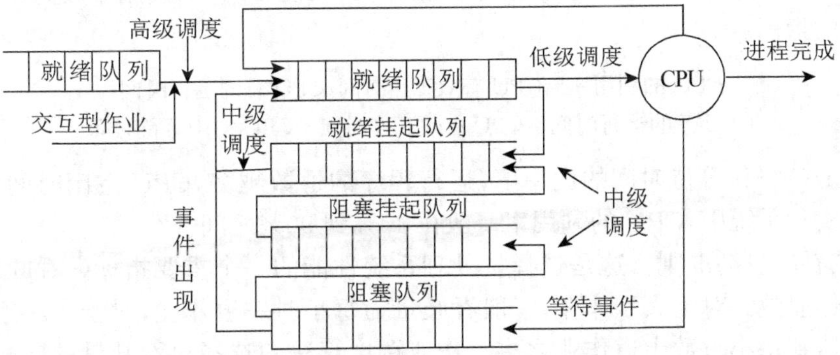

图 3-6　给出具有三级调度的调度队列模型

3.2.2　选择调度算法的原则

操作系统的调度算法的选择会受到很多因素的影响，评价调度算法的优劣和性能也是十分复杂的事情，不同类型操作系统的调度算法往往不一样，由于应用进程的特性、对响应时间和系统资源的要求不尽相同，使得调度算法的设计比较复杂。通常情况下如何选择调度方式和算法，很大程度上取决于操作系统的类型及其目标。选择调度算法时需要考虑用户的要求，同时也应该考虑系统的总体性能。

1)面向用户的准则

为了满足用户的需求应该遵循一些准则。其中,比较重要的准则有以下几点。

(1)周转时间短准则。批处理用户从作业提交给系统开始,到作业完成为止的时间间隔称作业周转时间,应使作业周转时间或平均作业周转时间尽可能短。这是批处理系统衡量调度性能的一个重要指标。周转时间包括四部分:作业在外存后备队列上等待(作业)调度的时间,进程在就绪队列上等待进程调度的时间,进程在CPU上执行的时间,以及进程等待I/O操作完成的时间。其中的后三项在一个作业的整个处理过程中可能会发生多次。用户希望能在较短的时间内完成某个作业的运行。

(2)响应时间快准则。使交互式用户的响应时间尽可能短,或尽快处理实时任务,这是分时系统和实时系统衡量调度性能的一个重要指标。响应时间是交互式进程从提交一个请求(命令)到接收到响应之间的时间间隔。或者说,从用户通过键盘提交一个请求开始直到屏幕上显示出结果为止的一段时间间隔。它包括三部分时间:从键盘输入的请求信息传送到处理机的时间,处理机对请求信息进行处理的时间,以及将所形成的响应信息回送到终端显示器的时间。

(3)截止时间保证准则。截止时间是指某任务必须开始执行的最迟时间,或必须完成的最迟时间。对于实时系统而言,为了确保任务能在有限的时间范围内做出正确的反馈,必须要求任务在截止时间之前开始执行,否则将可能造成难以预料的后果。

(4)优先权准则。在批处理、分时和实时系统中选择调度算法时,可以将急需处理的作业设置成较高的优先权,然后根据优先权高低选择调度,使得优先权高的作业能得到及时的处理。在实时系统中,有时为了确保作业能被及时处理,还需要选择抢占式的调度方式。

2)面向系统的准则

(1)资源利用率高准则。使得CPU或其他资源能够并行工作,并且资源的利用率尽可能高。对于大中型多用户系统,由于CPU价格昂贵,致使CPU的利用率成为衡量系统性能的十分重要的指标。

CPU的利用率=CPU有效工作时间/CPU总的运行时间

CPU总的运行时间=CPU有效工作时间+CPU空闲等待时间

在一定I/O操作等待时间的比率下,运行程序的道数越多,CPU空闲时间所占的百分比越低。在实际系统中,CPU的利用率一般在40%到90%之间。

(2)系统吞吐量高准则。这是选择批处理系统性能的一个重要指标。吞吐量是单位时间内处理的作业数。对于大型作业,一般吞吐量为每小时一道作业,对于中小型作业,其吞吐量则可能达到每小时数十道作业之多。作业调度算法的选择对吞吐量的影响很大,对于同一批作业,若采用较好的调度方式,则可显著地提高系统的吞吐量。

(3)公平性准则。确保每个用户每个进程获得合理的CPU份额或其他资源份额,不会出现饿死的情况。

当然,这些目标本身就存在着矛盾之处,在设计操作系统时必须根据其类型的不同进行权衡,以达到较好的效果。

3.3 调度算法

在操作系统中调度是指一种资源分配,因而调度算法是指根据系统的资源分配策略所规定的资源分配算法。在操作系统中,存在着多种调度算法,有的调度算法仅适用于作业调度,有的算法仅适用于进程调度,但大多数调度算法对两者都适用。

3.3.1 先来先服务调度算法

先来先服务算法(First Come First Served,FCFS)是一种简单的调度算法,该算法即可用于作业调度,也可用于进程调度。当作业调度中选择该算法时,按照作业进入系统后备作业队列的先后次序来挑选作业,先进入系统的作业将优先被挑选进入主存,创建用户进程,分配所需的资源,然后移入就绪队列。进程调度采用该算法时,每次调度是从就绪队列中选择一个最先进入该队列的进程,为它分配 CPU 运行,直到进程运行完成或发生某事件而阻塞时才放弃 CPU 的使用权。

FCFS 算法是一种非抢占式调度算法,易于实现,但效率不高。只顾及作业的等待时间,未考虑作业要求服务时间的长短,不利于短作业而优待长作业。有时为了等待长作业执行结束,短作业的周转时间和带权周转时间将变得很长,从而使若干个作业的平均周转时间和平均带权周转时间变得很长。例如,有 3 个作业同时到达系统并立即进入调度,三个作业所需的运行时间如表 3-1 所示。假设系统中没有其他作业,采用 FCFS 算法进行作业调度,即按照 1、2、3 的次序执行,3 个作业的周转时间分别为 28ms,37ms,40ms,因此平均作业周转时间 $T=(28+37+40)/3=35$ms。此时,对于最后被调度的作业 3 的带权周转时间为 $40/3\approx13$ms,相对于作业 1 和作业 2、作业 3 运行情况比较不利。

表 3-1 作业情况表

作业名	所需 CPU 时间/ms
作业 1	28
作业 2	9
作业 3	3

若 3 个作业的调度顺序改为 2、1、3,平均作业周转时间 $T=(9+37+40)/3\approx29$ms;若 3 个作业的调度顺序改为作业 3、2、1,则平均作业周转时间 $T=(3+12+40)/3\approx18$ms。可以看出,先来先服务算法的平均周转时间与作业的提交和调度顺序有关。

例:有 5 个进程 A、B、C、D、E,到达时间分别是 0,1,2,3,4,每个进程所需 CPU 的服务时间是 3,6,4,5,2,利用 FCFS 算法进程的调度顺序是 A、B、C、D、E,调度的平均周转时间和平均带权周转时间见表 3-2。

表 3-2 FCFS 调度算法示例

进程名	到达时间	服务时间	开始时间	完成时间	周转时间	带权周转时间
A	0	3	0	3	3	1
B	1	6	3	9	8	1.33
C	2	4	9	13	11	2.75
D	3	5	13	18	15	3
E	4	2	18	20	16	8
平均					10.6	3.22

在实际操作系统中，尽管很少单独使用 FCFS 算法，但是和其他一些算法相结合的使用中，FCFS 算法还是相当多的，例如基于优先级的调度算法中对相同优先级的作业（进程）采用 FCFS 方式。

3.3.2 短作业（进程）优先调度算法

短作业（进程）优先调度算法（Shortest Job First，SJF）是以进入系统的作业所要求的 CPU 运行时间的长短为标准，总是选取预计计算时间最短的作业优先调度的算法。它们可以分别用于作业调度和进程调度。短作业优先调度算法，是从后备队列中选择一个或若干个估计运行时间最短的作业，将它们调入内存运行。而短进程优先调度算法，则是从就绪队列中选出一个估计运行时间最短的进程，将处理机分配给它，使它立即执行并一直执行到完成，或发生某事件而被阻塞放弃处理机时，再重新调度。

表 3-3 SJF 调度算法示例

进程名	到达时间	服务时间	开始时间	完成时间	周转时间	带权周转时间
A	0	3	0	3	3	1
B	1	6	14	20	19	3.17
C	2	4	3	7	5	1.25
D	3	5	9	14	11	2.2
E	4	2	7	9	5	2.5
平均					8.6	2.02

表 3-3 描述了 SJF 算法调度进程的情况，进程调度的顺序是 A、C、E、D、B，特别需要注意的是在短作业优先调度算法中每次选择的是已进入系统的要求服务时间最短的进程，因此在此例中进程 A 首先被调度，当进程 A 运行完成后，在已进入系统的 B、C、D 三个进程中选择要求服务时间最短的 C 进程进行调度，然后当 C 进程运行完成后，E 进程也已经进入系统，此时在 B、D、E 三个未被调度的进程中选择，根据每个进程的要求服务的时间，依次执行 E、D、B。

短作业(进程)优先调度算法是一种非抢占式的调度算法,能够克服 FCFS 算法偏爱长作业的缺点,易于实现,但执行效率不高。短作业(进程)优先调度算法也存在不容忽视的缺点。

(1)该算法对长作业不利。更严重的是,如果有一长作业(进程)进入系统的后备队列(就绪队列),由于调度程序总是优先调度那些(即使是后进来的)短作业(进程),进入系统早的长作业长期得不到处理,将导致饥饿现象。

(2)该算法完全未考虑作业的紧迫程度,因而不能保证紧迫性作业(进程)会被及时处理。

(3)由于作业(进程)的长短只是根据用户所提供的估计执行时间而定的,而用户又可能会有意或无意地缩短其作业的估计运行时间,致使该算法不一定能真正做到短作业优先调度。

3.3.3 高优先权优先调度算法

高优先权优先调度算法的基本思想是:当发生调度时,总是调度当前处于就绪队列中优先级最高的进程,使之获得处理机。在这种算法中存在两种方式:非抢占式优先权算法和抢占式优先权调度算法。

1)优先权调度算法的类型

(1)非抢占式优先权算法　非抢占式优先权调度方式规定系统如果把处理机分配给就绪队列中优先权最高的进程后,该进程将持续获得 CPU 的使用权,直到进程完成或发生某事件而阻塞时,才把处理机分配给另一个进程。这种调度方式的优点是实现简单、系统开销小,适用于大多数的批处理系统。但是该调度方式无法满足紧急任务的要求,不太适合用在要求严格的实时系统中。

(2)抢占式优先权调度算法　抢占式优先权调度方式规定首先把处理机分配给优先权最高的进程,使该进程占用 CPU 执行。但在其执行期间,如果系统中进入了一个优先权更高的进程,进程调度程序就立即停止当前进程(原优先权最高的进程)的执行,重新将处理机分配给新到的优先权最高的进程。这种调度方式的优点是能更好地满足紧迫作业的要求,因此适用于要求比较严格的实时系统,以及对性能要求较高的批处理和分时系统。

2)优先权的类型

(1)静态优先权　静态优先权是根据进程的特性,在创建进程时确定了它们的优先数,且在进程的整个运行期间保持不变。这种方法实现比较简单,系统开销小,但是不够精确,调度性能不高,而且有可能导致某些优先数低的进程一直得不到响应,出现“饥饿”现象。一般的,优先权是利用某一范围内的一个整数来表示的,例如,0～7 或 0～255 中的某一整数,又把该整数称为优先数。只是具体用法各异:有的系统用“0”表示最高优先权,当数值愈大时,其优先权愈低;而有的系统恰恰相反。

确定进程优先权的依据有如下三个方面。

①进程类型。一般情况下,系统进程(如对换进程,磁盘 I/O 进程)的优先数高于用户进程的优先数;I/O 进程高于用户计算进程,保证 I/O 设备忙;在用户进程中,I/O 忙的进程高于 CPU 忙的进程,保证 CPU 与 I/O 设备协调工作;在分时系统中,前台终端进程高于后台

批处理进程，以使用户满意。

②进程对资源的需求。考虑进程的估计运行时间、内存需求量和对 I/O 设备的需求等，作为确定优先数的参数。例如，最小乘积优先数＝最短时间×最小内存。

③用户要求。由用户给自己的进程确定一个优先数，如先来先服务。

(2)动态优先权　动态优先权是指进程的优先权随着进程的推进可以动态改变。现代操作系统中，采用优先权调度算法的系统大多使用的是动态优先数的策略。动态优先数的选择可以根据进程占有 CPU 的时间的长短以及就绪进程等待 CPU 的时间长短来确定。

3.3.4　高响应比优先调度算法

高响应比优先（Highest Response－ratio Next，HRN）调度算法是对 FCFS 调度算法和短作业优先调度算法的一种综合平衡。FCFS 算法只考虑等待时间而未考虑运行时间的长短，短作业优先调度算法只考虑运行时间而未考虑等待时间的长短。因此这两种调度算法在某些情况下都有不足之处。高响应比优先调度算法中的优先权的变化规律可描述为：

$$\text{优先权}=\frac{\text{等待时间}+\text{要求服务时间}}{\text{要求服务时间}}$$

因为等待时间与要求服务时间之和，就是系统对该作业的响应时间，故该优先权又相当于响应比 R_P。据此，又表示为：

$$R_P=\frac{\text{等待时间}+\text{要求服务时间}}{\text{要求服务时间}}=\frac{\text{响应时间}}{\text{要求服务时间}}$$

从上面的公式可以看出：

(1)如果作业的等待时间相同，则要求服务的时间愈短，其优先权越高，因此该算法在等待时间相同的作业中会选择短作业，有利于短作业。

(2)当要求服务的时间相同时，作业的优先权决定于其等待时间，等待时间越长，其优先权越高，因此对运行时间相同的作业该算法会选择等待时间长的作业，即类似于先来先服务。

(3)对于长作业，作业的优先级可以随等待时间的增加而提高，当其等待时间足够长时，其优先级便可升到很高，从而也可获得处理机。因此对长作业而言，不会出现“饥饿”现象。

总之，该算法既照顾了短作业，又考虑了作业到达的先后次序，不会使长作业长期得不到服务。

表 3－4 描述了 HRN 算法调度进程的过程，在该例中进程的调度顺序是 A、B、E、C、D。开始时系统首先调度进程 A，当进程 A 执行完后分别计算已进入系统的 B，C，D 三个进程的响应比：

$$R_B=\frac{2+6}{6}\approx 1.3 \qquad R_C=\frac{1+4}{4}=1.25 \qquad R_D=\frac{0+5}{5}=1$$

得到 B 进程的响应比最高，因此先被调度，当进程 B 运行完后再次计算进程 C、D、E 当前的响应比，根据结果调度进程 E，当进程 E 运行完后重新计算 C、D 两个进程当前的响应比，然后依次调度 C、D。

表 3－4 HRN 调度算法示例

进程名	到达时间	服务时间	开始时间	完成时间	周转时间	带权周转时间
A	0	3	0	3	3	1
B	1	6	3	9	8	1.33
C	2	4	11	15	13	3.25
D	3	5	15	20	17	3.4
E	4	2	9	11	7	3.5
平均					9.6	2.5

3.3.5 时间片轮转调度算法

轮转法调度也称为时间片调度，是分时系统中采用的调度算法。

1）基本原理

时间片轮转调度算法的基本思想是为每一个进程分配一个时间段，该时间段被称为时间片，即允许该进程运行的时间，通常情况下时间片的大小为几十到几百毫秒。每个进程只能依次循环轮流运行，如果时间片结束时进程还在运行，CPU 将剥夺该进程的使用权转而将 CPU 分配给另一个进程。如果进程在时间片结束之前阻塞或结束，CPU 当即进行切换。为了实现进程的循环执行，将每次被中止运行的进程存入就绪队列的末尾，同时将 CPU 分配给就绪队列中的队首进程。该算法是一种简单而又公平的算法，使用非常广泛。

2）时间片大小的确定

轮转法是一种抢占式的调度，在一轮调度过程中每个进程不可能获得比一个时间片 q 更长的运行时间，只要时间已到 q 值该进程便立即被剥夺。时间片轮转算法的关键问题在于如何选择时间片的大小。如果时间片取值太小，将导致大多数进程都不能在一个时间片内运行完毕，就会频繁切换，开销显著增大，所以从系统效率的角度来看，时间片的值取得大一点好；另一方面，时间片的长度较大，那么随着就绪队列中进程数目的增加，轮转依次所耗费的总时间加长，即对每个进程的响应速度均放慢，甚至时间片大到进程足以完成其所有任务，时间片调度算法就退化为 FCFS 算法。

当时间片大小 $q=1$ 时前例中 A、B、C、D、E 进程按照时间片轮转的策略进程调度的顺序如图 3－7 所示。

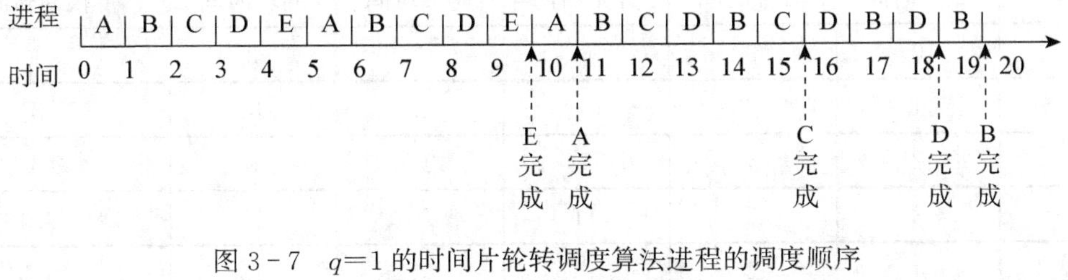

图 3－7 $q=1$ 的时间片轮转调度算法进程的调度顺序

表 3－5 给出当时间片大小 $q=1$ 时调度的过程以及进程的周转时间和带权周转时间，当 $q=1$ 时，每个进程运行一个时间片就进行轮转。进程 E 需要服务时间为 2，因此经过两轮

循环在时间为10处结束运行。第三轮循环时进程A、B、C、D进行轮转调度，进程A在时间为11处结束运行。第四轮循环时进程B、C、D进行轮转调度，进程C在时间16处结束运行。第五轮循环只有B、D两个进程参与，进程D在时间19处结束运行，最后进程B在时间20处运行完成。

表3-5　$q=1$的时间片轮转调度算法示例

进程名	到达时间	服务时间	开始时间	完成时间	周转时间	带权周转时间
A	0	3	0	11	11	3.67
B	1	6	1	20	19	3.17
C	2	4	2	16	14	3.5
D	3	5	3	19	16	3.2
E	4	2	4	10	6	3
平均					13.2	3.31

当时间片大小$q=4$时前例中A、B、C、D、E进程按照时间片轮转的策略进程调度的顺序如图3-8所示。

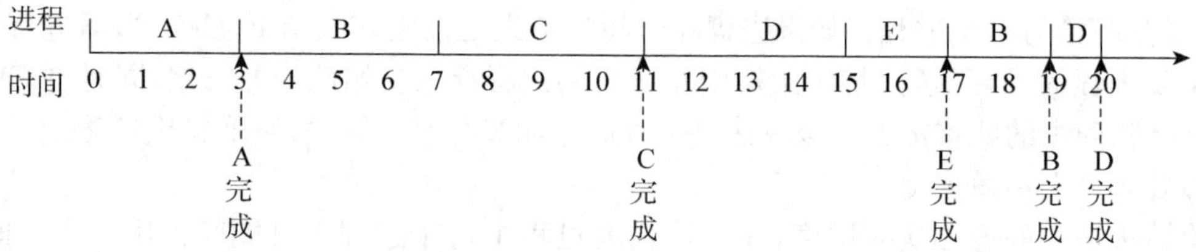

图3-8　$q=4$的时间片轮转调度算法进程的调度顺序

表3-6给出当时间片大小$q=4$时调度的过程以及进程的周转时间和带权周转时间。当A进程运行了3个单位时间后，此时虽然时间片未结束但是A进程运行完成，系统会将CPU分配给就绪队列中的队首进程B，进程B运行完一个时间片后，即时间为7时必须让出CPU的使用权，此时将进程B重新插入就绪队列的尾部，重新调度就绪队列中的队首进程C，然后依次调度。

表3-6　$q=4$的时间片轮转调度算法示例

进程名	到达时间	服务时间	开始时间	完成时间	周转时间	带权周转时间
A	0	3	0	3	3	1
B	1	6	3	19	18	3
C	2	4	7	11	9	2.25
D	3	5	11	20	17	3.4
E	4	2	15	17	13	6.5
平均					12	3.23

从表3-5和表3-6种可以看出，时间片的大小会影响系统的效率。在实际系统中确定

时间片的大小通常考虑以下几个因素：

(1)系统对响应时间的要求。实践表明：对于批处理系统，应使80%左右的进程能在一个时间片内完成；对于分时系统，可使用确定时间片 q 的参考公式：

$$q=\frac{t}{n}$$

其中 t 为响应时间上限，n 为系统中最大进程个数。

(2)就绪队列中进程的数目。时间片的大小应随着就绪进程数目的增加而减少。

(3)系统的处理能力。处理能力强的计算机，在用户数一定的情况下可增加时间片。

3.3.6 多级反馈队列调度算法

多级反馈队列调度(Multi－Level Feedback Queue，MLFQ)又被称为反馈循环队列，如图3－9所示。不必事先知道各种进程所需的执行时间、优先级等，而且可以满足不同类型进程的需求，它采用动态分配优先数，调度策略是一种抢占式的调度方法。该算法是目前公认的较好的一种进程调度算法。

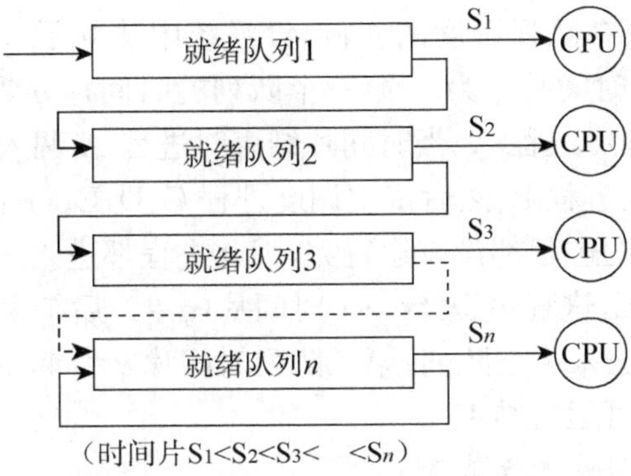

图3－9 多级反馈队列调度算法

1)算法实施过程

(1)设置多个就绪队列，并为各个队列赋予不同的优先级。第一个队列的优先级最高，第二个队列次之，其余各队列的优先级逐个降低。该算法赋予各个队列中进程执行时间片的大小也各不相同，在优先级愈高的队列中，为每个进程所规定的执行时间片就愈小。例如，第二个队列的时间片要比第一个队列的时间片长一倍，…，第 $i+1$ 个队列的时间片要比第 i 个队列的时间片长一倍。图3－9中系统设置了 n 个就绪队列，其中每个队列分配的时间片分别为 S_1、S_2、S_3、…、S_n，规定时间片 $S_1<S_2<S_3<\cdots<S_n$。

(2)当一个新进程进入内存后，首先将它放入第一队列的末尾，按FCFS原则排队等待调度。当轮到该进程执行时，如它能在该时间片内完成，便可准备撤离系统；如果它在一个时间片结束时尚未完成，调度程序便将该进程转入第二队列的末尾，再同样地按FCFS原则等待调度执行；如果它在第二队列中运行一个时间片后仍未完成，再依次将它放入第三队列，…，如此下去，当一个长作业(进程)从第一队列依次降到第 n 队列后，在第 n 队列中便采取按时间片轮转的方式运行。

(3)仅当第一队列空闲时,调度程序才调度第二队列中的进程运行;仅当第 1～($i-1$)队列均空时,才会调度第 i 队列中的进程运行。如果处理机正在第 i 队列中为某进程服务时,又有新进程进入优先权较高的队列(第 1～($i-1$)中的任何一个队列),则此时新进程将抢占正在运行进程的处理机,即由调度程序把正在运行的进程放回到第 i 队列的末尾,把处理机分配给新到的高优先权进程。

表 3-7 多级反馈队列调度算法示例

进程名	到达时间	服务时间	开始时间	完成时间	周转时间	带权周转时间
A	0	3	0	7	7	2.3
B	1	6	1	17	16	5.3
C	2	4	2	18	16	4
D	3	5	3	20	17	3.2
E	4	2	4	14	10	5
平均					13.2	3.96

表 3-7 给出了多级反馈队列调度的实例,设系统中建立了 3 个队列,第一个队列的时间片 q 为 1,第二个队列的时间片 q 为 2,第三个队列的时间片 q 为 4。A、B、C、D、E 的调度策略是:第一队列中首先调度进程 A、当时间片结束时进程 A 调入第二队列中,此时 B 进入系统的第一队列,因此调度进程 B、然后依次调度进程 C、D、E,每个进程都运行一个时间片,当第一轮调度完成后所有的进程都没有运行完,因此进程都进入第二队列;在第二队列中按顺序依次调度 A、B、C、D、E,进程 A 运行一个时间片($q=2$)后结束,进程 E 运行部分时间片也结束,因此进程 B、C、D 进入第三队列;第三队列时间片 q 为 4,依次执行 B、C、D,每个进程在所规定的时间片之内都可运行结束。

2)多级反馈队列调度算法的性能

多级反馈队列调度算法是一种性能较好的作业低级调度策略,能够满足各类用户的需要。根据用户运行作业的类型进行分析,可以发现:

(1)终端型作业用户。终端型用户(分时交互型)所提交的作业大多属于交互型作业,这种类型的作业通常比较小,系统只要能使这些作业在第一队列所规定的时间片内完成,就可以使终端型作业都感到满意。

(2)短批处理作业用户。短批处理作业只需仅在第一队列或在第一、第二队列中各执行一个时间片就能完成工作,周转时间仍然很短。

(3)长批处理作业用户。长作业将依次在第 1,2…$n-1$ 个队列中运行,然后进入第 n 个队列再按照轮转方式运行,因此用户不必担心长作业长期得不到响应。

3.4 死锁的基本概念

在多道程序环境中,多个进程可能竞争一定数量的资源。某个进程申请资源,如果此时资源不可用,那么该进程进入等待状态。如果所申请的资源被其他等待进程占有,那么该等待进程有可能再也无法改变其状态，这种情况就发生了死锁。

所谓死锁，是指各并发进程彼此互相等待对方所拥有的资源，且这些并发进程在得到对方的资源之前不会释放自己所拥有的资源，从而造成的一种僵局状态(Deadly Embrace)。当进程处于僵持状态时，若无外力作用，它们将无法再向前推进。

3.4.1　产生死锁的原因

死锁发生在日常生活的许多方面，其中最著名的问题是交通拥塞时的网格锁。例如，当一个环绕街区的四条单向公路有繁忙的交通时，汽车试图穿过十字路口继续前进时，就会出现如图 3-10 所示的网格锁。沿着单向公路行驶的汽车流对应于进程，每个十字路口对应于共享资源。北行的汽车流拥有西南角的十字路口资源并且需要控制西北的十字路口继续前进，然而，东行的汽车流占有西北的十字路口并请求东北十字路口，南行的汽车流持有东北的十字路口并且需要东南的十字路口。西行的汽车流占有东南的十字路口并请求被北行的汽车流持有的西南十字路口，这样就形成了死锁。

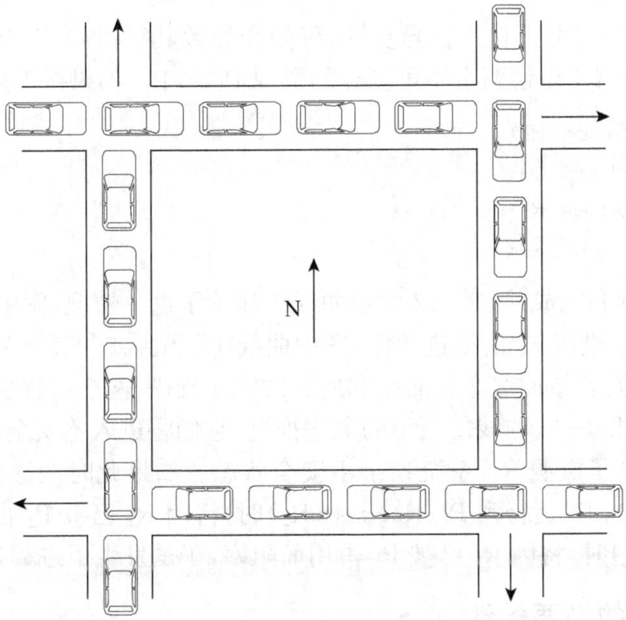

图 3-10　汽车网格锁

这种形式的死锁的一种解决方法是在某一时刻让一个交通警察将汽车移动一定的距离，让出一个十字路口，使得被阻塞的汽车可以继续前行，从而解除死锁。另一种解决方式是让一个方向的汽车流倒车使得一个十字路口空出，这也解决了死锁。在计算机软件中，让汽车倒车类似于结束或剥夺进程或线程的运行。

1)竞争资源引发死锁

当系统中有多个进程需要使用某些资源时，而这些资源又不能同时满足其需要，便会引起进程对资源的竞争而导致死锁。系统中的资源可以分为可剥夺性资源和非剥夺性资源两种。可剥夺性资源是指某进程在获得这类资源后，该资源可以被其他进程或系统剥夺，例如，优先权高的进程可以剥夺优先权低的进程的处理机。非剥夺性资源是指系统把这类资源分配给某进程后，再不能强行收回，只能在进程用完后自行释放，如磁带机、打印机等。

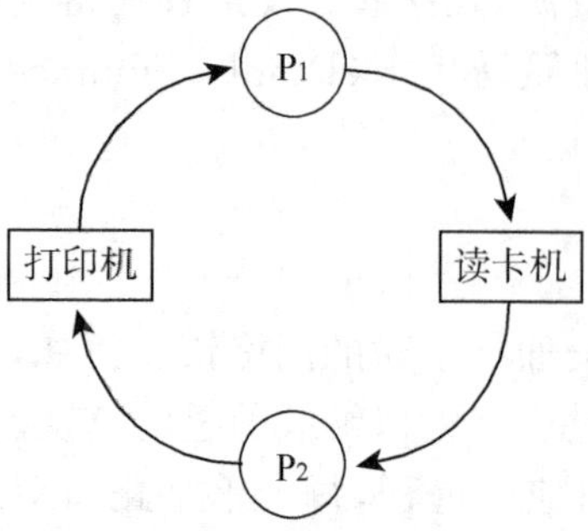

图 3-11　竞争资源引发的死锁

进程运行过程中申请不可剥夺性资源时，由于资源的数量不能满足各个进程的需求，因此在竞争这些资源时而陷入僵局。例如，设一个系统中有一台打印机和一台读卡机，有两个进程 P_1 和 P_2，P_1 已经占用打印机，P_2 已占用读卡机，如果现在 P_1 要求读卡机，P_2 要求打印机，则 P_1、P_2 便处于死锁状态，如图 3-11 所示。

此外，对临时性资源使用不加限制也会引起死锁。在进程通信时使用的信件可以看做是一种临时性资源，如果对信件的发送和接收不加限制的话，则可能引起死锁。比如，进程 P_1 等待进程 P_3 的信件 S_3 来到后再向进程 P_2 发送信件 S_1；P_2 又要等待 P_1 的信件 S_1 来到后再向 P_3 发送信件 S_2；而 P_3 也要等待 P_2 的信件 S_2 来到后才能发出信件 S_3。在这种情况下就形成了循环等待，永远无法结束，产生死锁。

2)进程推进顺序不当

进程在运行过程中，由于它具有异步性，可能会导致其推进顺序非法。例如，两个进程 P_1 和 P_2 并发执行时需要申请两个不可剥夺的资源 R_1 和 R_2，如果按下述顺序推进：

P_1：Request(R_1)；Request(R_2)；
P_1：Release(R_1)；Release(R_2)；
P_2：Request(R_2)；Request(R_1)；
P_2：Release(R_2)；Release(R_1)；

两个进程便可顺利完成，图 3-12 中的曲线①显示了这一情况，图中 x 轴表示了进程 P_1 的推进顺序，y 轴表示进程 P_2 的推进顺序，图中曲线①、②、③、④表示两个进程并发执行时的推进顺序。类似地，若按曲线②和曲线③所示的顺序推进，两个进程也可顺利执行。

若并发进程 P_1 和 P_2 按曲线④所示的顺序推进，它们将进入不安全区 D 内。此时 P_1 保持了资源 R_1，P_2 保持了资源 R_2，系统处于不安全状态。如果此时两进程再向前推进，便可能发生死锁。例如，当 P_1 运行到 P_1：Request(R_2)时，将因 R_2 已被 P_2 占用而阻塞；当 P_2 运行到 P_2：Request(R_1)时，将因 R_1 已被 P_1 占用而阻塞，于是发生了进程死锁。

3.4.2　产生死锁的必要条件

如果在系统中同时满足下面四个条件，那么会引起死锁。

(1)互斥条件　指进程对所分配到的资源进行排他性使用，即一个资源每次只能被一个进程使用。

(2)请求和保持条件　一个进程在请求新资源而阻塞时，对已获得资源又保持不放。

(3)不剥夺条件　已经分配的资源不能从相应的进程中被强制地剥夺。

(4)环路等待条件　在发生死锁时，必然存在一个进程—资源的环形链。即进程集合{P_1，P_2…P_n}中的 P_1 正在等待 P_2 占用的资源，P_2 正在等待 P_3 占用的资源…P_n 正在等待 P_1 占用的资源，如图 3-11 所示进程 P_1、P_2，打印机、读卡机之间形成环路。

此时,强调所有四个条件必须同时满足时才会出现死锁。环路等待条件意味着请求和保持条件,四个条件之间并不完全独立。

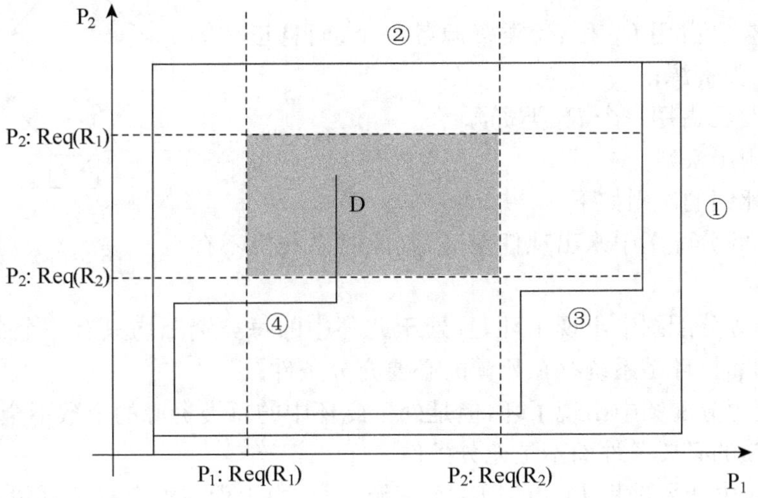

图 3-12 进程推进顺序对死锁的影响

3.4.3 资源分配图

1)资源分配图的定义

死锁问题可用称为系统资源分配图的有向图进行更为精确地描述。这种图由一个节点的集合 V 和一个边的集合 E 组成。节点的集合 V 分成两种类型的节点:$P=\{P_0,P_1,\cdots,P_n\}$(系统活动进程的集合)和 $R=\{R_0,R_1,\cdots,R_n\}$(系统所有资源类型的集合)。

图中每一条边是一个有序对 $<P_i,R_i>$ 或 $<R_i,P_i>$。P_i 是进程,R_i 是资源类型。如果存在一条从 P_i 指向 R_i 的有向边,它表示 P_i 提出了一个要求分配 R_i 类资源中的一个资源的请求,并且当前正在等待分配,有向边 $<P_i,R_i>$ 叫做请求边,也可记为 $P_i \rightarrow R_i$。如果存在一条从 R_i 类资源执行进程 P_i 的有向边,它表示 R_i 类资源中的某个资源已分配给了进程 P_i,而有向边 $<R_i,P_i>$ 则叫做分配边,也可记为 $R_i \rightarrow P_i$。

在图中,用圆形表示进程 P_i,用矩形表示资源类型 R_i。由于资源类型 R_i 可能有多个实例,所以在矩形中用圆点表示实例。注意请求边只能指向矩形 R_i,而分配边必须指定矩形内的某个圆点。

图 3-13 给出资源分配图实例,表示了如下情况。

- 集合 P、R、E 分别为:

$P=\{P_1,P_2,P_3\}$,

$R=\{R_1,R_2,R_3,R_4\}$,

$E=\{P_1 \rightarrow R_1, P_2 \rightarrow R_3, R_1 \rightarrow P_2, R_2 \rightarrow P_2, R_3 \rightarrow P_3\}$。

- 资源实例个数为:

资源类型 R_1 有 1 个实例,资源类型 R_2 有 2 个实例,资源类型 R_3 有 1 个实例,资源类型 R_4 有 3 个实例。

➧ 进程状态分别为：

(1)进程 P_1 已占用一个 R_2 类资源，而且正在等待获得一个 R_1 类资源；

(2)进程 P_2 已占用 R_1 和 R_2 类资源各一个，而且正在等待获得一个 R_3 类资源；

(3)进程 P_3 已占用一个 R_3 类资源。

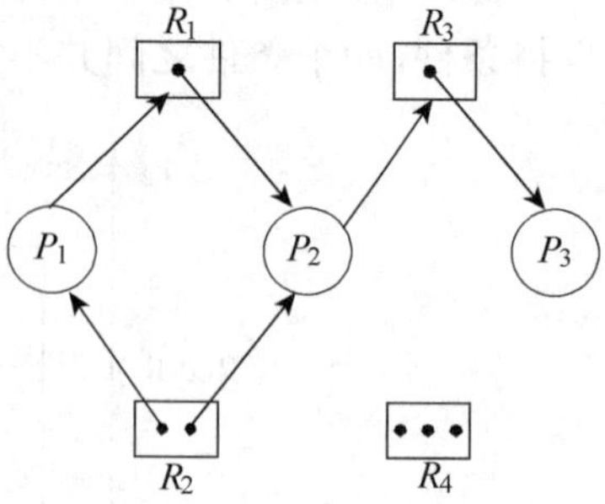

图 3-13 资源分配图

2)死锁的判定法则

判定是否死锁的法则如下：

(1)如果资源分配图中未出现任何环，则此时系统内不存在死锁；

(2)如果资源分配图中出现了环，且处于此环中的每类资源均只有一个个体，则有环就出现了死锁。此时，环是系统存在死锁的必要充分条件；

(3)如果资源分配图中出现了环，但是处于此环中的每类资源的个数不全为1，则环的存在只是产生死锁的必要条件而不是充分条件。

在图 3-13 中如果进程 P_3 申请 R_2 类资源一个，由于现在没有资源可用，所以就增加了有向边 $P_3 \rightarrow R_2$，如图 3-14 所示。系统中出现了两个最小环：

$P_1 \rightarrow R_1 \rightarrow P_2 \rightarrow R_3 \rightarrow P_3 \rightarrow R_2 \rightarrow P_1$

$P_2 \rightarrow R_3 \rightarrow P_3 \rightarrow R_2 \rightarrow P_2$

进程 P_1、P_2 和 P_3 形成死锁。进程 P_2 等待资源 R_3，而它又被进程 P_3 占有。另一方面，进程 P_3 等待进程 P_1 或进程 P_2 释放资源类型 R_2。

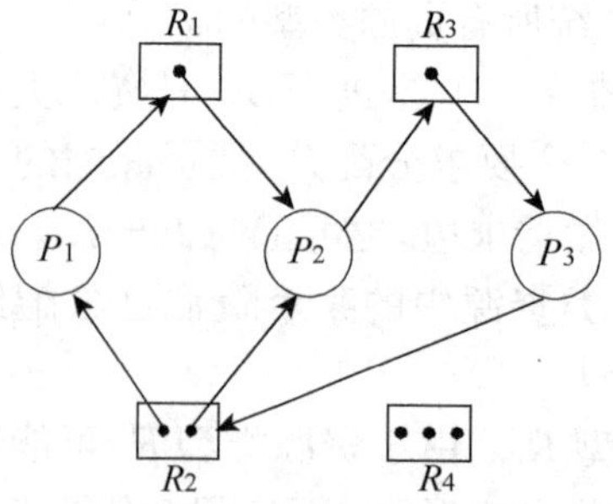

图 3-14 存在死锁的资源分配图

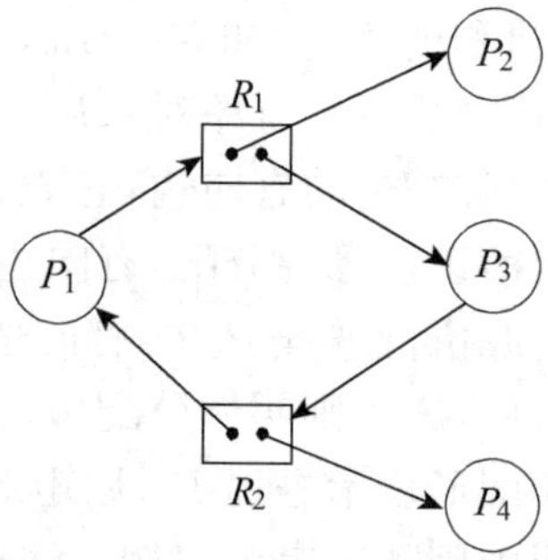

图 3-15 存在环路但没有死锁的资源分配图

现在考虑图 3-15 所示的资源分配图，在该图中出现一个环 $P_1 \rightarrow R_1 \rightarrow P_3 \rightarrow R_2 \rightarrow P_1$，然而，却没有死锁，此时处于此环中的每类资源的个数不全为 1。当进程 P_4 释放一个资源 R_2，然后将该资源分配给进程 P_3，从而打破环路。

总之，如果资源分配图没有环，那么系统就不处于死锁的状态；如果有环，那么系统有可能出现死锁。

3.4.4 处理死锁的方法

为了保证系统中各个进程的正常运行，必须有效地解决死锁问题。处理死锁的方法主要包括以下几种。

(1)死锁的预防 破坏产生死锁的四个必要条件中的一个或多个,使系统不会进入死锁状态;

(2)死锁的避免 在资源动态分配过程中使用某种算法防止系统进入不安全状态,从而避免死锁的发生;

(3)死锁的检测 通过系统所设置的检测机构,及时地检测出死锁的发生,并精确地确定与死锁有关的进程和资源,然后,采取适当措施,从系统中将已发生的死锁清除掉;

(4)死锁的解除 撤销或挂起一些进程,以便回收一些资源,再将这些资源分配给已处于阻塞状态的进程,使之转为就绪状态,以继续运行。

3.5 预防死锁

出现死锁的情况有四个必要条件,如果能对进程施加适当的限制,只要确保至少一个必要条件不成立,就能预防死锁的发生。由于系统必须通过互斥保证临界资源一次只能被一个进程所使用,因而互斥是不可避免的。例如,打印机这样的设备不允许两个进程同时使用,但是通过借助 SPOOLing 技术可以允许多个进程同时产生打印数据。该模型中唯一真正申请物理打印机的进程是打印管理进程,由于它决不会申请别的设备,所以不会因打印机而发生死锁。但 SPOOLing 技术并非适用于所有的设备(如进程表),而且在 SPOOLing 对磁盘空间本身的竞争时可能导致死锁。

死锁预防策略必须集中针对其他三个条件来进行。

3.5.1 破坏“请求和保持”条件

破坏“请求和保持”条件的方法是要求每个进程在创建时请求所有需要的资源,既静态分配策略。

所谓静态分配也被称为资源的一次性分配法,是指一个进程必须在执行前就申请它所要的全部资源,并且直到它所要的资源都得到满足后才开始执行,显然所有并发执行的进程要求的资源总和不超过系统拥有的资源数。采用静态分配后,进程在执行中不再申请资源,因此不会出现占有了某些资源再等待另一些资源的情况。

这种预防死锁的方法其优点是简单、易于实现且很安全。但这种策略严重地降低了资源利用率。因为,在每个进程所占有的资源中,有些资源在进程较后的执行时间里才使用,甚至有些资源在例外的情况下被使用。因此就可能造成一个进程占有了一些几乎不用的资源而使其他想用这些资源的进程产生等待。

例如,一个进程需要将数据从 DVD 驱动器复制到磁盘文件,并对磁盘文件进行排序,再将结果打印。如果所有资源必须在进程运行之前申请,那么进程必须一开始就申请 DVD 驱动器、磁盘文件和打印机。在整个执行期间,进程会一直占用驱动器、磁盘文件和打印机,直到运行结束才释放。打印机是在进程运行结束时才完成打印工作的,因此该设备在整个分配过程中很长时期都处于空闲状态。

3.5.2 破坏“不剥夺”条件

破坏“不剥夺”条件可以规定已获得某些资源的进程，若新的资源请求不能立即得到满足，必须释放所有已经获得的资源，以后需要再重新申请，一个进程在运行中可能被剥夺已经获得的资源，从而破坏不剥夺条件。如果一个进程申请一些资源，那么首先检查它们是否可用，如果资源可用那么就分配；如果不可用，那么检查那些资源是否已分配给其他等待资源的进程；如果资源已经分配给申请等待资源的进程，抢占这些资源并分配给申请进程；如果资源不可用并且未被其他等待进程占用，那么申请进程必须等待。

该方法实现复杂，开销较大。因为一个资源在使用一段时间后，它的被迫释放可能会造成前段时间工作的失效，即使采取了某些防范措施，也还会使进程前后两次运行的信息不连续。例如，进程在运行过程中已用打印机输出信息，但中途又因申请另一资源未果而被迫暂停运行并释放打印机，后来系统又把打印机分配给其他进程使用。当进程再次恢复运行并再次获得打印机继续打印时，这前后两次打印输出的数据并不连续，即打印输出的信息中间有一段是另一进程的。此外该策略还可能由于反复地申请和释放资源，使进程的执行无限推迟，延长了进程的周转时间，增加了系统开销，降低了系统吞吐量。

这个方法通常应用于状态可以保存和恢复的资源，例如 CPU 存储器和内存。它一般不能用于其他资源，如打印机和磁带驱动器。

3.5.3 破坏“环路等待”条件

确保“环路等待”条件不成立的方法是对所有资源类型进行排序，且要求每个进程按照递增顺序来申请资源。例如，系统中的所有资源按某种规则统一编号，设某种输入设备为 1，打印机为 2，磁带机为 3，……，所有的进程都只能严格地按照编号递增的顺序去请求资源。只有当低编号的资源要求被满足后，才能对高编号的资源提出请求；释放资源则应该按编号递减的顺序进行。由此可以看出，对资源请求采取了这种限制之后，所形成的资源分配图不可能再形成环路。例如：进程 PA 使用资源的顺序是 R_1、R_2，进程 PB 使用资源的顺序是 R_2、R_1，若采用动态分配法有可能形成环路条件，造成死锁。假设资源 R_1 的编号为 1，R_2 的编号为 2，采用有序资源分配法如下：

PA 申请顺序是：R_1，R_2；

PB 申请顺序是：R_1，R_2。

采用有序资源分配法就能有效地避免死锁的发生。

在这种方法的基础上进行改进，可以把资源分成若干级：L_1，L_2，…，L_n，而每一级中可有几类资源。低级资源申请先于高级资源，释放资源的次序则和申请次序相反，如图 3-16 所示，若某进程已分配了 L_i 级中的资源，则它只能再请求更高级 $L_j(j>i)$ 中的资源，而要请求比 L_i 级别低的资源之前，必须释放所有比申请资源级别高的资源。当进程释放了在某级中所有资源时，它可在同一级中提出另一请求。系统中的所有资源按某种规则统一编号，系统要求申请进程对它所必须使用的而且属于同一类的所有资源，必须一次申请完；在申请不同类资源时，必须按各类设备的编号依次申请。

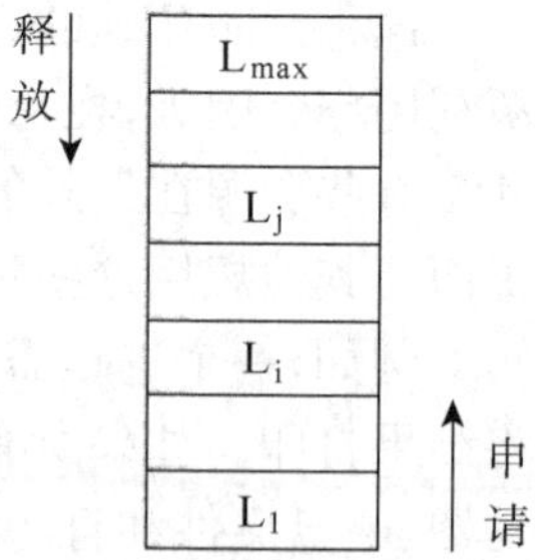

图 3-16 资源申请和释放顺序图

3.6 避免死锁

避免死锁和预防死锁这两种方法本质上都是通过施加某些限制条件，来预防死锁的发生。两者的主要区别在于，避免死锁所施加的限制条件比较宽松，这给进程的运行提供了较宽松的环境，有利于进程的并发执行。

避免死锁的方法是控制系统状态的变化，在满足资源请求条件下系统作出判断确定不会有死锁发生时，才会把资源真正分配给进程。因此首先需要分析预期的状态，即在进入状态之前，要分析是否存在某一状态变换序列，能从进入的状态中安全退出，保证其中每个进程都可以执行。

3.6.1 安全状态

如果系统能按照某个顺序为每个进程分配资源（不超过其最大值）并能避免死锁，那么系统状态就是安全的。如果存在一个安全序列，那么系统处于安全状态。进程顺序＜P_1，P_2，…，P_n＞，如果对于每个 P_i，P_i 仍然可以申请的资源数小于当前可用资源加上所有进程 P_j（其中 $j<i$）所占的资源，那么这一顺序称为安全序列。在这种情况下，进程 P_i 所需要的资源即使不能立即可用，那么 P_i 可等待直到所有 P_j 释放其资源。当所有 P_j 都完成时，可以得到 P_i 所需要的所有资源，完成其给定任务，返回其所分配的资源并终止。当 P_i 终止时，P_{i+1} 可得到其所有需要的资源，依次完成。如果不存在这样的顺序，那么系统状态就处于不安全状态。

虽然并非所有的不安全状态都必然会转为死锁状态，但当系统进入不安全状态后，便有可能进入死锁状态；反之，只要系统处于安全状态，系统便可避免死锁状态。

例如考虑某一系统，共有 10 台打印机，在 t_0 时刻三个进程 P_1，P_2，P_3 分别最多需要 8 台，7 台和 4 台打印机。假定若 P_1，P_2，P_3 已分别申请到 4 台，2 台和 2 台打印机。当前系统情况如表 3-8 所示。

表 3-8　t_0 时刻系统当前状态表

	最大需求	当前已分配	当前需求
P_1	8	4	4
P_2	7	2	5
P_3	4	2	2

由于系统共有 10 台打印机，t_0 时刻 P_1，P_2，P_3 已申请到 4 台，2 台和 2 台打印机，因此系统中还有 2 台空闲打印机。在 t_0 时刻系统处于安全状态，顺序＜P_3，P_1，P_2＞满足安全条件。进程 P_3 可立即得到需要的所有打印机并接着归还它们（系统会有 4 台打印机空闲），接着进程 P_1 可得到需要的所有打印机并接着归还它们（系统会有 8 台打印机空闲），最后进程 P_2 得到需要的打印机并接着归还它们（系统会有 10 台打印机空闲）。

系统可以从安全状态转换为不安全状态。假定在时刻 t_1，进程 P_2 申请并又得到 1 台打印机，那么系统状态见表 3－9。此时系统不安全，系统中只有 1 台空闲打印机可用。这一台打印机已经无法满足任何一个进程的请求，因此也无法找到一个安全序列。在 t_1 时刻剩余的 1 台打印机无论分配给 P_1，P_2，P_3 中的任意一个进程，它们都无法推进到完成，进程都在等待对方释放资源，即陷入僵局状态。

表 3－9　t_1 时刻系统当前状态表

	最大需求	当前已分配	当前需求
P_1	8	4	4
P_2	7	3	4
P_3	4	2	2

3.6.2　银行家算法

银行家算法是由 Dijkstra 于 1956 年提出的一种死锁避免的调度方法。该算法描述如下，假定小镇银行家拥有资金，被多个客户共享，银行家对客户提出以下约束条件：

（1）每个客户必须预先说明所要的最大资金量；

（2）每个客户每次提出部分资金量的请求并获得分配；

（3）如果银行满足客户对资金的最大需求量，那么客户在资金运作后，应在有限的时间内全部归还银行。

只要客户遵守上述约束条件，银行家保证如果客户所要的最大资金量不超过银行家现有资金，银行一定会接纳该客户，并满足其资金需求；银行在收到一个客户的资金申请后，可能会因资金不足而让客户等待，但保证在有限的时间内让客户获得资金。

1）银行家算法中的数据结构

为了实现银行家算法，必须有几个数据结构。这些数据结构对资源分配系统的状态进行了记录。设 n 为系统进程的个数，m 为资源类型的种类。具体包括以下数据结构。

● Available：长度为 m 的向量，表示系统可以使用的每种资源实例的数量。如果 Available[j]＝k，那么表示系统中 R_j 类型资源有 k 个实例。

● Request_i：长度为 m 的向量，表示当前进程 P_i 申请每种资源实例的数量。如果 $Request_i[j]=k$，那么表示 P_i 本次申请 R_j 类型资源的 k 个实例。

● Max：$n\times m$ 矩阵，定义每个进程各类资源的最大需求量。如果 $Max[i][j]=k$，那么进程 P_i 最多可以申请 k 个 R_j 类型的实例。

● Allocation：$n\times m$ 矩阵，定义每个进程现在已经分配的各类资源的实例数量。如果 $Allocation[i][j]=k$，那么进程 P_i 已经分配了 k 个 R_j 类型的实例。

● Need：$n\times m$ 矩阵，定义每个进程还需要各类资源的实例数量。如果 Need[i][j]＝k，那么进程 P_i 还可以申请 k 个 R_j 类型的实例。

上述三个矩阵存在以下关系：

$$Max[i][j]=Allocation[i][j]+Need[i][j]$$

2)银行家算法

当进程 P_i 发出资源请求后,系统按下述步骤进行检查:

(1)如果 $Request_i[j] \leqslant Need[i][j]$,便转向步骤(2);否则认为出错,因为进程本次申请的资源数已经超出该进程的最大需求量。

(2)如果 $Request_i[j] \leqslant Available[j]$,便转向步骤(3);否则表示系统尚无足够资源可供分配,进程 P_i 必须等待。

(3)系统试探着把资源分配给进程 P_i,并修改下面数据结构中的数值:

$Available[j]:=Available[j]-Request_i[j];$

$Allocation[i][j]:=Allocation[i][j]+Request_i[j];$

$Need[i][j]:=Need[i][j]-Request_i[j];$

(4)系统执行安全性算法,检查此次资源分配后系统是否处于安全状态。若系统安全,才正式将资源分配给进程 P_i,完成本次分配;否则,将本次的试探分配作废,恢复原来的资源分配状态,让进程 P_i 等待。

3)安全性算法

系统所执行的安全性算法可描述如下:

(1)设置两个向量:

①工作向量 $Work$,它表示系统可提供给进程继续运行的各类资源数目,它含有 m 个元素,初始状态设置 $Work:=Available$。

②$Finish$,是一个标志位,它表示系统是否有足够的资源分配给进程,使该进程能顺利运行完成。开始时设置 $Finish[i]:=\text{False}$;运行过程中当有足够资源分配给进程时,设置 $Finish[i]:=\text{True}$。

(2)从进程集合中查找能同时满足以下两个条件的进程:

①$Finish[i]:=\text{False}$;

②$Need_i \leqslant Work$;

如果没有找到,转向步骤(4)。

(3)当进程 P_i 获得资源后,可顺利执行直至完成,并释放分配给它的资源,修改 $Work$ 和 $Finish$ 的值。

$Work:=Work+Allocation;$

$Finish[i]:=\text{True};$

返回步骤(2)。

(4)如果所有进程的 $Finish[i]=\text{True}$ 都满足,则表示系统处于安全状态;否则,系统处于不安全状态。

4)实例

为了说明银行家算法的使用,考虑这样一个系统,假定具有 5 个进程的进程集合 $P=\{P_0,P_1,P_2,P_3,P_4\}$,系统中有三类资源 A,B 和 C。其中 A 类资源有 10 个,B 类资源有 5 个,C 类资源有 7 个。假定在某时刻 t_0 的资源分配如表 3－10 所示。

表 3-10　t_0 时刻的资源分配表

	Allocation			*Max*			*Available*		
	A	*B*	*C*	*A*	*B*	*C*	*A*	*B*	*C*
P_0	0	1	0	7	5	3	3	3	2
P_1	2	0	0	3	2	2			
P_2	3	0	2	9	0	2			
P_3	2	1	1	2	2	2			
P_4	0	0	2	4	3	3			

矩阵 *Need* 的内容定义为：*Need*[*i*][*j*]=*Max*[*i*][*j*]−*Allocation*[*i*][*j*]；因此通过计算可以得到进程 P_0，P_1，P_2，P_3，P_4 各自的 *Need*，如表 3-11 所示：

表 3-11　t_0 时刻的进程 Need 表

	Need		
	A	*B*	*C*
P_0	7	4	3
P_1	1	2	2
P_2	6	0	0
P_3	0	1	1
P_4	4	3	1

分析 t_0 时刻是否是安全状态计算如下：初始时 *Finish*[*i*]=False；根据安全性算法首先查找 P_0 是否满足条件 *Finish*[0]:=False 和 $Need_0 \leqslant Work$，发现 $Need_0(7,5,5) > Work(3,3,2)$ 不满足条件，查找下一个进程 P_1；判断 P_1 是否满足条件 Finish[0]:=False 和 $Need_0 \leqslant Work$，此时可以看出满足条件，因此修改 *Work* 的值为 5，3，2，和 *Finish*[1]=True；依次处理直到找到序列<P_1，P_3，P_4，P_2，P_0>满足安全条件，说明当前时刻系统是安全的。表 3-12 给出了 t_0 时刻的安全序列。

表 3-12　t_0 时刻的安全序列

	Allocation			*Need*			*Work*			*Finish*
	A	*B*	*C*	*A*	*B*	*C*	*A*	*B*	*C*	
P_1	2	0	0	1	2	2	5	3	2	True
P_3	2	1	1	0	1	1	7	4	3	True
P_4	0	0	2	4	3	1	7	4	5	True
P_2	3	0	2	6	0	0	10	4	7	True
P_0	0	1	0	7	4	3	10	5	7	True

现在假定 t_1 时刻 P_1 进程再请求 1 个 *A* 类资源和 2 个 *C* 类资源，即 P_1 发出请求向量

$Request_1(1,0,2)$，系统按银行家算法进行检查：

①$Request_1(1,0,2) \leqslant Need_1(1,2,2)$；

②$Request_1(1,0,2) \leqslant Available(3,3,2)$；

③系统先假定可以为进程 P_1 分配资源，并修改 $Available$，$Allocation_1$ 和 $Need_1$ 向量，由此形成的 t_1 时刻资源变化情况如表 3－13 所示。

表 3－13　t_1 时刻的资源分配表

	Allocation			*Need*			*Available*		
	A	*B*	*C*	*A*	*B*	*C*	*A*	*B*	*C*
P_0	0	1	0	7	4	3	2	3	0
P_1	3	0	2	0	2	0			
P_2	3	0	2	6	0	0			
P_3	2	1	1	0	1	1			
P_4	0	0	2	4	3	1			

此时进行安全性检查如表 3－14 所示，可以找到一个安全序列 $<P_1, P_3, P_4, P_0, P_2>$。因此，系统是安全的，可以立即将所申请的资源分配给它。

表 3－14　P_1 申请资源时的安全性检查表

	Allocation			*Need*			*Work*			*Finish*
	A	*B*	*C*	*A*	*B*	*C*	*A*	*B*	*C*	
P_1	2	3	0	0	2	0	5	3	2	True
P_3	2	1	1	0	1	1	7	4	3	True
P_4	0	0	2	4	3	1	7	4	5	True
P_0	0	1	0	7	4	3	7	5	5	True
P_2	3	0	2	6	0	0	10	5	7	True

现在假定 t_2 时刻 P_4 进程再请求 3 个 A 类资源和 3 个 B 类资源，即 P_4 发出请求向量 $Request_4(3,3,0)$，系统按银行家算法进行检查：

①$Request_4(3,3,0) \leqslant Need_4(4,3,1)$；

②$Request_4(3,3,0) \leqslant Available(2,3,0)$不满足，让进程 P_4 等待。

现在假定 t_3 时刻 P_0 进程再请求 2 个 B 类资源，即 P_0 发出请求向量 $Request_0(0,2,0)$，系统按银行家算法进行检查：

①$Request_0(0,2,0) \leqslant Need_0(7,4,3)$；

②$Request_0(0,2,0) \leqslant Available(2,3,0)$；

③系统先假定可以为进程 P_0 分配资源，并修改 $Available$，$Allocation_0$ 和 $Need_0$ 向量，由此形成 t_3 时刻资源变化情况如表 3－15 所示。

表 3-15　t_3 时刻的资源分配表

	Allocation			Need			Available		
	A	B	C	A	B	C	A	B	C
P_0	0	3	0	7	2	3	2	1	0
P_1	3	0	2	0	2	0			
P_2	3	0	2	6	0	0			
P_3	2	1	1	0	1	1			
P_4	0	0	2	4	3	1			

进行安全性检查，发现 Available(2，1，0)已经不能满足任何进程的需求，故系统进入不安全状态，此时，系统不分配资源。

3.7　死锁的检测和解除

3.7.1　死锁的检测

死锁检测是允许死锁发生，操作系统不断监视系统进展情况，判断死锁是否发生。一旦死锁发生则采取专门的措施，解除死锁并以最小的代价恢复操作系统的运行。系统为了提供检测和解除死锁，必须做到：

(1)保存有关资源的请求和分配信息；

(2)提供一种算法，以利用这些信息来检测系统是否进入死锁状态。

1)死锁定理

我们可以利用把资源分配图加以简化的方法，来检测当系统处于 S 状态时否为死锁状态。简化方法如下：

(1)如果能在资源分配图中找出一个既不阻塞又非独立的进程，它在有限的时间内有可能获得所需资源类中的资源继续执行，直到运行结束，再释放其占有的全部资源。相当于消去了图中此进程的所有请求边和分配边，使之成为孤立节点，如将图 3-17(a)所示的进程 P_1 的所有请求边和分配边消去，使得进程 P_1 成为孤立节点。

(2)可使资源分配图中另一个进程获得前面进程释放的资源继续执行，直到完成又释放出它所占用的所有资源，相当于又消去了图中若干请求边和分配边。如将图 3-17(b)所示的进程 P_2 的所有请求边和分配边消去，使得进程 P_2 成为孤立节点。

(3)如此下去，经过一系列简化后，若能消去图中所有边，使所有进程成为孤立节点，则该图是可完全简化的，如图 3-17(c)所示；否则称该图是不可完全简化的。

对于较复杂的资源分配图，可能有多个既未阻塞，又非孤立的进程节点，不同的简化顺序最终可以得到相同的不可简化图。系统是为死锁状态的充分条件是：当且仅当该状态的资源分配图是不可完全简化的。该充分条件称为死锁定理。

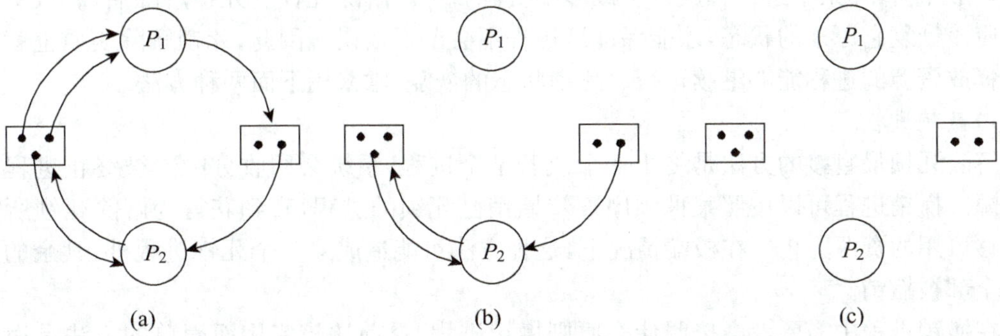

图 3-17 资源分配图的简化

2)死锁检测中的数据结构

死锁的检测可借助于死锁的安全性测试算法来实现。数据结构如下：

- *Available*：可利用资源向量，它表示了 m 类资源中每一类资源的可用实例。
- *Allocation*：$n\times m$ 矩阵，定义每个进程现在已经分配的各类资源的实例数量。
- *Request*：长度为 m 的向量，表示当前各进程资源实例请求的数量。

算法如下：

(1)设工作向量 *Work*，为长度 m 的矢量。初始化 $Work:=Available$。

(2)对 i=0,1,…,$n-1$，如果 $Allocation_i=0$(不占用资源)，进程记入 L 表中，即 $L_i\cup L$。

(3)从进程集合中找到一个 $Request_i\leqslant Work$ 的进程，做如下处理：

①将其资源分配图简化，释放出资源，增加工作向量 $Work:=Work+Allocation_i$。

②将它记入 L 表中。

(4)若不能把所有进程都记入 L 表中，便表明系统状态 S 的资源分配图是不可完全简化的。因此，该系统状态将发生死锁。

```
Work:=Available;
  L:={Li|Allocationi=0∩Requesti=0}
  for all Li∉Ldo
    begin
      for all Requesti≤Work do
        begin
          Work:=Work + Allocationi;
        Li∪L;
      end
    end
  deadlock:=¬(L={p1,p2,…,pn});
```

3.7.2 死锁的解除

当发现有进程死锁时，便应立即把它们从死锁状态中解除出来。常采用解除死锁的两种措施是：一种是通知操作员死锁发生，以便操作人员人工处理死锁；另一种方法是让系统从死锁状态中自动恢复过来。

一般来看，让某个进程释放一个或多个资源就可以解除死锁。死锁解除后，释放资源的进程应该恢复它原来的状态，才能保证该进程不会出现错误。因此，死锁解除实质上就是如何让释放资源的进程能够继续运行。死锁状态的恢复，常采用下面两种方法。

1）撤销进程

解除死锁最直接的方法是终止一个或若干个进程，系统会回收分配给被终止进程的所有资源。撤销进程可以按照某种顺序逐步撤销已死锁的进程，直到获得为解除死锁所需要的足够可用的资源为止。在极端情况下，这种方法可能造成除一个死锁进程外，其余的死锁进程全部被撤销。

在撤销进程中需要考虑按照什么原则撤销进程，目前比较实用而简单的方法是撤销那些代价最小的进程，或者使撤销进程的数目最小，以下几点作为衡量撤销代价的标准：

(1)程序的优先级，即被撤销进程的优先级；

(2)作业类的外部代价，规定各类作业各自的撤销代价，系统可以根据这些规定撤销代价最小的继承，达到解除死锁的目的；

(3)运行代价，即重新启动它并运行到当前撤销点所需要的代价，可由系统记账程序给出。

2）剥夺资源

由于死锁是由进程竞争资源而引起的，所以可通过剥夺资源以取消死锁，逐步从进程中剥夺资源给其他进程使用，直到死锁环路被破坏为止。剥夺的顺序可以是以花费最小资源数为依据。每次剥夺后，需要再次调用检测算法。资源被剥夺的进程为了再次得到该资源，必须重新申请。

利用剥夺资源的方法处理死锁，需要考虑以下几点：

(1)选择剥夺哪些进程的哪些资源。与撤销进程相同，必须确定剥夺顺序确保代价最小化。代价因素包括进程所拥有的资源数量，死锁进程到现在为止在执行过程中所消耗的时间等；

(2)对被剥夺资源的进程的安排。显然被剥夺资源的进程缺少所需要的资源，不能正常执行。建立检查点，必须将进程回到某个安全状态，以便从该状态重启进程。

(3)保证资源不会总是从同一个进程中被剥夺。这就需要确保一个进程只能有限次的剥夺资源，最常用的方法是在代价因素中加上回滚次数。

本章小结

一个作业从提交到完成往往要经过三级调度，即高级调度（作业调度）、中级调度（交换调度）和低级调度（进程调度）。作业调度决定了哪些作业被选中装入内存，它使进程具有竞争 CPU 的机会。进程调度决定把 CPU 分配给哪个进程运行。确定调度策略是件复杂的工作，通常对调度算法性能的评价需要考虑以下因素：CPU 利用率、吞吐量、周转时间、等待时间和响应时间等。

比较常用的调度算法有：先来先服务调度算法、短作业优先调度算法、时间片轮转调度算法、优先权调度算法、响应比高者优先调度算法和多级反馈队列调度算法。先来先服务调度算法是最简单的调度算法，系统开销小，对每个作业或进程按其到达的顺序依次调度。短作业优先调度算法每次都选择请求服务时间最短的作业进行调度，该算法可以减少平均等待时间，但可能使长作业长期得不到调度。时间片轮转调度算法对分时系统比较适应，具有较好的响应时间。响应比高者优先调度算法是介于短作业优先调度算法和先来先服务调度算法之间的一种调度方式。优先权调度算法把CPU分给优先级最高的进程，可以是抢占式的调度也可以是非抢占式的调度。多级反馈队列调度算法是目前很多实用系统采用的调度方法，对前台采用轮转调度，后台采用先来先服务的调度。

死锁是系统中的一组并发进程因等待其他进程所占有的资源而永远不能向前推进的僵化状态，对操作系统十分有害。系统产生死锁有四个必要条件：互斥条件、占有并等待条件、不剥夺条件和循环等待条件。解决死锁的方法有：预防死锁、避免死锁、死锁检测和死锁解除。死锁的预防包括资源一次性分配（破坏请求和保持条件）；可剥夺资源（破坏不可剥夺条件）；资源有序分配法（破坏环路等待条件）方法。死锁的避免采用动态分析和检测新的资源请求和资源的分配情况，以确保系统始终处于安全状态，其中最著名的算法是银行家算法。死锁的检测和解除表示对资源的申请和分配不施加任何限制，但必须建立检测机制，周期性地检测是否发生死锁，如果检测发现死锁则采取措施解除死锁。

习　题

一、单项选择题

1. 系统有3个并发进程，都需要同类资源4个，该系统不会发生死锁的最少资源是（　　）。

A. 9　　B. 10　　C. 11　　D. 12

2. 银行家算法是（　　）算法。

A. 解除死锁　　B. 死锁预防

C. 死锁避免　　D. 死锁检测

3. 当进程大于资源数时，进程竞争资源（　　）产生死锁。

A. 一定会　　B. 不会

C. 不一定会　　D. 其他

4. （　　）优先权是在创建进程时确定的，确定后运行期间不会发生改变。

A. 先来先服务　　B. 静态

C. 动态　　D. 短作业优先

5. 下列解决死锁的方法中，属于死锁预防策略的是（　　）。

A. 银行家算法　　B. 资源有序分配法

C. 死锁检测法　　D. 资源分配化简法

6. 采用资源剥夺法可解除死锁，还可以采用（　　）解除死锁。

A. 执行并行操作　　B. 拒绝分配新资源

C. 修改信号量　　D. 撤销进程

7. 产生死锁的四个必要条件是：互斥、（　　）、循环等待和不剥夺条件。

A. 请求和保持　　B. 请求和阻塞

C. 请求和释放　　D. 释放和解除

8. 在分时系统中，进程调度经常采用（　　）算法。

A. 先来先服务　　B. 最高优先权

C. 时间片轮转　　D. 随机

9. 资源的按序分配策略可以破坏(　　)条件。

A. 互斥使用资源　　B. 占有且等待资源

C. 非抢夺资源　　D. 环路等待

10. 在(　　)情况下，系统会出现死锁。

A. 计算机系统发生重大故障

B. 有多个封锁的进程同时存在

C. 若干进程因竞争资源而无休止地相互等待其他进程释放已占有资源

D. 资源数大大小于进程数或进程同时申请的资源数大大超过资源总数

11. 批处理系统的一个考核指标是尽量提高系统的吞吐率。为此，应选择(　　)运行。

A. 使用户比较满意的作业　　B. 运算量大的作业

C. 尽可能多的作业　　D. I/O 量大的作业

12. 作业调度算法中，若所有作业同时到达，使作业平均等待时间最短的算法是(　　)。

A. FCFS　　B. 短作业优先

C. 优先级　　D. 响应比高者优先

13. 下列四个选项组成了作业的周转时间，其中(　　)不可能多次重复出现。

A. 作业在外存后备队列等待作业调度的时间

B. 进程在 CPU 上执行的时间

C. 进程在就绪队列等待的时间

D. 等待 I/O 完成的时间

14. 设有四个作业同时到达，每个作业平均执行时间 2h，他们在一台处理机按单道方式运行，平均周转时间为(　　)。

A. 1h　　B. 5h　　C. 2.5h　　D. 8h

15. 作业调度算法中与作业估计运行时间有关的算法是(　　)。

A. FCFS　　B. 短作业优先

C. 优先级　　D. 响应比高者优先

16. 系统在执行(　　)，使得 CPU 从用户态转换为核心态。

A. P 操作　　B. V 操作

C. 系统调用　　D. 用户程序

17. 作业从进入后备队列到作业被调度程序选中的时间间隔称为(　　)。

A. 等待时间　　B. 就绪时间

C. 响应时间　　D. 周转时间

18. 为了使系统有最高的吞吐率，作业调度算法应该(　　)。

A. 让所有用户都满足

B. 设计得简单一些

C. 借助于进程调度

D. 在较短的时间内能够处理尽可能多的作业

19. 为了对紧急的进程或者重要进程调度，调度算法应该采用(　　)。

A. 先进先出　　B. 短作业优先

C. 优先级　　D. 轮转法

20. 进程调度主要负责(　　)。

A. 选作业进入内存　　B. 选一进程占有 CPU

C. 建立一进程　　D. 撤销一进程

二、填空题

1. 进程的调度方式有两种，分别是(　　)和(　　)。

2. 一种最常用的进程调度算法是把处理机分配给具有最高优先级的进程，而确定优先级的方法主要基于(　　)特性和(　　)特性的两种方法。

3. 进程调度负责(　　)的分配工作。

4. 在(　　)调度算法中，按照进程进入就绪队列的先后次序来分配处理机。

5. 死锁产生的必要条件有四个，即(　　)、(　　)、(　　)和(　　)。

6. 解除死锁的方法包括两种，(　　)是从其他进程那里剥夺足够数量的资源给(　　)以解除死锁。

7. 银行家算法中，当一个进程提出的资源请求将导致系统从(　　)进入(　　)时，系统就拒绝他的资源请求。

8. 对待死锁，一般应该考虑死锁的预防、避免、检测和解除四个问题。经典的银行家算法是属于(　　)，破坏环路等待条件是属于(　　)，而剥夺资源是(　　)的基本方法。

9. 处理机调度包括(　　)、(　　)和(　　)三级。

10. 产生死锁的原因归结为(　　)和(　　)。

三、问答题

1. 产生死锁的必要条件是什么？

2. 在分时系统中采用"时间片轮转"的调度策略有什么优越性？

3. 在批处理系统中设计调度算法应该考虑什么原则？

4. 为什么说多级反馈队列调度算法能较好地满足各类用户的需要？

5. 说明采用有序资源分配法。

6. 假定一个处理机正在执行两道作业，一道以计算为主，另一道以输入/输出为主，如何分配优先级？为什么？

7. 什么是作业调度和进程调度？下列算法中哪些适合于前者，哪些适合于后者？

(1)FCFS　(2)SJF　(3)Priority

8. 在银行家算法中出现下述资源分配情况：

	Allocation				Need				Available			
P_0	0	0	3	2	0	0	1	2	1	6	2	2
P_1	1	0	0	0	1	7	5	0				
P_2	1	3	5	4	2	3	5	6				
P_3	0	3	3	2	0	6	5	2				
P_4	0	0	1	4	0	6	5	6				

试问：(1)该状态是否安全？

(2)如果进程 P_2 提出请求(1,2,2,2)后,系统是否将资源分配给它?

9.在一个单道的程序设计系统中,有三个做个 A、B、C,他们分别在 8:50,9:00 和 9:30 到达,他们需要执行的时间是 1.5h,0.4h 和 1h。系统在 10:00 开始按响应比高者优先调度算法对他们进行调度。

(1)作业被选中执行的次序是什么?

(2)三个作业被选中的响应比分别是多少?

10.假设有四个作业,若采用先来先服务,短作业优先和响应比高者优先调度算法,试问调度顺序是什么,平均周转时间和平均带权周转时间是多少?

作业号	到达时间	运行时间(小时)
1	8:00	2.0
2	8:18	0.5
3	8:30	0.1
4	9:00	0.4

第4章 存储管理

本章导读

存储器是计算机用来存储程序和数据的设备，存储系统指的是存储器以及管理存储器的软硬件和相应的设备的总和。计算机之所以能够脱离人的干预而高速、自动地工作，其中一个必要条件是在计算机中具有一个容量足够大的存储器，程序和程序所用的数据必须事先存放在存储器中，由 CPU 自动地从存储器中取出指令并使之得到执行。

存储管理是操作系统的重要组成部分，内存管理的优劣将直接影响系统性能。存储管理负责管理地址映射、内存分配、内存保护和内存扩充。本章首先介绍存储体系，先后分析连续存储管理方法、页式和段式存储管理方法，最后讨论虚拟存储管理系统。

本章要点

- 存储器的层次
- 地址映射：静态地址映射和动态地址映射
- 动态分区分配和回收
- 分页存储管理
- 分段存储管理
- 虚拟存储器的概念和特征
- 请求分页存储管理
- 请求分页置换算法
- 请求分段存储管理

4.1 存储器体系

4.1.1 存储器的层次

对于计算机系统中配置的存储器，归结起来有三个主要的参数要求：容量大，速度快，价格低。一般来讲，速度高的存储器，价格也较高，因此容量不能太大。所以对单一的存储器部件来说，大容量、高速度、低价格三者是不能同时满足的。为了解决这个难题，现代计算机采用了存储器分层结构，如图 4－1 所示。距离处理机越近的存储器速度越高，容量越小。其中，寄存器、高速缓存、主存储器为操作系统存储管理的范围，外存包括磁盘和可移动存储介质。寄存器、高速缓存和内存的共同特点是，在系统掉电之后，它们所存储的信息会丢失殆尽，属于可挥发性存储装置。而属于外存的存储装置，则可永久保存存储的信息，属于非挥发性存储装置。

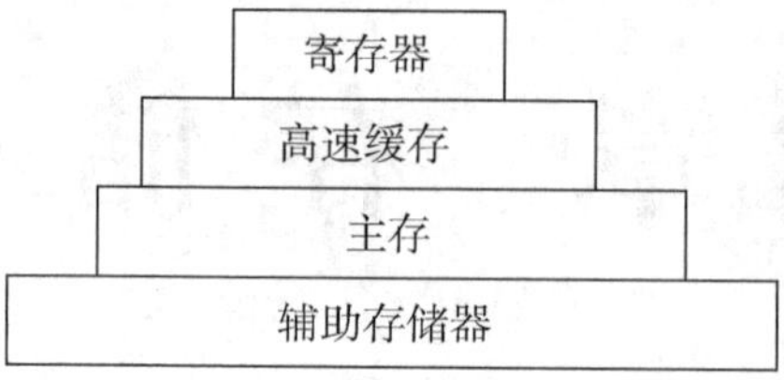

图 4-1　存储层次结构

4.1.2　存储器的分类

1)寄存器

寄存器在物理上与处理机的运算控制部分同在一个芯片上，寄存器是中央处理机内的组成部分，是有限存储容量的高速存储部件，它们可用来暂存指令、数据和位址。它们与运算部分的距离最近，访问速度最快，完全能与 CPU 协调工作，但价格昂贵，容量比较小。所以，它们主要被用来暂存一些中间数据或控制用的特殊数据，而不能存放像程序之类的大批数据。

2)高速缓存

在计算机技术发展过程中，主存储器存取速度一直比中央处理机操作速度慢得多，使得中央处理机的高速处理能力不能充分发挥，整个计算机系统的工作效率受到影响。有很多方法可用来缓和中央处理机和主存储器之间速度不匹配的矛盾，如采用多个通用寄存器、多存储体交叉存取等，在存储层次上采用高速缓冲存储器也是常用的方法之一。很多大、中型计算机以及新近的一些小型机、微型机也都采用高速缓冲存储器。

高速缓冲存储器的容量一般只有主存储器的几百分之一，但它的存取速度能与中央处理机相匹配。根据程序局部性原理，正在使用的主存储器某一单元邻近的那些单元将被用到的可能性很大。因而，当中央处理机存取主存储器某一单元时，计算机硬件就自动地将包括该单元在内的那一组单元内容调入高速缓冲存储器，中央处理机即将存取的主存储器单元很可能就在刚刚调入到高速缓冲存储器的那一组单元内。于是，中央处理机就可以直接对高速缓冲存储器进行存取。在整个处理过程中，如果中央处理机绝大多数存取主存储器的操作能为存取高速缓冲存储器所代替，计算机系统处理速度就能显著提高。

3)主存储器

主存储器简称主存(内存)。是计算机硬件的一个重要部件，其作用是存放指令和数据，并能由中央处理机(CPU)直接随机存取。主存储器是按地址存放信息的，存取速度一般与地址无关。CPU 的控制部件只能从主存中取得指令和数据，数据能从主存储器读取并将它们装入到寄存器中，或者从寄存器读入到主存。CPU 与外设交换的信息一般也依托于主存地址空间。32 位(比特)的地址最大能表达 4GB 的存储器地址。这对多数应用已经足够，但对于某些特大运算量的应用和特大型数据库已显得不够，从而对 64 位结构提出了需求。

存放一个机器字的存储单元，通常称为字存储单元，相应的单元地址叫字地址。而存放一个字节的单元，称为字节存储单元，相应的地址称为字节地址。如果计算机中可编址的最小单位是字存储单元，则该计算机称为按字编址的计算机。如果计算机中可编址的最小单位是字节,则该计算机称为按字节编址的计算机。一个机器字可以包含数个字节,所以一个存储单元也可以包含数个能够单独编址的字节地址。

在一个存储器中容纳的存储单元总数通常称为该存储器的存储容量。内存的存储容量用字数或字节数来表示,如64K,512KB,10MB。外存中为了表示更大的存储容量,采用MB,GB,TB等单位。其中 $1KB=2^{10}B$,$1MB=2^{20}B$,$1GB=2^{30}B$,$1TB=2^{40}B$。B表示字节,一个字节定义为8个二进制位,所以计算机中一个字的字长通常为8的倍数。

4)辅助存储器

辅助存储器作为主存的后援设备,又称为外部存储器,简称外存或辅存。它具有容量大、速度慢、价格低、可脱机保存信息等特点。当前市场上流行的辅助存储器主要有磁表面存储器和光存储器两大类。磁表面存储器是将磁性材料沉积在盘片(或带)的基体上形成记录介质,并以绕有线圈的磁头与记录介质的相对运动来写入或读出信息。根据基体的性质,可以分为软性基体和硬性基体。在硬磁盘中使用的是硬性基体,一般为硬质铝合金;而磁带和软磁盘中使用的是软性基体,一般为聚酯薄膜材料。用于计算机系统的光存储器主要是光盘,光盘是利用激光束在具有感光特性的介质表面存储和读取信息。

4.2 地址转换

应用程序使用高级程序设计语言或汇编语言编写,所编写的程序被称为源程序,源程序中的符号名集合所限定的空间被称为程序名字空间。源程序是不能被计算机直接运行的,必须通过如图4-2所示的3个阶段处理后才能运行。

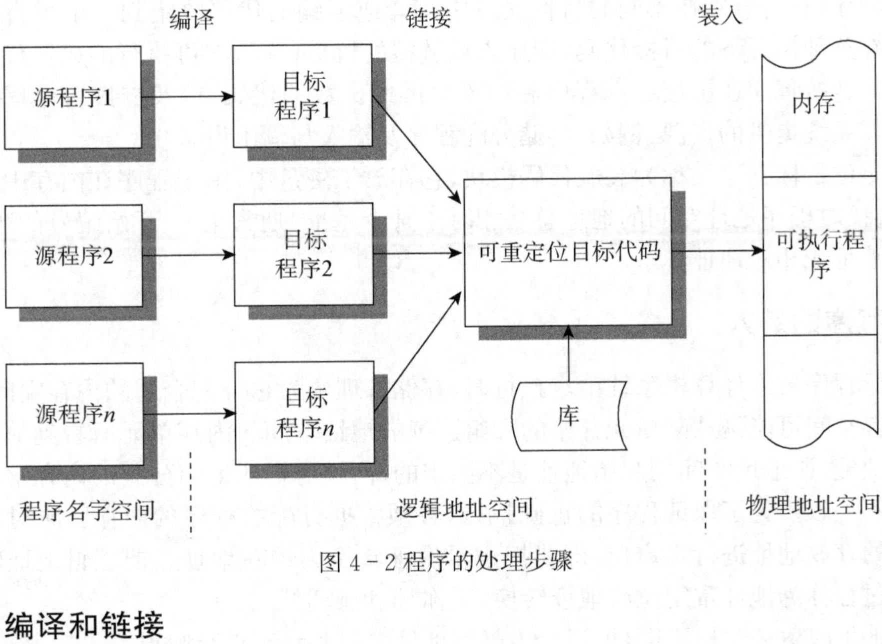

图4-2 程序的处理步骤

4.2.1 编译和链接

1)编译

源程序经过编译程序或汇编程序的处理来获得目标代码。一个程序可由独立编写且具有不同功能的多个源程序模块组成。编译程序属于采用生成性实现途径实现的翻译程序。它以高级程序设计语言书写的源程序作为输入，而以汇编语言或机器语言表示的目标程序作为输出。编译程序必须分析源程序，然后综合成目标程序。首先，检查源程序的正确性，并把它分解成若干基本成分；其次，再根据这些基本成分建立相应等价的目标程序部分。为了完成这些工作，编译程序要在分析阶段建立一些表格，改造源程序为中间语言形式，以便在分析和综合时易于引用和加工。

源程序的分析是经过词法分析、语法分析和语义分析三个步骤实现的。词法分析由词法分析程序（又称为扫描程序）完成，其任务是识别单词（即标识符、常数、保留字，以及各种运算符、标点符号等）、造符号表和常数表，以及将源程序换码为编译程序易于分析和加工的内部形式。语法分析程序是编译程序的核心部分，其主要任务是根据语言的语法规则，检查源程序是否合乎语法。如不合乎语法，则输出语法出错信息；如合乎语法，则分解源程序的语法结构，构造中间语言形式的内部程序。语法分析的目的是掌握单词是怎样组成语句的，以及语句又是如何组成程序的。语义分析程序是进一步检查合法程序结构的语义正确性，其目的是保证标识符和常数的正确使用，把必要的信息收集和保存到符号表或中间语言程序中，并进行相应的语义处理。

综合阶段必须根据符号表和中间语言程序产生出目标程序，其主要工作包括代码优化、存储分配和代码生成。代码优化是通过重排和改变程序中的某些操作，以产生更加有效的目标程序。存储分配的任务是为程序和数据分配运行时的存储单元。代码生成的主要任务是产生与中间语言程序符等价的目标程序，顺序加工中间语言程序，并利用符号表和常数表中的信息生成一系列的汇编语言或机器语言指令。

2）链接

链接程序，它将分别在不同的目标文件中编译或汇编的代码收集到一个可直接执行的文件中。在这种情况下的目标代码，即还未被链接的机器代码，与可执行的机器代码之间就有了区别。链接程序还链接目标程序和用于标准库函数的代码，以及链接目标程序和由计算机的操作系统提供的资源（例如，存储分配程序及输入与输出设备）。

可重定位目标程序又称为装载代码模块，它存放于磁盘中，由于程序在内存中的位置不可预知，链接时程序地址空间的地址总是相对于某个基准（通常为 0）开始编号的顺序地址，称为逻辑地址或相对地址。

4.2.2 程序的装入

当目标程序装入计算机系统请求执行时，存储管理要为它分配合适的内存空间，这个分配到的内存空间可能是从某单元开始的一组连续的地址空间。内存单元所看到的地址通常称为物理地址，该地址空间的起始地址是不固定的，而且逻辑地址与分到的内存空间的绝对地址经常不一致。为了保证程序的正确执行，必须根据分配给程序的内存区域对程序中指令和数据的存放地址进行重定位，即要把逻辑地址转换为绝对地址。把逻辑地址转换为绝对地址的过程称为地址重定位或地址转换，又称“地址映射”。

按照地址映射的时机不同，可以分为静态地址映射和动态地址映射。

1）静态重定位

静态重定位是指装入程序实现程序的装入和地址的转换，把它装入分配给进程的内存指定区域，其中的所有逻辑地址修改成内存物理地址。地址转换工作在进程执行前一次完成，无需硬件支持，易于实现。

图 4－3 中一个以“0”作为参考地址的程序模块，要装入以 1000 作为起始地址的存储空间。程序在装入之前要做某些修改，程序才能正确运行。例如“mov r1，[500]”的含义是把地址[500]的数值送入 r1 的内存单元。现在数值 2345 的存储单元的实际地址为 1500，即相对地址(500)加上装入的内存起始地址(1000)。因此，指令“mov r1，[500]”存入内存时其中的直接地址码也要相应地加上起始地址，而成为“mov r1，[1500]”。程序中涉及直接地址的每条指令都需要修改。

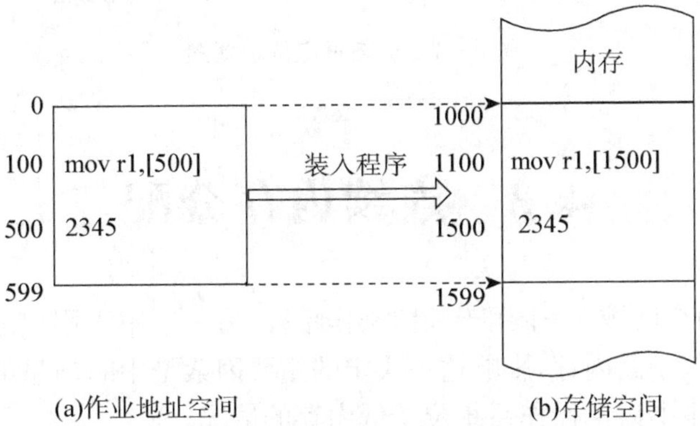

图 4－3　静态重定位示意图

静态重定位存在着如下的缺点：

(1)程序重定位之后不允许程序在执行过程中移动位置；

(2)要求程序的存储空间是连续的，不能把程序放在若干个不连续的区域内。

2)动态重定位

动态重定位不是在程序运行之前进行重定位，即不立即把装入模块的相对地址转换为绝对地址，而是把这种地址转换推迟到程序执行期间进行。程序模块由装入程序实现装载程序的加载，把它装入分配给进程的内存指定区域，但对链接程序处理过的应用程序的逻辑地址则不做任何修改，程序内存起始地址被置入重定位寄存器。

图 4－4 给出了动态重定位实现的示意图。程序的目标模块装入内存时，与地址相关的代码不做任何改变，如指令“mov r1，[500]”，这条指令中仍然是相对地址 500。当该模块被系统调用执行时，操作系统会把该模块装入的实际地址减去目标模块的相对基地址(图 4－4 中该基地址是 0)，然后把差值 1 000 装入重定位寄存器。当 CPU 取一条访问内存的指令“mov r1，[500]”时，地址转换硬件逻辑自动将指令中的相对地址 500 和重定位寄存器中的地址 1 000 相加，然后作为内存绝对地址去访问该单元中的数据 2 345。

动态重定位的主要优点：

(1)目标模块装入内存时无需任何修改，因而装入之后再移动也不会影响其正确执行；

(2)目标模块装入区域可以不必顺序相邻，只需要各个模块有各自对应的重定位寄存器。

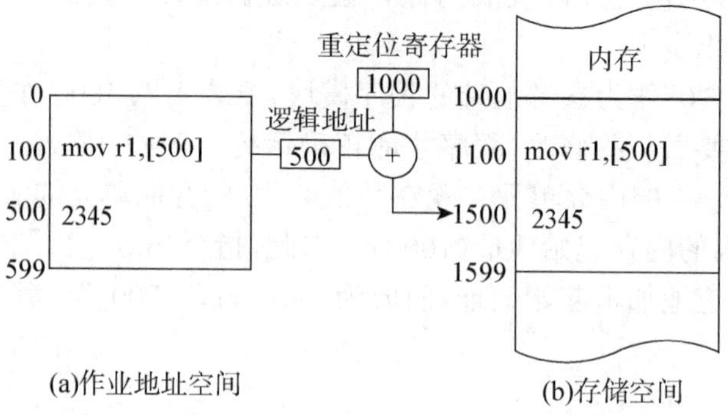

图 4-4　动态重定位示意图

4.3　连续内存分配

内存通常分为两个区域：一个用于驻留操作系统，另一个用于用户进程。操作系统可以位于低内存，也可以位于高内存，影响这一决定的主要因素是中断向量的位置。由于中断向量通常位于低内存，本书讨论操作系统位于低内存的情况。

连续内存分配是将作业或进程分配到一段连续内存空间的方法。连续内存分配具有易理解、访问效率高、空间利用率低等特点。

4.3.1　单一连续分配

这是一种最简单的存储管理方法，只能适用于单用户、单任务的操作系统。内存的分配情况如图 4-5 所示，将内存分成两块，操作系统在低地址部分(0～a 单元)，用户程序在(a+1～n 单元)。

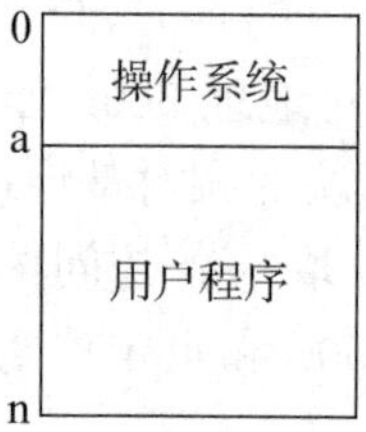

图 4-5　单一连续分配

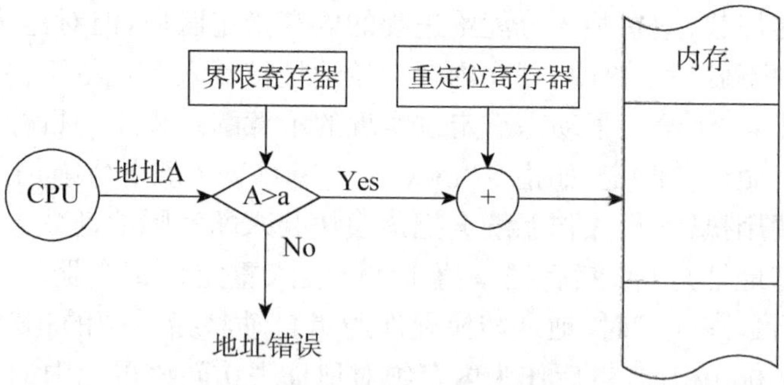

图 4-6　地址越界错误检查

为了避免用户程序执行时访问操作系统占用的内存空间，应将用户程序的执行严格控制在用户区域中。内存保护的控制措施是通过硬件提供的界地址寄存器和越界检查机构来实现。将操作系统所在空间的下界 a 存放在界限寄存器中，用户程序执行时，每访问一次内存，越界检查机构便将访问内存的地址和界限寄存器中的值进行比较，若越界就中止程序的执行,报地址错误的中断,如图 4-6 所示,如果未越界则与重定位寄存器中的地址相加,得到实际物理地址。由于 CPU 所产生的每一地址都需要与寄存器进行核对,所以可以保证操作系统和其他用户程序及数据不受该进程的运行所影响。

4.3.2 固定分区分配

固定分区分配是指系统先把内存划分成若干个大小固定的分区,一旦划分好,在系统运行期间便不再重新划分。为了满足不同程序的存储需求,各分区的大小可以不等,也可以相等。

(1)分区大小相等:把内存等分成若干份,所有分区的大小都是相等的。分区大小相等的缺点是缺乏灵活性,即当程序太小时,会造成内存空间的浪费;当程序太大时,一个分区又不足以装入该程序,致使该程序无法运行。

(2)分区大小不等:分区大小不等就能克服分区大小相等的缺点,可把内存区域划分成含有多个较小的分区、适量的中等分区以及少量的大分区,适应不同性质的程序需求。

图 4-7 显示了表示某一时刻,操作系统永久占用内存低地址区 20KB 的内存,作业 A、作业 B、作业 C 分别被分配到 1、3、2 三个分区,第 4 分区尚未分配的情况。

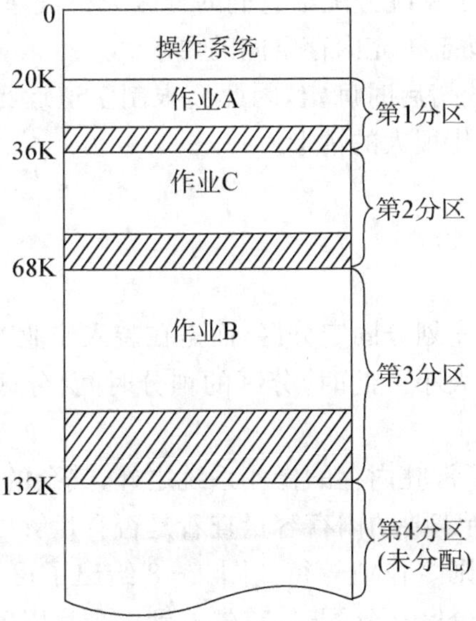

图 4-7 固定分区分配

为了说明各分区的分配和使用情况,需要设置一张“主存分配表”,记录内存中划分的分区及其使用情况。主存分配表中指出个分区的起始地址和长度,“占用标志”用来指示此分区是否被使用,当其值为“0”时,表明此分区尚未被占用。内存分配时总是选择那些“占用标志”为“0”的分区,当某分区被分配给一个长度小于或等于分区长度的作业后,则在“占用标志”中填入占用此分区的作业名。图 4-7 对应于表 4-1,表中显示第 4 分区为空闲分区,1、2、3 分区分别被作业 A、作业 C 和作业 B 占用。程序装入内存时,首先检查主存分配表,从中找到能满足要求的、尚未分配的分区,将其分配给该程序,然后将该表项的“占用标志”置为程序名;若未能找到大小足够的分区,则拒绝为该用户程序分配内存。当分区中的程序执行结束归还主存区时,相应分区的“占用标志”置为“0”,其占用的分区变为空闲分区,可以被重新分配。

表 4-1 固定分区存储管理的主存分配表

分区号	起始地址	大小(KB)	占用标志
1	20K	16	作业 A
2	36K	32	作业 C
3	68K	64	作业 B
4	132K	124	0

采用固定分区分配技术能解决单道程序内存利用率低的问题。但是该方法存在以下的缺点：

(1)由于预先规定了分区的大小，使得大作业无法装入，用户不得不采取其他技术加以补救，增加了用户的负担。

(2)内存利用率不高，作业很少能恰好填满分区。例如，图 4-7 中作业 A、作业 B、作业 C 实际需要的内存空间都小于系统分配给它们的分区大小，这些浪费的空间被称为“碎片”。

(3)固定分区无法实现动态扩充内存空间的要求。

(4)由于分区个数在系统初启时确定，因此会限制多道运行的程序个数，特别不适于分时系统交互型用户及内存变化很大的情形。

4.3.3 动态分区分配

1)基本思想

可变分区是指系统不预先划分固定分区，而是在装入作业时按照作业大小来划分分区，使得分区的大小等于作业的大小。此时，分区的划分时间、分区的个数、每个分区的大小都是动态的。

系统启动时，内存中除了常驻内存的操作系统之外，其余的是一个完整的大分区。当作业需要调入内存时，根据其所需要的内存容量查看是否有足够的空间，若有则按需分割一个分区分配给该作业；若不足，则令作业等待。图 4-8 给出了可变分区的示例。图中画有斜线的分区表示空闲区。可变分区在分配时，首先找到一个足以容纳该作业的空闲区，如果这个空闲区大小比要求的大，则将空闲区分成两个部分：一部分分给作业成为已分配的分区，剩余部分仍然作业空闲区。在图 4-8(a)中所示的初始情况要求装入大小为 24KB 的作业 E，此时将一块大小为 32KB 的空闲区划分 24KB 大小的空闲区分配给作业 E，一块 8KB 大小的空闲区剩余。同样的情况要求装入大小为 256KB 的作业 F，将 300KB 的空闲区进行划分，图 4-8(b)就是作业 E 和作业 F 装入的情况。当作业撤销时需要回收作业所占的空闲区，此时需检查回收的分区是否与空闲区相邻，如果有相邻的空闲区就要加以合并，使之成为一个连续的大的空闲区。图 4-8(b)中如果作业 B 撤销时，没有相邻的空闲区可合并，而作业 D 撤销时，合并了一个 8KB 的空闲区，两个空闲区合并为一个 128K 的空闲区，合并后得到的结果如图 4-8(c)所示。

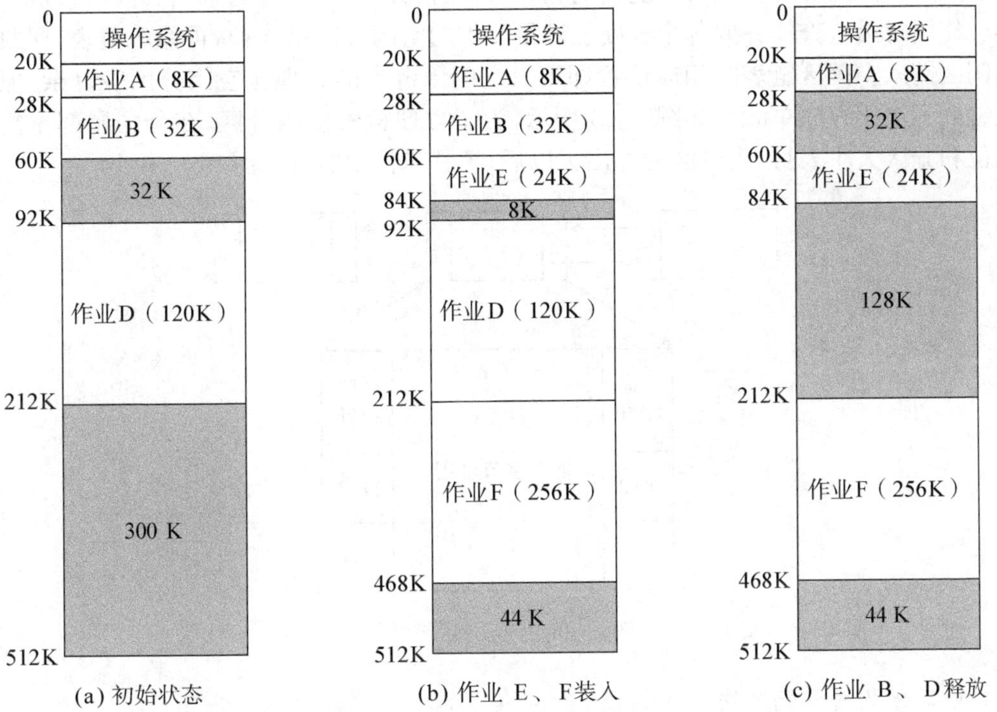

图 4－8　可变分区示例

2)分区分配的数据结构

为了实现可变分区管理，系统必须配置相应的数据结构，用来描述内存占用情况。常用的数据结构有两种形式。

(1)表格形式。在系统中分别设置一张空闲分区表和一张已分配分区表，见表 4－2 和表 4－3。空闲分区表中记录了每个空闲分区的情况，每个分区占一个表目，表目中包括分区序号、分区始址及分区的大小等数据项。已分配分区表记录了每个在内存中的作业存放的情况，表目包括了分区序号、使用标志、分区始址及分区的大小等数据项。

或者再设置一张分区说明表，该表类似于固定分区中的分区说明表结构，将已使用分区和空闲分区都集中在一个表中。但是仅使用一张表存在表格长度不好确定的问题，造成表格管理的困难，同时如果表格过长又会增加查找的时间。

表 4－2　空闲分区表

区号	大小	地址	状态
1	32KB	28KB	空闲
2	128KB	84KB	空闲
3	44KB	468KB	空闲
4			空表目

表 4－3　已分配分区表

区号	大小	地址	状态
1	8KB	20KB	作业 A
2	24KB	60KB	作业 E
3	256KB	212KB	作业 F
4			空表目

(2)空闲分区链。由于分区的数目不定，采用链表是一种较好的空闲区管理方法。在每个分区的起始部分设置一些用于控制分区分配的信息，以及用于链接各分区所用的向前指

针;在分区尾部设置一向后指针,通过前、后向链接指针,可将所有的空闲分区链接成一个双向链。使用时沿链查找并取各个长度能满足要求的空闲分区给作业,再修改链表,回收时把此空闲区链入空闲区链表的相应位置即可。空闲区链表的管理比空闲分区表复杂,但其优点是链表不占用存储单元。如图 4－9 所示,为了方便检索空闲分区,在分区尾部重复设置状态位和分区大小表目,当分区分配出去以后,把状态位由"0"改为"1"。

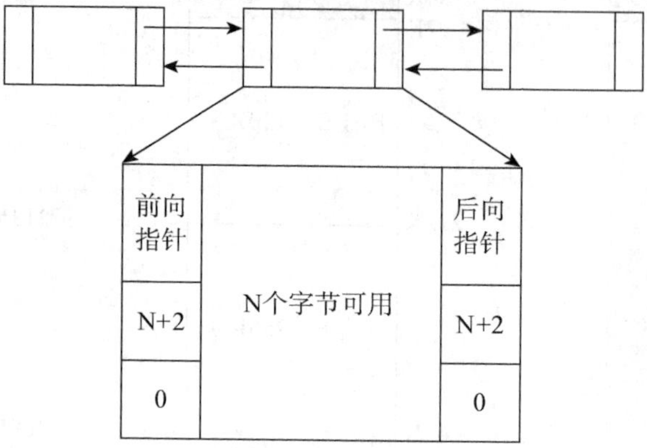

图 4－9　空闲分区链结构

3)可变分区的分配算法

无论使用表格管理还是空闲区链表管理,表格和链表中的空闲区都必须按照一定的规则排列。为了把新作业装入内存,需按照一定的分配算法,选出一个空闲区分配给该作业。目前常用的分配算法有以下几种。

(1)首次适应分配算法。对空闲分区是按地址从小到大的顺序排列。每次分配时,总是从第一条记录开始顺序查找空闲分区表,找到第一个能满足作业长度要求的空闲区,分割这个空闲区,一部分分配给作业,另一部分仍为空闲区。为作业分配主存空间时从低地址部分的空闲区开始查找,使高地址部分尽可能少用,以保持一个大空闲区,有利于大作业的装入;但这种分配方法可能会造成内存的低地址和高地址空间使用不均衡,低地址部分使用频繁,存在很多难以利用的、很小的空闲区,而高地址部分很少使用。此外,每次查找都是从低地址部分开始,因此会增加查找可用空闲区时的开销。

(2)循环首次适应算法。该算法是为了解决首次适应算法中高、低地址使用不平均的问题演变而成的算法。空闲分区是按地址从小到大的顺序排列,每次分配均从上次分配的位置之后开始查找,直至找到第一个能满足长度要求的空闲区为止,分割这个空闲区,一部分分配给作业,另一部分仍为空闲区。为了实现该算法,应该设置一起始查找指针,用于指示下一次开始查寻的空闲分区,并采用循环查找方式,即如果最后一个空闲分区的大小仍然不能满足要求,则返回到第一空闲分区,比较其大小是否满足要求。找到空闲分区后,应调整起始查寻指针。由于每次分配都是从上次分配的位置开始查找,因此存储空间利用率更加均衡,不会导致小空闲区集中于主存的低端,能够缩短平均查找时间。

(3)最佳适应分配算法。按作业要求从所有的空闲分区中挑选一个能满足作业要求的最小空闲区,这样可保证不去分割一个更大的区域,使装入大作业时比较容易得到满足。为实现这种算法,要求将所有空闲分区按分区大小以从小到大的顺序形成空闲分区链(表)。

每次从空闲分区链(表)的表首开始查找,第一次找到的能满足要求的空闲区,必然是满足要求的最小分区。该算法每次分配所切割下来的剩余部分总是最小的,因此在内存中留下许多难以利用的小空闲区。

(4)最坏适应算法。要求空闲区按其大小递减的顺序组成空闲分区表或自由链。当用户作业或进程申请一个空闲区时,先检查空闲分区表或自由链的第一个空闲区的大小是否大于或等于所要求的内存长度,若空闲分区表或自由链的第一个项所示空闲区长度小于所要求的,则分配失败,否则从空闲区可用表或自由链中分配相应的存储空间给用户,然后修改和调整空闲分区表或自由链。该算法的主要缺点是使内存中缺乏大的空闲区。

系统利用某种分配算法,从空闲分区链(表)中找到所需大小的分区。设请求的分区大小为 u. size,表中每个空闲分区的大小可表示为 m. size。若 m. size－u. size≤size(size 是事先规定的不可再切割的剩余分区的大小),说明多余部分太小,可不再切割,将整个分区分配给请求者;否则(即多余部分超过 size),从该分区中按请求的大小划分出一块内存空间并将其分配出去,余下的部分仍留在空闲分区链(表)中。然后,将分配区的首址返回给调用者。图 4－10 给出了分配流程。

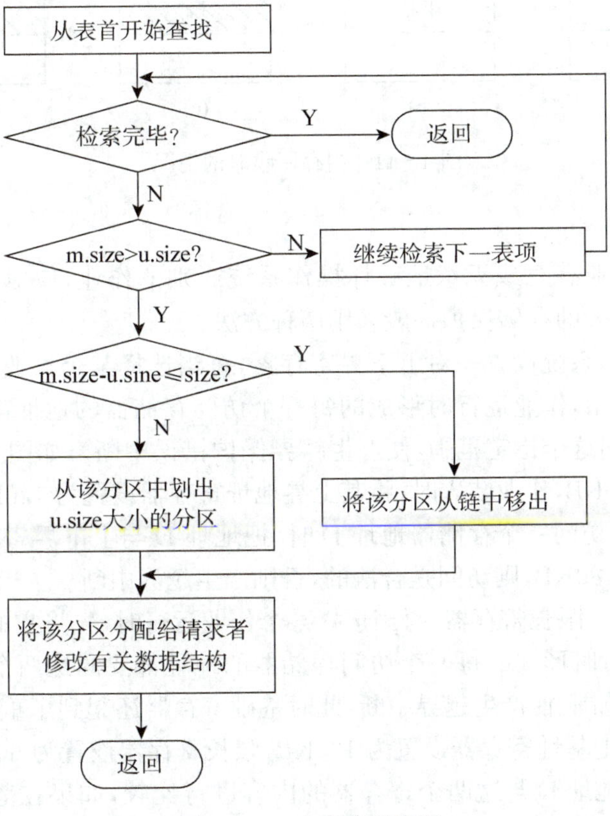

图 4－10 内存分配流程

4)可变分区的回收

当作业撤离时,需要回收作业所占空间。系统根据回收区的首址,从空闲链(表)中找到相应的插入点,此时可能出现以下四种情况之一:

(1)回收区不与任何空闲区邻接，如图 4-11(a)所示。该回收区相邻的区域分别装有其他作业，此时应为回收区单独建立一个新表项，填写回收区的首址和大小，并根据其首址插入到空闲链(表)中的适当位置。

(2)回收区与插入点的前一个空闲分区 F_1 相邻接，见图 4-11(b)。此时应将回收区与前一空闲区 F_1 合并，不必为回收分区分配新表项，而只需修改其前一分区 F_1 的大小。

(3)回收区与插入点的后一个空闲分区 F_2 相邻接，见图 4-11(c)。此时应将回收区与后一个空闲分区 F_2 合并，形成新的空闲分区，使用回收区的首地址作为新空闲区的首地址，大小为两者之和。

(4)回收区同时与插入点的前、后两个分区相邻接，见图 4-11(d)。此时将三个分区合并，使用 F_1 的表项和 F_1 的首地址，取消 F_2 的表项，大小为三者之和。

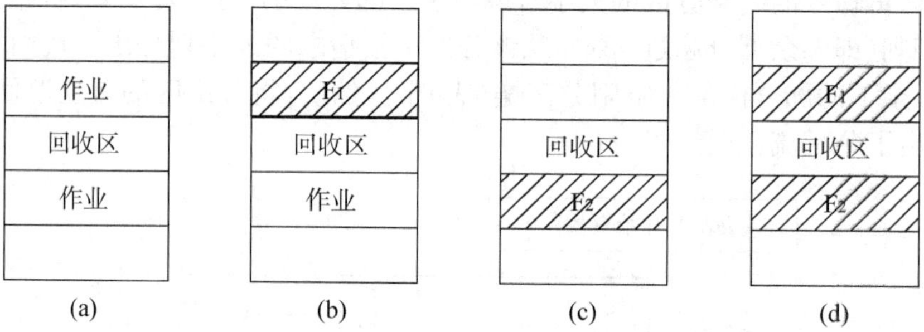

图 4-11　内存回收时的情况

5)分区保护

为了防止一个作业有意或无意地破坏操作系统或别的作业，应对分区采取保护措施。可变分区存储管理方式的存储保护一般采用两种方法。

(1)界地址法。即系统设置一对上下界寄存器，每当选择某个作业运行时，先将它的界地址装入这对寄存器中，作业运行时形成的每一个访问存储器的地址都要同这两个寄存器的内容作比较，若超出这个指定范围，便产生越界保护错误中断。如图 4-12(a)所示，作业所在分区是 120～180KB，作业装入时，将其上界地址寄存器设置为 120KB，下界地址寄存器设置为 180KB。作业访问一个存储器地址 D 时，把地址 D 与上下界寄存器的内容比较，如果满足 120KB≤D≤180KB，则访问是合法的，否则产生越界中断。

也可以使用基址—限长寄存器，每当选择某个作业运行时，先将它的基址和限长装入这对寄存器中，作业运行时形成的每一个访问存储器的地址都要同这两个寄存器的内容作比较，若超出这个指定范围，便产生越界中断，此时基础寄存器还起到了重定位寄存器的作用。如图 4-12(b)所示，把基址寄存器设置为 120KB，限长寄存器设置为 60KB。作业访问一个存储器地址 D 时，把地址 D 与这两个寄存器的内容进行比较，如果在范围之内则访问是合法的，否则产生越界中断。

(2)保护键法。系统给每个存储分区都分配一个单独的保护键，相当于一把锁。而在程序状态字中设置有保护键字段，对不同的作业赋予不同的代码——相当于一把钥匙。当作业要访问某个存储器字段时，先把程序的保护键字段与存储分区的保护键进行比较，如果相同，可以进行读写操作；如果不相符，则访问被禁止或只允许进行读操作。当一个作业运行

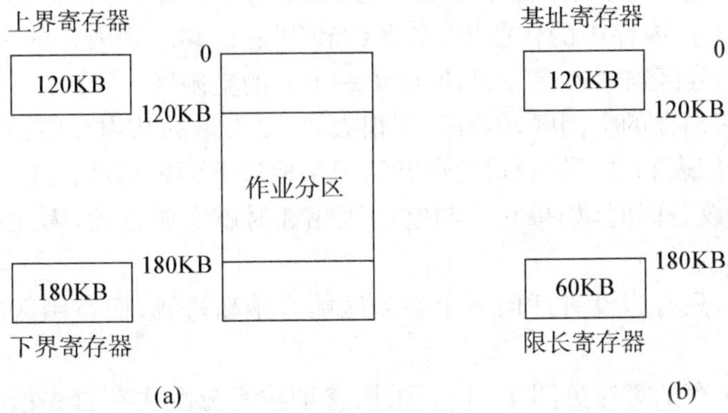

图 4-12 可变分区的存储保护

中产生非法访问时,系统将产生保护中断。

6)移动技术

内存经过一段时间的分配和回收后,可变分区管理有碎片问题。碎片是不相邻的非常小的空闲区,已经无法利用。出现这种情况是由于作业只适合放入与它请求空间一样大或更大的空闲区内,额外的存储单元就成了碎片。而且,随着存储碎片的增长,存储管理将往往只能满足那些有更小内存请求的作业,因而又会引起碎片,逐渐存储区会变得越来越小。最后,系统可能会达到一种状态,即所有碎片的总和超过某作业的容量要求,但是由于不连续也无法满足需要。例如,图 4-13(a)中给出了内存中现有的四个不相邻的小分区,它们的容量分别是 10KB、30KB、14KB、26KB,其总容量为 80KB。但如果现在有一作业到达,要求获得 40KB 的内存空间,由于必须为该作业分配连续空间,此时作业仍无法装入。

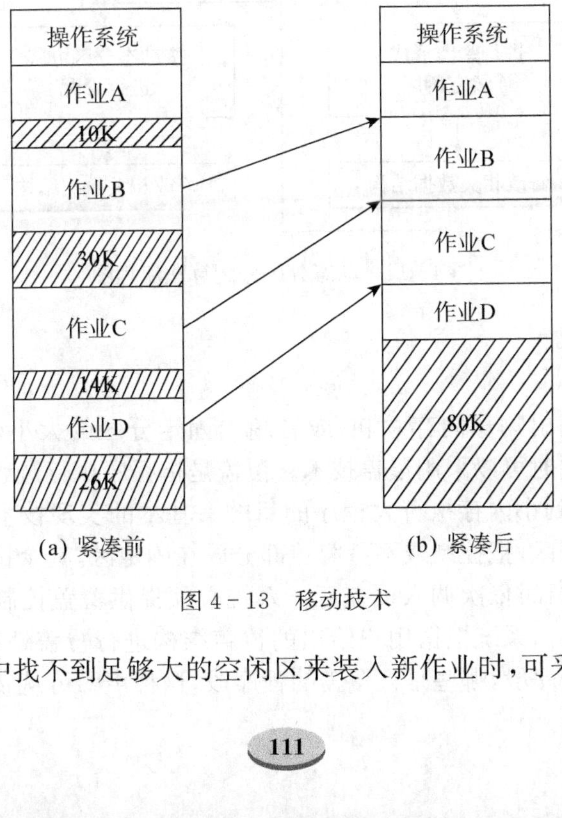

图 4-13 移动技术

当在空闲分区表中找不到足够大的空闲区来装入新作业时,可采用移动技术把内存中的作业分区连接在一起，使分散的空闲区汇集成片，这就是移动技术，也被称为紧凑。在图4-13(b)中，采用移动技术把内存中的作业B、作业C和作业D移动到内存的一端，总容量为80KB四个不相邻的小分区被紧凑在一起，形成了一个大的空闲区。

移动技术虽然能汇集内存的空闲区，但其开销很大，需要大量的从内存中进行数据块移动操作，还要修改内存分配表和进程控制块。通常情况采取以下两种移动方式：

(1)进程撤销之后释放分区时，如果它不与空闲区相邻时就实施移动，因此系统始终保持只有一个空闲区；

(2)进程装入分区时，只有当没有任何一个空闲区能容纳新进程，而空闲区的总和够用时，才会实施移动。

采用移动技术分配主存的算法见图4-14。采用移动技术分配主存首先检查空闲分区链(表)，如果存在适合的空闲区，则直接按照动态分区分配算法中的一种分配空闲区并修改相关数据结构；如果没有适合的空闲区，则判断空闲分区总和是否大于请求进程的大小；如果总和大于请求进程的大小，移动内存的相关分区信息紧凑成一个大的空闲区，然后分配这个大的空闲区，然后修改相关数据结构；否则要求请求进程等待内存资源。

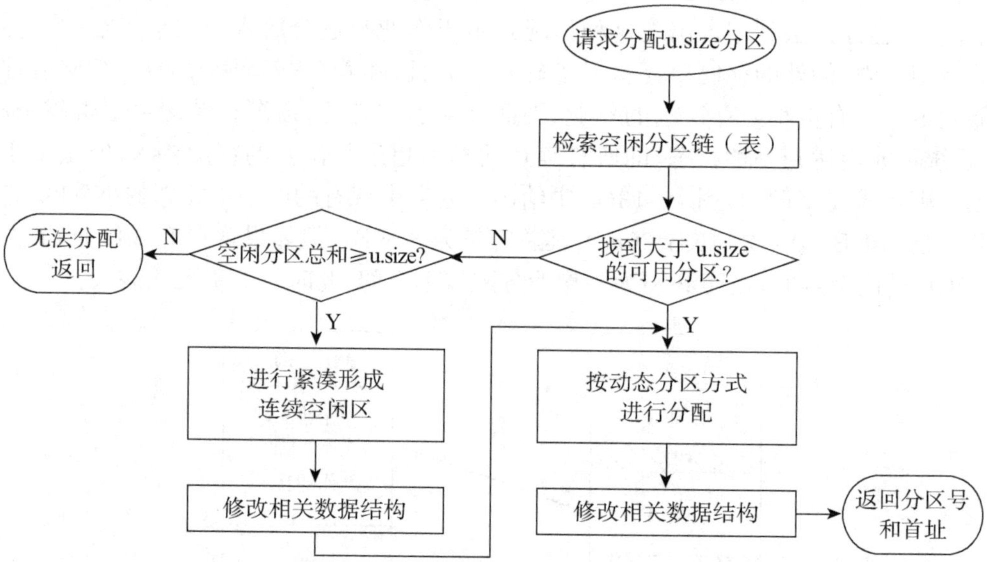

图4-14　动态分区分配算法流程图

7)覆盖和对换技术

(1)覆盖技术

如果程序的长度超出物理内存总和，或者超出固定分区的大小，则出现内存永久性短缺，大程序无法运行，这时可以采用覆盖技术。覆盖是指程序执行过程中程序的不同模块在内存中相互替代，以达到小内存执行大程序的目的。基本的实现技术是把用户空间分成固定区和一个或多个覆盖区，把控制或不可覆盖部分放在固定区，其余按调用结构及先后关系分段并放在磁盘上，运行时依次调入覆盖区。系统必须提供覆盖控制程序及相应的系统调用，当程序装入运行时，由系统根据用户给出的覆盖结构进行覆盖处理，程序必须指明同时驻留在主存的是哪些程序段，哪些是被覆盖的程序段，这种声明可从物理内存空间来设计和编写程序。

例如，某作业各调用过程如图 4－15 所示，主程序 A 调用过程 A0 和 B0，A0 调用 A1 和 A2，A2 调用 A3 和 A4，B0 调用 B1。可以看出 A0 和 B0 不会同时被调用，A1、A2、B1 也不会同时被调用，A3、A4 不会同时被调用。用户可以建立如图 4－16 所示的 20KB 大小的 A 程序的固定区，以及三个覆盖段，覆盖段 0、覆盖段 1 和覆盖段 2。三个覆盖段的大小分别为 40KB，60KB 和 40KB。这样，虽然该进程正文段所要求的内存空间是 270KB，但由于采用了覆盖技术，只需要 160KB 的内存空间就可执行。

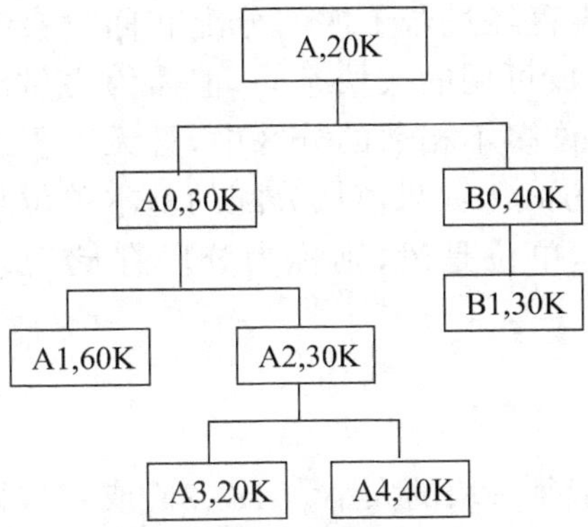

图 4－15　进程间的调用关系

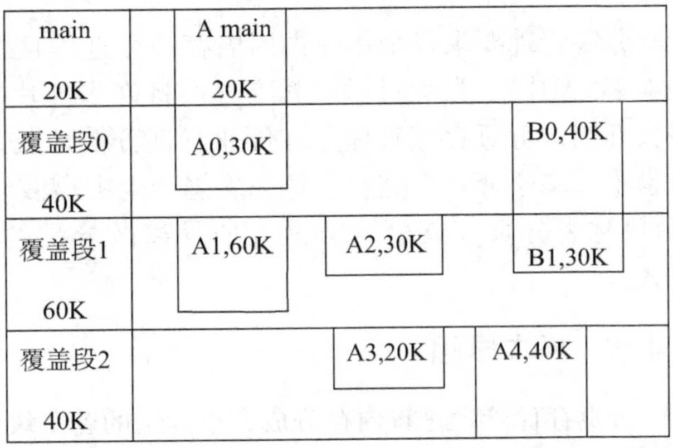

图 4－16　覆盖关系

覆盖技术的不足是把内存管理工作转给程序员，编程时必须划分程序模块和确定程序模块之间的覆盖关系，增加编程复杂度。此外，从外存装入覆盖文件，以时间延长来换取空间节省。

(2)对换技术

对换技术用在分时系统的调度中，用来解决内存容量不足的问题，使分时用户获得快速响应时间；也可用于批处理系统，用来平衡系统负载。当多个程序并发执行，可以将暂时不能执行的程序送到外存中，从而获得空闲内存空间来装入新程序，或读入保存在外存中而目前达到就绪状态的进程。所谓对换是把在内存中暂时不具备运行条件的进程或暂时不用的程序或数据调出到外存上，以便腾出足够的内存空间，再把已具备运行条件的进程或者进程所需的程序和数据调入内存。如果交换单位为整个进程的地址空间，便称之为“整体对换”或“进程对换”。

为了有效地实施对换，需要解决以下问题：

①选择哪个进程换出。如果选择不当，将造成系统效率低下。通常系统把时间片耗尽或优先级较低的进程换出，因为短时间内它们不会投入运行。

②决定哪些信息移出。开始时进程从可执行文件被装入主存，因此其未修改部分在内存与磁盘中始终保持一致，这些信息在移出到磁盘时不必保存；当进程能够换回内存时，只需要简单地将最初的可执行文件重新加载一次。数据区和堆栈是进程运行时所创建和修改的，操作系统把这些可变信息作为特殊文件保存。

③换出的信息存放地点。通常情况下系统从降低开销的角度考虑，开辟一块特殊的区域作为对换空间，可通过底层磁盘读写实现高效访问。

④找准对换时机是什么。在批处理系统中，当进程要求动态扩充内存空间且得不到满足时可触发对换。在分时系统中，每个时间片结束或I/O操作实施时启动进程的对换。

对换技术的优点是增加并发运行的程序数目，并且给用户提供适当的响应时间；同时不需要程序员考虑程序结构的问题。

4.4 分页存储管理

分区管理要求每个作业占用内存一个连续区域，内存经过若干次的分配和回收会形成很多“碎片”。虽然可通过紧凑方法将许多碎片拼接成可用的大块空间，但需为之付出很大开销。分页存储管理允许作业直接分散地装入到许多不相邻的分区中，且无需再进行紧凑。基于分页存储管理这一思想产生了离散分配方式。如果离散分配的基本单位是页，则称为分页存储管理方式。如果离散分配的基本单位是段，则称为分段存储管理方式。

4.4.1 基本思想

分页存储管理是将内存分成大小固定的若干块，一般每一块的大小为1K、2K或4K，每个这样的内存块称为物理块或页框。内存被等分成块后地址按物理块0，1，2，…，n编号。同样把每个用户的地址空间划分为相同大小的页面，每个页面也对应一个编号，称为页号。作业以页为单位分散地装入到内存不相邻的物理块中，图4-17给出物理块为1K的分页存储管理方式。现有三个作业，作业1共2页分别装入到内存的5和6块中，作业2共3页分别装入到内存的2、4、7块，作业3共1页装入到内存的8块中。由于进程的最后一页经常装不满一块而形成了不可利用的碎片，称之为“页内碎片”。

1)逻辑地址

按照这种页式概念，用户访问内存的地址形式应理解为由页号和页内地址两部分组成。分页地址中的地址结构如下：

它包含有两部分：前一部分为页号P，后一部分为位移量W(或称页内地址)，图4-18中地址长度为16位，0～9位为页内地址，即每页的大小是1KB，10～15位为页号，地址空间最多允许2^6个页面。计算机地址总线通常是32位，页面尺寸为12位(页长4KB)，那么页号共20位，表示地址空间最多包含1M(2^{20})个页面。

页面的大小直接影响地址转换和分页存储管理的性能。如果页面的尺寸太大，和作业的地址空间相差无几，就变成了分区存储管理，使得页内碎片增大。反之，如果页面大小太小，则页表冗长，系统需要提供更多的寄存器(存储单元)来存放页表，占用大量内存，此外还会减低页面换入换出的效率。页面大小应选择适中，页面大小一般取2的整数次幂。

对于某特定计算机，它的地址结构是固定的。若给定一个逻辑地址空间中的地址A，页面大小为L，则页号和页内地址可以按照下列公式求得：

$$P=INT\left[\frac{A}{L}\right]$$

d=[A] MOD L

其中,INT是整除函数,MOD是取余函数。

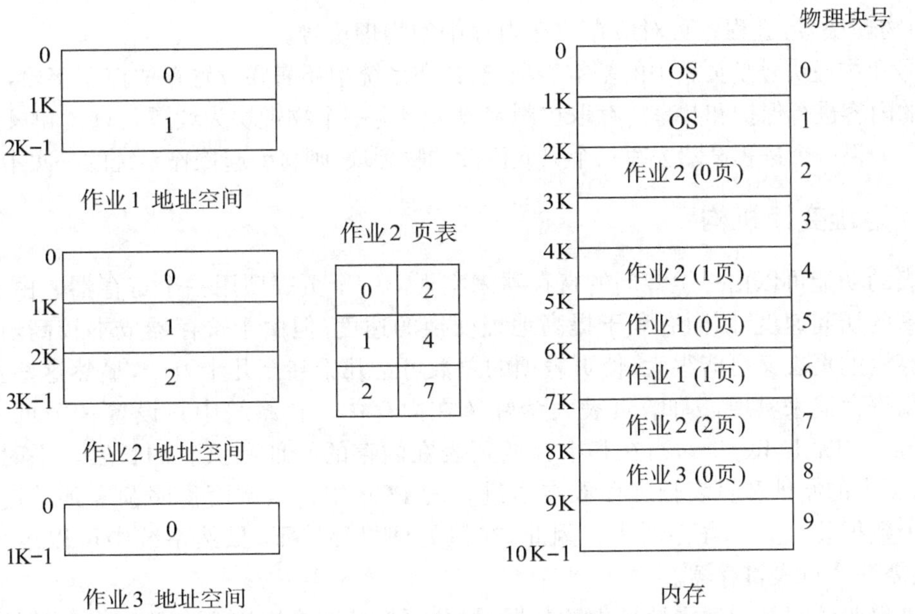

图4-17 分页存储管理方式

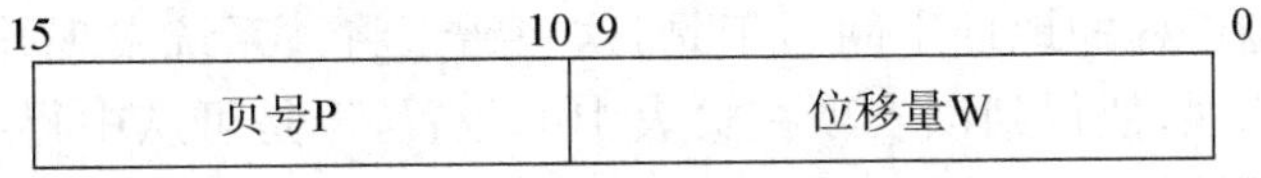

图4-18 逻辑地址的组成

例如,在一个分页系统中,页的大小为2KB,计算逻辑地址为2A3CH的页号和页内地址。逻辑地址2A3CH转换为二进制是0010101000111100B,其地址结构如图4-19所示:

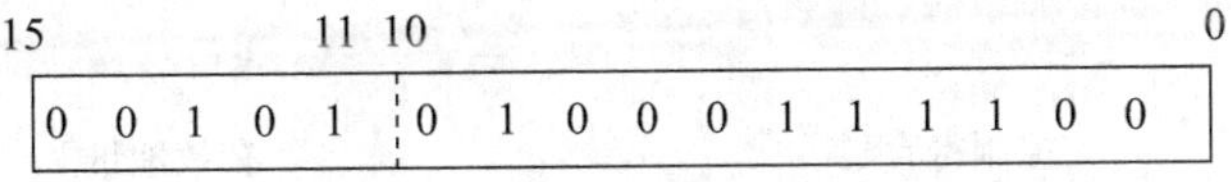

图4-19 分页地址结构实例

利用上述公式计算得到逻辑地址的页号为5,页内地址是23CH。

2)页表

在进行存储分配时,允许将进程的各个页离散地存储在内存不同的物理块中,但系统应能保证进程的正确运行,即能在内存中找到每个页面所对应的物理块。为此,系统应为每个进程建立了一张页面映像表,简称页表。在进程地址空间内的所有页(0~n),依次在页表中有一页表项,其中记录了相应页在内存中对应的物理块号,图4-17中间部分给出了作业2的页表,该页表记录了作业2的三个页面分别存放在内存的物理块2、4、7中。在配置了页表后,进程执行时,通过查找该表,即可找到每页在内存中的物理块号。可见,页表的作用是实现从页号到物理块号的地址映射。

页表至少应包含以下信息。

(1)页号:进程各页的序号;

(2)物理块号:进程各页对应存放在内存中的物理块号。

页号和物理块号是页表中的基本表项,通常在系统中还需要设置存取控制字段,用于对物理块中的内容进行保护和共享。存取控制字段可规定一个物理块为读/写、只读和只执行等存取方式。如果一个进程试图去写一个只允许读的物理块,则将引起操作系统的一次中断。

4.4.2 地址变换机构

页表的功能可以由一组专门的寄存器来实现。一个页表项用一个寄存器。由于寄存器具有较高的访问速度,因而有利于提高地址变换的速度;但由于寄存器成本较高,且大多数现代计算机的页表又可能很大,使页表项的总数可达几千甚至几十万个,显然这些页表项不可能都用寄存器来实现,因此,页表大多驻留在内存中。在系统中只设置一个页表寄存器PTR(Page－Table Register),在其中存放页表在内存的始址和页表的长度。平时,进程未执行时,页表的始址和页表长度存放在本进程的 PCB 中。当调度程序调度到某进程时,才将这两个数据装入页表寄存器中。因此,在单处理机环境下,虽然系统中可以运行多个进程,但只需一个页表寄存器。

当进程要访问某个逻辑地址中的数据时,分页地址变换机构会自动地将有效地址(相对地址)分为页号和页内地址两部分,再以页号为索引去检索页表。查找操作由硬件执行。在执行检索之前,先将页号与页表长度进行比较,如果页号大于或等于页表长度,则表示本次所访问的地址已超越进程的地址空间。于是,这一错误将被系统发现并产生一地址越界中断。若未出现越界错误,便得到该表项在页表中的位置,于是可从中得到该页的物理块号,将物理块号装入物理地址寄存器中。与此同时,再将有效地址寄存器中的页内地址送入物理地址寄存器的块内地址字段中。将按照如下公式计算:

物理地址＝物理块号×页面大小＋页内地址

这样便完成了从逻辑地址到物理地址的变换。图 4－20 给出了分页系统的地址变换机构。

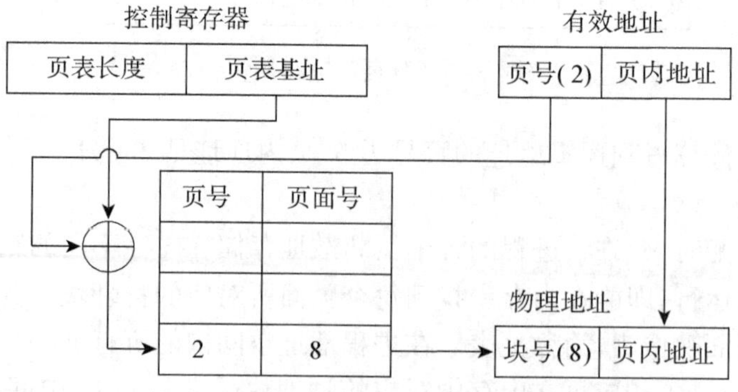

图 4－20　分页系统的地址变换机构

4.4.3 快表

如果页表存放在内存中，那么每次访问内存时，都要先访问内存中的页表，然后根据所形成的物理地址再访问内存。这样进程访问内存数据必须访问两次内存，从而降低了计算机的处理速度。

在20世纪50年代后期，为了提高地址变换速度，在地址变换机构中增设了一个具有并行查寻能力的特殊高速缓冲寄存器，又称为“联想寄存器”，或称为“快表”，联想寄存器中存放当前访问的那些页表项，每个页表项包括页号和相应的块号，并且查询通过并行匹配来实现。由于高速缓冲寄存器价格昂贵，快表一般都比较短，大程序的页表项不可能全部放在快表中，通常快表由8～16个单元组成。鉴于快表的容量很小，所以只存放当前最活跃进程的少数几页。各进程的页表仍放在内存的系统区中，而系统增加的快表存放正在运行进程的当前常用的部分页表项，随着进程的推进，必须动态地不断更换快表的内容。

增加快表之后的地址变换过程是：逻辑地址由地址变换机构自动地将页号P送入快表的输入寄存器，确定所需要的页是否在快表中。当快表的输入寄存器输入页号后，输入页号与快表中的各页表项中的页号同时比较，如有相同，快表的输出寄存器输出相应的块号，并送到物理地址寄存器中。如在快表中未找到对应的页表项(快表的输出寄存器不输出)，则还须再访问内存中的页表，把从页表项中读出的物理块号送地址寄存器，生成物理地址然后进行内存的访问；同时，将此页表项存入快表的一个寄存器单元中。但如果联想寄存器已满，则操作系统必须找到一个被认为不再需要的页表项，将它换出以供装入新的页表项。图4-21示出了具有快表的地址变换机构。

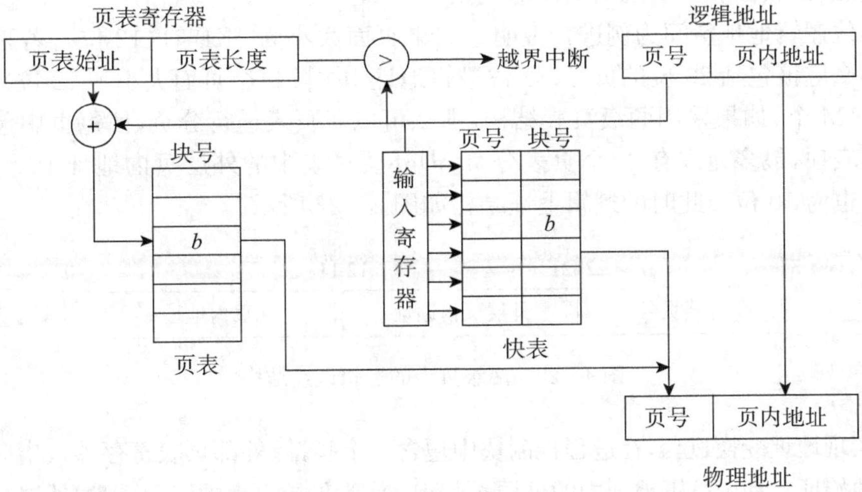

图4-21 具有快表的地址变换机构

页号在快表中被查找到的概率被称为命中率。85%的命中率意味着有85%的时间可以在快表中找到所需的页号。假如查找块表需要20ns，访问内存需要100ns，那么总的访问时间是120ns。如果不能在快表中找到该页表项，那么必须先访问位于内存中的页表得到相应的物理块号(花费120ns)，然后再访问内存(花费100ns)，总共需要220ns。得到：

有效内存访问时间=0.85×120+0.15×220=135ns

4.4.4 多级页表

现代的大多数计算机系统，都支持 2^{32}～2^{64}B 容量的逻辑地址空间。在这样的环境下，页表就变得非常大，要占用相当大的内存空间。例如，对于一个具有 32 位逻辑地址空间的分页系统，规定页面大小为 4KB 即 2^{12}B，则在每个进程页表中的页表项可达 1 兆之多。又因为每个页表项占用一个字节，故每个进程仅仅其页表就要占用 1MB 的内存空间，而且还要求是连续的。显然这是不现实的，我们可以采用下述两个方法来解决这一问题：

(1)采用离散分配方式来解决难以找到一块连续的大内存空间的问题；

(2)只将当前需要的部分页表项调入内存，其余的页表项仍驻留在磁盘上，需要时再调入。

1)两级页表

进程页表的基本结构仅适合于小进程地址空间，在大地址空间下的内存进程页表结构采用两级页表。多级页表类似于多级目录，例如教材，都是先分章，每章再分节。页表中存放的是一级页目录，然后每个目录项存放的是页表的首地址。类似于书中首先是章目录，然后每个章目录中包含该章的节目录那样。目前 Windows XP/2000 等系统都采用了两级页表管理机制，页表中页目录表是一级页表，页表页是两级页表，共同构成两级页表机制。实现步骤是首先把整个页表分割成许多小页表，每个小页表称为页表页，其大小与物理块长度相同，因此每个页表页包含若干页表表项。然后，页表页从 0 开始编号，允许被分散在不连续的物理块中，为了找到页表页，应该建立地址索引，称为页目录表(外层页表)，其表项指出页表页的起始地址。系统为每个进程建立一张页目录表，其表项指出一个页表页，而页表页的每个表项给出页面和页框之间的对应关系。

以 32 位逻辑地址空间为例进行说明。如果页面大小为 4KB 时(12 位)，若采用一级页表结构，那么应该包括 20 位的页号(32 位逻辑地址中去除每个页面大小占 12 位)，即页表项应有 2^{20}=1M 个；如果采用两级页表结构，那么可以对页表进行分页，使每页中包含 2^{10}(即 1024)个页表项，最多允许有 2^{10} 个页表分页；即外层页表中的外层页内地址 P_2 为 10 位，外层页号 P_1 也为 10 位。此时的逻辑地址结构如图 4-22 所示。

31　　　22	21　　　12	11　　　0
外层页号	外层页内地址	页内地址

图 4-22　两级页表的逻辑地址结构

为了实现地址变换过程，在进程控制块中包含一个指针(外部页表寄存器)，指向该进程的外层页表的始址。利用逻辑地址中的外层页号 P_1，作为外层页表的索引，根据外层页表始址查找外部页表，找到指定页表分页的始址。然后根据指定页表分页的始址，利用 P_2 作为指定页表分页的索引，找到指定的页表项。取出该页在内存的物理块号 b，用该块号 b 和页内地址 d 即可构成要访问的内存物理地址。图 4-23 给出了具有两级页表的地址变换机构。

2)多级页表

随着 64 位机器的普及，两级页表会出现外部页表非常大，要占用相当大的内存空间的问题。因此可以采用三级页表或者多级页表的方式，将原来两级页表中的外部页表再进行

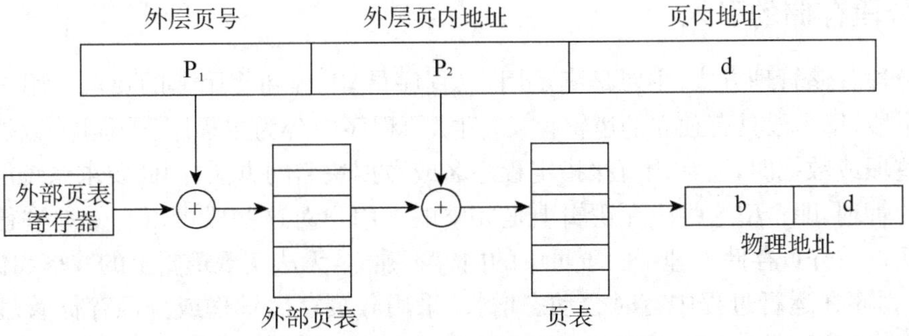

图 4-23 具有两级页表的地址变换机构

分页，然后利用第二级的外层页表来映射页表之间的关系。Linux 系统中使用了三级页表来实现地址映射，一个逻辑地址被划分为 4 个部分：

(1)页目录偏移量 PGD，记录了该地址在页目录中的表项，通过它可以引用页中间目录的表项；

(2)页中间目录偏移量 PMD，记录该地址在引用的页中间目录中的表项，通过该表项查找指定页表；

(3)页表偏移量 PTE，它是页表的偏移量，通过它可以引用一个页，其中包含目标页面的页帧起始位置的物理地址；

(4)页内地址 OFFSET，用来确定该逻辑地址在内存中的页内地址。

三级页表的地址变换如图 4-24 所示。

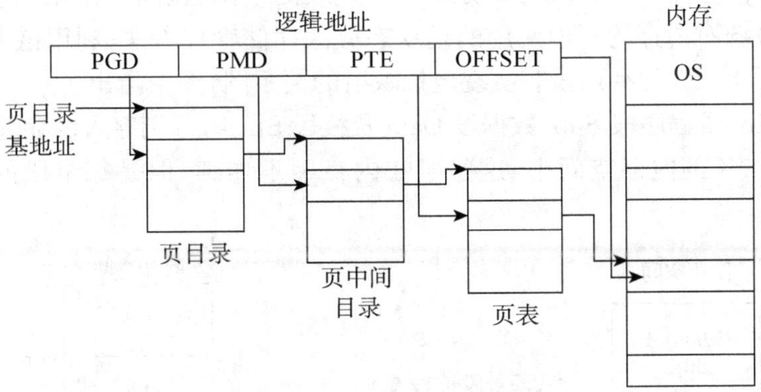

图 4-24 三级页表的地址转换

4.5 分段存储管理

采用分页存储管理存在一个问题是用户所见的内存和实际物理内存的分离。分页存储管理将用户作业按照系统要求划分为若干页，这里每页的内容和用户编程时的逻辑思考分段完全不对应。

4.5.1 分段存储的引入

引入分段存储管理方式，主要是满足用户（程序员）编程和使用上的要求。用户把程序划分为若干个段，每个段具有独立的逻辑含义，例如原程序中分为主程序、子程序、数据块等。用户调用这些段或数据时，通常用直接指定程序名或数据块名的方法，因此要求系统能对这些段进行独立的管理，即希望这些段在逻辑上是完整的。用户对这些段可以有效地进行权限控制和共享访问。在分页存储管理中由于页中的内容不独立，无法实现逻辑上的共享和保护。

此外，程序在运行过程中有时会动态增长，采用分页存储管理或分区存储管理都无法解决这个问题，而采用分段存储管理就能较好地解决这个问题。

分段存储管理能够提供一个更加灵活方便的内存管理方式。

4.5.2 分段系统的基本原理

在前面所介绍的动态分区分配方式中，系统为整个进程分配一个连续的内存空间。而在分段式存储管理系统中以段为单位分配内存，每段分配一个连续的内存区域，但各段之间不要求连续。其内存的分配和回收类似于动态分区分配，但两者之间也有不同。在分段存储管理系统中，一个作业可以有多个段，这些段可以离散地存放在内存的不同分区中；但分区存储管理要求整个作业存放在一个分区。

1）分段

在分段存储管理方式中，作业的地址空间被划分为若干个段，每个段定义了一组逻辑信息，每个段都有用户在编程时决定的名字，并且这些段的大小各不相等。系统根据每个段的大小按照动态分区存储管理方式为其分配一个连续的空闲区，同一作业所包含的各段之间不要求连续。系统对内存的管理使用的是动态分区存储管理方法，利用该方法解决内存的分配和回收。图 4－25 为利用段表实现地址映射的关系图，图中给出了一个作业，该作业包括主程序段 Main、子程序段 Sub、数据段 Data 及栈段 Stack，分别存入内存起始地址为 40K、80K、120K 和 150K 的内存空间中，这些段在内存中不连续，但是每个段的存储空间是连续的。

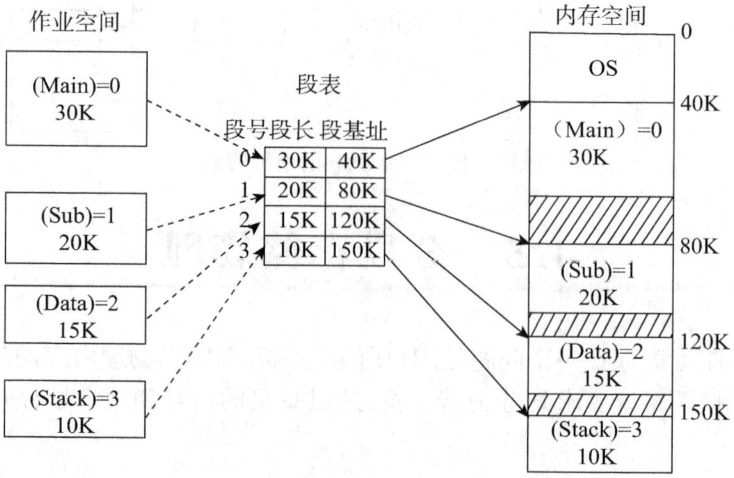

图 4－25 利用段表实现地址映射

为了能方便实现，通常可用一个段号来代替段名，每个段都从0开始编址，并采用一段连续的地址空间。段的长度由相应的逻辑信息的长度决定，因而各段长度不等。分段存储管理的地址空间是二维的，一般的形式是(s,w)，其中s是段号，w是段内地址。

分段存储中的逻辑地址具有如图4－26所示的结构：

在该地址结构中使用32位地址空间，允许一个作业最长有64K(2^{16})个段，每个段的最大长度为64KB(2^{16})。

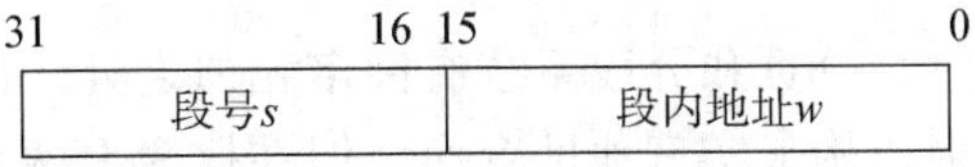

图4－26　分段存储的逻辑地址结构

2)段表

为了在物理内存中能方便地找出每个逻辑段所对应的位置，应像分页系统那样，在系统中为每个进程建立一张段映射表，简称“段表”。每个段在表中占有一个表项，记录了该段在内存中的起始地址(又称为“基址”)和段的长度，段表可以存放在一组寄存器中，这样有利于提高地址转换速度，但更常见的是将段表放在内存中。

段表至少应包含以下信息。

(1)段号：进程中各段的序号；

(2)段长：进程中各段的长度，用于检查段内地址是否越界；

(3)段基址：进程中各段存放在内存中的起始地址。

3)地址变换机构

在分段式存储管理系统中为了实现地址转换而设置了段表寄存器，段表寄存器用于存放段表始址和段表长度。在进行地址变换时，系统首先将逻辑地址中的段号s与段表长度进行比较。如果段号大于段表长度，产生越界中断信号；若未越界，则根据段表始址和该段的段号，计算出该段对应段表项的位置，从段表中读出该段在内存的起始地址。然后，再检查段内地址w是否超过该段的段长。若段内地址超过段长，同样发出越界中断信号；若未越界，则将该段的基址d与段内地址相加，即可得到要访问的内存物理地址。图4－27给出了分段系统的地址变换过程。地址变换过程步骤如下：

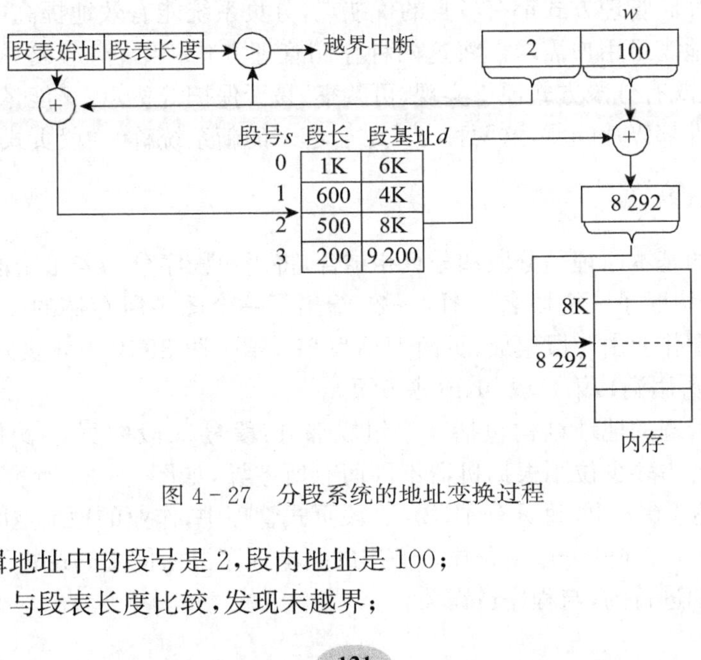

图4－27　分段系统的地址变换过程

(1)取出逻辑地址中的段号是2，段内地址是100；

(2)将段号2与段表长度比较，发现未越界；

(3)根据段表始址和段号,查找段表得到该段对应在内存中的段基址是8K,段长是500;

(4)段内地址100和段长500比较,发现未越界;

(5)利用段基址是8K和段内地址100相加得到物理地址8 292(8×1024+100)。

4.5.3 分页和分段的主要区别

分页和分段系统有许多相似之处。比如,两者都采用离散分配方式,且都要通过地址映射机构来实现地址变换。但在概念上两者完全不同,主要表现在下述三个方面:

(1)页是信息的物理单位,与源程序的逻辑结构无关,用户不可见,分页的目的是提高内存的利用率,减少内存中的外部碎片;段则是信息的逻辑单位,由源程序的逻辑结构所决定,它含有一组意义相对完整的信息,用户可见。分段的目的是为了能更好地满足用户的需要。

(2)页的大小固定且由系统决定,系统自动把逻辑地址划分为页号和页内地址两部分,是由机器硬件实现的。页面只能以页面大小的整数倍地址开始;而段的长度却不固定,可根据用户需要来划定,通常由编译程序在对源程序进行编译时,根据信息的性质来划分。段起始地址可以从任何主存地址开始。

(3)分页的作业地址空间是一维的,即单一的线性地址空间,程序员只需利用一个逻辑地址就可以表示一个地址;而分段的作业地址空间则是二维的,程序员在标识一个地址时,需要给出两个信息:段名和段内地址。在分段方式中,源程序(段号,段内位移)经连接装配后仍保持二维(地址)结构。

(4)通常分段的段内空间会比分页的页面空间大,因此段表会比页表短。对段表查询所需的时间就会比对页表查询时间少,使得分段存储管理方式能够提高内存的访问效率。

4.6 段页式存储管理

分页和分段存储管理方式都有各自的优缺点,分页系统能有效地提高内存的利用率,而分段系统能很好地满足用户需求。将这两种存储管理方式相结合,形成一种新的存储管理方式,这种新方式既有分段方式便于实现、可共享、易于保护等优点,又能像分页方式那样很好地解决内存的外部碎片问题,这两种方式结合起来的新系统称为“段页式系统”。

4.6.1 基本原理

段页式系统的基本原理是分段和分页相结合,将用户程序分为若干个段,每个段划分成若干页,并为每个段赋予一个段名。图4-28给出了一个图中所存储的。该段页式存储管理内存分配示意图作业由三段组成,页面大小为2K,第一段8KB(占4页),第二段5KB(占3页,最后一页未占用满),第三段9KB(占5页)。

段页式存储管理的地址结构包括三个组成部分:段号 s、段内页号 p 和页内地址 w 组成。这三个部分各占多少位则根据机器不同而有所差异,如图4-29所示的一个作业最多1 024段,每段可达1 024页,每页有4KB。在段页式管理中,作业的地址空间仍然是二维的,即段号和段内页号,程序的分段由程序员使用的编译程序根据信息的逻辑结构来划分,但是分页是由系统自动进行的,与程序员无关。

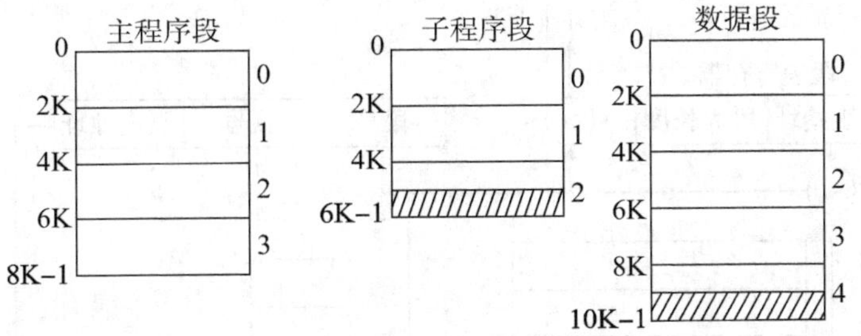

图 4 - 28 段页式存储管理内存分配示意图

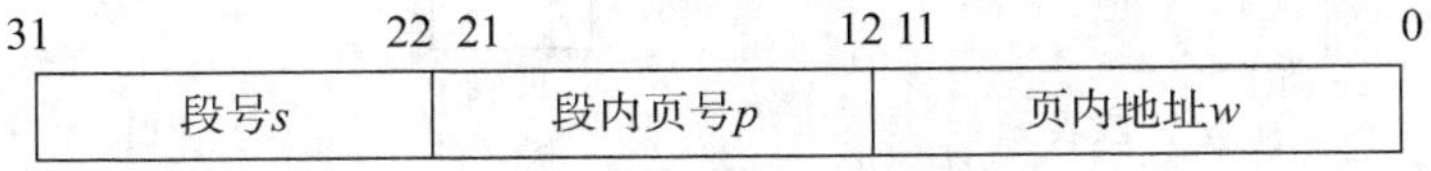

图 4 - 29 段页式逻辑地址结构

为了把逻辑地址转换为实际的物理地址，系统必须为每个作业建立一张段表和若干张页表。段表的表项中至少应包含段号、页表始址和页表长度。由于在段页式管理中，页表不再是属于进程而是属于某个段，因此段表中包括该段对应的页表在内存中的起始地址和页表长度。页表和分页存储管理时相同，页表表项中至少应包括页号和块号。图 4 - 30 给出了利用段表和页表实现地址映射的示意图。每次地址分配和回收时，段表和页表都要参与管理。

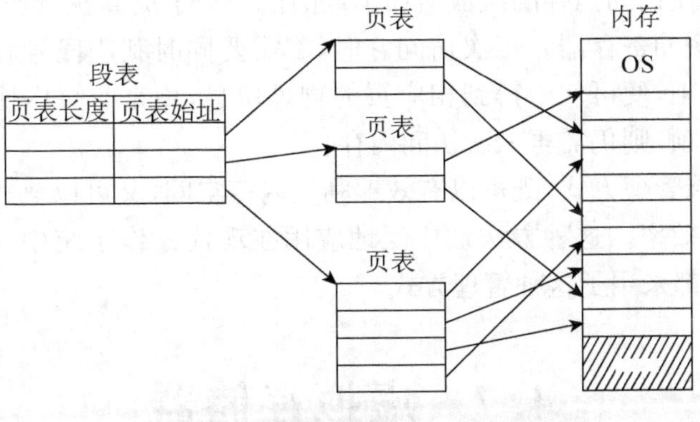

图 4 - 30 利用段表和页表实现地址映射

4.6.2 地址变换过程

在段页式系统中，为了便于实现地址变换，需要配置一个段表寄存器，其中存放段表始址和段表长度。图 4 - 31 给出了段页式地址变换过程。

进行地址变换时按如下步骤进行：

(1)通过段表寄存器将段号与段表长度进行比较，如果未越界则查找段表在内存中的位置(段表始址)，否则越界中断；

(2)访问段表，将页表长度与页号进行比较，如果未越界则根据段号查找页表所在的位置(页表始址)；

(3)访问页表，根据页号查找该页所在的物理块号；

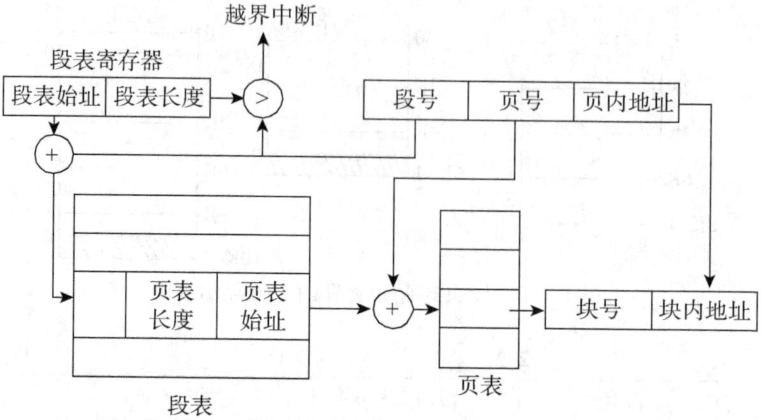

图 4-31　段页式地址变换过程

(4)将物理块号和地址结构中的页内地址相加,形成内存单元的物理地址。

在段页式系统中,为了获得一条指令或数据,需三次访问内存。第一次访问是访问内存中的段表,从中取得页表始址;第二次访问是访问内存中的页表,从中取出该页所在的物理块号,并将该块号与页内地址一起形成指令或数据的物理地址;第三次访问才是从第二次访问所得的地址中,取出真正的指令或数据。

显然,这种机制使访问内存的次数增加了近两倍。为了提高执行速度,在地址变换机构中增设了一个高速缓冲寄存器。每次访问它时,都需要同时利用段号和页号去检索高速缓存,若找到匹配的表项,便可从中得到相应页的物理块号,用来与页内地址一起形成物理地址;若未找到匹配表项,则仍需再三次访问内存。

使用段页式存储管理方式,既可以有效地利用内存空间,又可以兼顾到作业调度的有效性,提高作业的执行效率。这种方法被广泛地应用在现代操作系统中,例如 Windows 2000 系统、UNIX 系统等都采用了这种管理方式。

4.7　虚拟存储器

前面介绍的内存管理方式都基于一个基本要求:每个进程在执行之前应全部装入内存,否则无法运行。随着计算机解决的问题越来越复杂、程序数目越来越多,需要相当大的内存容量,于是出现以下问题:

(1)要求装入内存的作业的存储空间超过了内存容量,导致作业无法运行;

(2)有大量作业要求运行,但由于内存容量不足以容纳所有的作业,只能将少数作业装入运行,而将其他大量的作业驻留在外存上等待。

出现上述问题的主要原因是内存容量不足。虽然覆盖技术和交换技术能部分解决扩大存储空间的问题,但是引入了很多额外的开销。从物理上增加内存容量就能有效地解决这个问题,但往往会受到机器自身的限制,无疑会增加系统成本。为了解决这些问题,Manchester 大学的科学家提出了虚拟存储的思想,并于 1961 年在 Altas 计算机上实现页式虚拟存储器。

4.7.1 虚拟存储器的引入

1)局部性原理

指令必须都在物理内存中这一限制,看似是必需和合理的,但实际分析程序时会发现CPU访问存储器时,无论是存取指令还是存取数据,所访问的存储单元地址都趋于聚集在一个较小的连续区域中。1968年,Denning. P提出了局部性原理:程序在执行过程中的一较短时间内,程序执行的指令和操作数分别局限于一定区域内。相应地,程序所访问的存储空间也局限于某个存储区域。

局部性原理又表现为:时间局部性和空间局部性。时间局部性是指如果程序中的某条指令一旦执行,则不久之后该指令可能再次被执行;如果某数据被访问,则不久之后该数据可能再次被访问。时间局部性指的是处理机访问最近使用过的存储器单元的趋势,一条指令被两次执行的时间间隔不会太远,例如,当执行一个循环时,处理机重复执行相同的指令集合。空间局部性指是一旦程序访问了某个存储单元,则不久之后其附近的存储单元也将被访问。空间局部性反映了处理机顺序访问指令的倾向,同时,也反映了程序顺序访问数据单元的倾向。程序中所描述的相邻的指令和数据在执行中通常会被集中调用到。

局部性原理在实际应用中得到了验证。例如:用计算机语言编写的程序,程序的大部分语句都被安排为顺序执行方式,只有少量语句是转移或调用语句。顺序语句存放的地址是连续的,因此符合局部性原理。此外,一般程序中会包含对特定数据结构的操作过程,例如对数组的操作,它形成了对局部数据多次引用的情况,因此也符合局部性原理。

2)虚拟存储器的概念

根据局部性原理可知程序无论多大,在一段时间内其执行中使用到的代码非常有限,而且规律也非常稳定。因此程序部分地调入内存时,不会影响程序的正确执行。应用程序在运行之前,没有必要全部装入内存,仅需要将那些当前要运行的少数页或段装入内存便可执行,其余部分暂时留在外存上。程序在运行时,如果所要访问的页(段)已调入内存,便可继续执行下去;如果程序所要访问的页(段)不在内存中,程序应利用操作系统提供的请求调页(段)功能,将它们调入内存以使进程能继续执行下去。如果此时内存已满,无法再装入新的页(段),则还需要再利用页(段)的置换功能,将内存中暂时不用的页(段)调至外存上,腾出足够的内存空间后,再将要访问的页(段)调入内存,使程序继续执行下去。这样不仅能充分利用主存空间,而且用户编程时不需要考虑物理空间的实际容量,允许用户的逻辑空间大于主存的物理地址空间。所谓虚拟存储器是指具有请求调入功能和置换功能,能从逻辑上对内存容量加以扩充的一种存储器系统。对用户而言,好像计算机系统具有一个比实际物理内存容量大的主存储器,称其为“虚拟存储器”。因为每个用户程序使用了更少的物理内存,所以更多的程序可以同时执行,CPU的使用率也相应增加,而响应时间或周转时间并不增加。此外,由于载入或交换用户程序到内存所需的I/O操作会更少,用户程序会运行得更快。总体看来,引入虚拟存储器概念后不但有利于系统,同时也有利于用户。

虚拟存储器对传统的存储器进行了扩展,它提供了非常大的存储空间。图4-32给出了虚拟存储器概念图,其中逻辑地址空间是从进程角度看到的逻辑主存单元,而物理地址空间是从处理机角度所看到的物理主存单元,虚拟地址可以说是将逻辑地址映射到物理地址的一种手段。逻辑地址空间是程序员的编程空间,物理地址空间是程序的执行空间,虚拟地址空间等同于实际物理内存加部分硬盘区域所组成的存储空间。存储管理部件(Memory Management Unit,MMU)由一组集成电路芯片组成,以逻辑地址作为输入,物理地址作为输出的低层硬件,提供地址转换和存储保护功能,并支持虚拟存储管理和多任务管理。

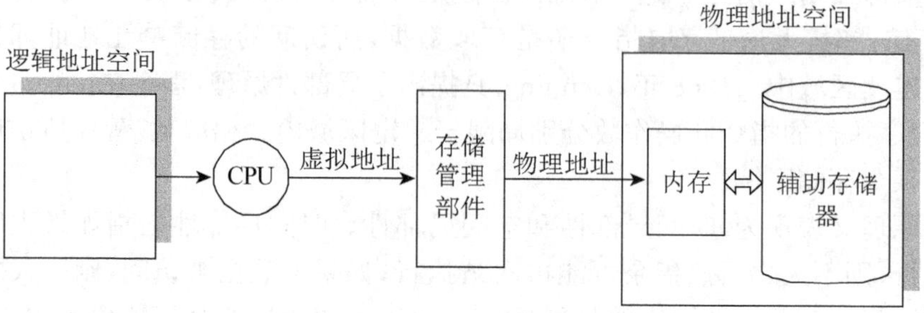

图 4-32　虚拟存储器概念图

3)虚拟存储器的特征

(1)离散性

离散性是指内存分配时采用离散的分配方式,即作业直接分散地装入到许多不相邻接的存储空间中,且仅在需要调入某部分程序和数据时,才为它申请内存空间。它是虚拟存储器最基本的特征。

(2)多次性

多次性是指一个作业被分成多次调入内存运行,即在作业运行时没有必要将其全部装入,只需将当前要运行的那部分程序和数据装入内存即可。多次性是虚拟存储器最重要的特征。

(3)对换性

对换性是指允许作业在运行过程中在内存和外存的对换区之间换进、换出。

(4)虚拟性

虚拟性是指能够从逻辑上扩充内存容量,使用户所看到的内存容量远大于实际内存容量。

4.7.2　虚拟存储器的实现方法

1)分页请求系统

分页请求系统是在分页系统的基础上,增加了请求调页功能和页面置换功能所形成的页式虚拟存储系统。它允许只装入少数页面程序(及数据)便启动运行。运行时再通过调页功能及页面置换功能,陆续地把即将要运行的页面调入内存,同时把暂不运行的页面换出到外存上。置换时以页面为单位。为了能实现请求调页和置换功能,系统必须提供必要的硬件支持和相应的软件。

(1)硬件支持

主要的硬件支持有以下几种。

①请求分页的页表机制。

②缺页中断机构。

③地址变换机构。

(2)实现请求分页的软件

包括用于实现请求调页的软件和实现页面置换的软件。它们在硬件的支持下,将程序正在运行时所需的页面(尚未在内存中的)调入内存,再将内存中暂时不用的页面从内存置换到磁盘上。

2)请求分段系统

请求分段系统是在分段系统的基础上,增加了请求调段及分段置换功能后所形成的段式虚拟存储系统。它允许只装入少数段(而非所有的段)的用户程序和数据,即可启动运行。然后再通过调段功能和段的置换功能将暂不运行的段调出,同时调入即将运行的段。置换是以段为单位进行的。

为了实现请求分段,系统需要以下硬件支持。

(1)请求分段的段表机制;

(2)缺段中断机构;

(3)地址变换机构。

4.8 请求分页存储管理

请求分页存储管理是建立在基本分页存储管理的基础上,为了能支持虚拟存储器功能而增加了请求调页功能和页面置换功能。在请求分页管理中,作业运行之前,只要求将当前需要的一部分页面装入内存,便可以启动运行。在作业运行过程中,若所要访问的页面不在内存,则通过调页功能将其调入,同时还可以通过置换功能将暂时不用的页面换到外存上,以便腾出内存空间。

4.8.1 请求分页存储管理的硬件支持

1)页表

在请求分页存储管理中使用的主要数据结构仍然是页表,其基本作用是将程序地址空间中的逻辑地址转换为内存空间的物理地址。由于请求分页存储管理系统只将作业的部分调入内存,其他部分存放在外存上,因此,需要在页表中增加若干项,供操作系统在实现页面的调入、换出功能时参考,扩充后的页表如图4-33所示。

页号	物理块号	状态位	访问字段	修改位	外存地址

图4-33 请求分页的页表项结构

页表项中的各个字段的作用如下:

(1)页号和物理块号 记录了作业的页号对应在内存中的存放位置。

(2)状态位 用于表示页面是否在内存中,每当进行内存访问时,根据该位判断所需要访问的页是否在内存中,如果状态位为“1”表示相应页面在内存中,如果状态位为“0”表示页面不在内存中,则产生缺页中断。

(3)访问字段 记录该页在一段时间内被访问的次数,或者有多长时间未被访问,该字段供置换算法在选择换出页面时使用。

(4)修改位 用于表示页面调入内存后是否被修改,由于内存中的页面在外存上都有副本,因此如果页面在内存中没有被修改,即修改位为“0”,则当该页面被置换出外存时不需要将该页面写到外存,可以直接淘汰该页,以减少磁盘写的次数;如果页面被修改过,即修改位为“1”,则必须将页面重新写到磁盘的交换区或者相应的文件中。

(5)外存地址　用于指出页面在外存上的存放地址。

此外,页表中还可以包括访问控制位用于保护相应页面的访问权限,分别说明页面的读、写、执行的权限。

在请求分页系统中页表的主要作用是:

(1)获得物理块号以实现地址的转换;

(2)设置各种访问控制位,对页面信息进行保护;

(3)设置各种标志位来实现相应的控制功能。

2)缺页中断机构

当发现要访问的页面不在内存中时,则立即产生中断信号,这时缺页中断机构将响应中断进行相应处理。缺页中断作为中断,需要经历保护CPU环境、分析中断原因、转入缺页中断处理程序进行处理、恢复CPU环境等几个步骤。但是缺页中断又是一种比较特殊的中断,与一般中断相比主要区别是:

(1)在指令执行期间产生中断。一般情况下CPU都是在一条指令执行完成后才检查是否有中断请求,然而缺页中断是在指令执行期间,发现所访问的页面不在内存时进行处理的。

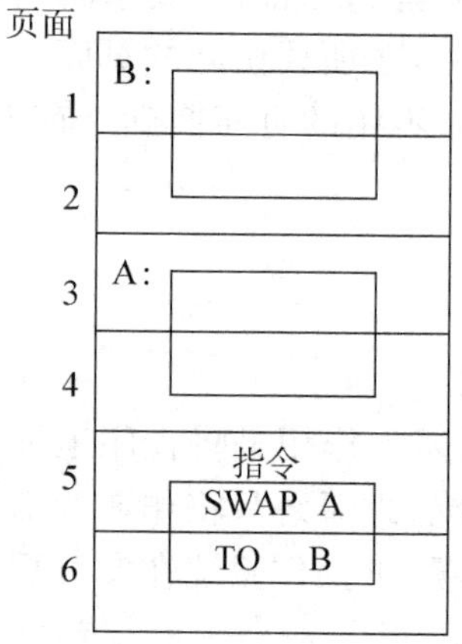

图4-34　涉及6次缺页中断的指令

(2)一条指令在执行期间,可能产生多次缺页中断。如图4-34所示为涉及6次缺页中断的指令,图中所示为执行一条SWAP A TO B指令。其中SWAP指令本身跨越5和6两个页面,A和B又分别跨越两个页面,A数据跨越3和4两个页面,B数据跨越1和2两个页面。显然缺页中断对指令的执行效率会造成很大的影响。

在请求分页系统中,当进程需要访问某条指令或某个数据时,硬件地址变换机构将根据逻辑地址中的页号去检索内存中的页表,并根据相应页表项的状态位P来判断该指令或数据所在的页是否已装入内存。若已装入内存,则可立即从页表项中得到该页的内存块号,并与页内地址拼接形成指令或数据的物理地址,同时还需修改页表项中的访问位。对于写指令,则还需将修改位修改成“1”。若要访问的页还未调入内存,便产生一缺页中断,控制将转向缺页中断处理程序。缺页中断处理过程如图4-35所示。

3)地址变换过程

在请求分页系统中,当进程被调度到CPU上运行,操作系统自动把此进程PCB中的页表起始地址装入硬件页表基址寄存器中,此后进程开始运行并要访问某个逻辑地址,内存管理部件开始工作,完成地址变换的过程,如图4-36所示。地址变换过程如下。

(1)将逻辑地址按照页面大小分解为两个部分:页号和页内地址;

(2)以页号为索引搜索快表;

(3)如果命中,立即获得物理块号,并与页内地址拼接形成物理地址,然后进行访问权限

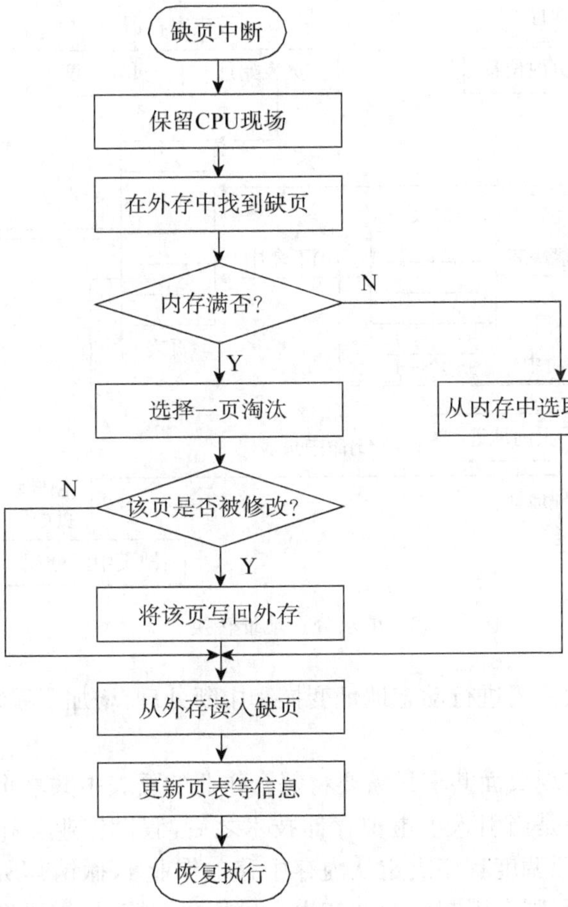

图 4-35 缺页中断处理过程

检查,如获得通过,进程就可以访问物理地址;

(4)如果不命中,由硬件以页号为索引搜索进程页表,页表基址由页表基址寄存器指出;

(5)如果在页表中找到此页面,说明所访问页面已在内存中,可获得物理块号,并与页内地址拼接形成物理地址,然后进行访问权限检查,如获得通过,进程就可以访问物理地址,同时把该页表项装入快表中,以备再次访问;

(6)如果在页表中的对应页面失效,发出缺页中断,请求操作系统进行处理;

(7)挂起请求缺页的进程;

(8)根据页号查找页表,找到存放此页的外存物理地址;

(9)查看主存是否有空闲物理块,如果有空闲块,修改主存管理表和相应页表项的内容,转向步骤(11);

(10)如果内存中无空闲物理块,按照替换算法选择淘汰页面,检查其是否被修改过,如果被修改过,将淘汰页面写回外存,否则直接转向步骤(11);

(11)进行调页,把页面装入内存所分配的物理块中,同时修改页表;

(12)返回中断点,重新启动被中断的指令。

请求分页存储管理的优点是充分地利用内存的存储空间,提高内存的利用率,更加方便

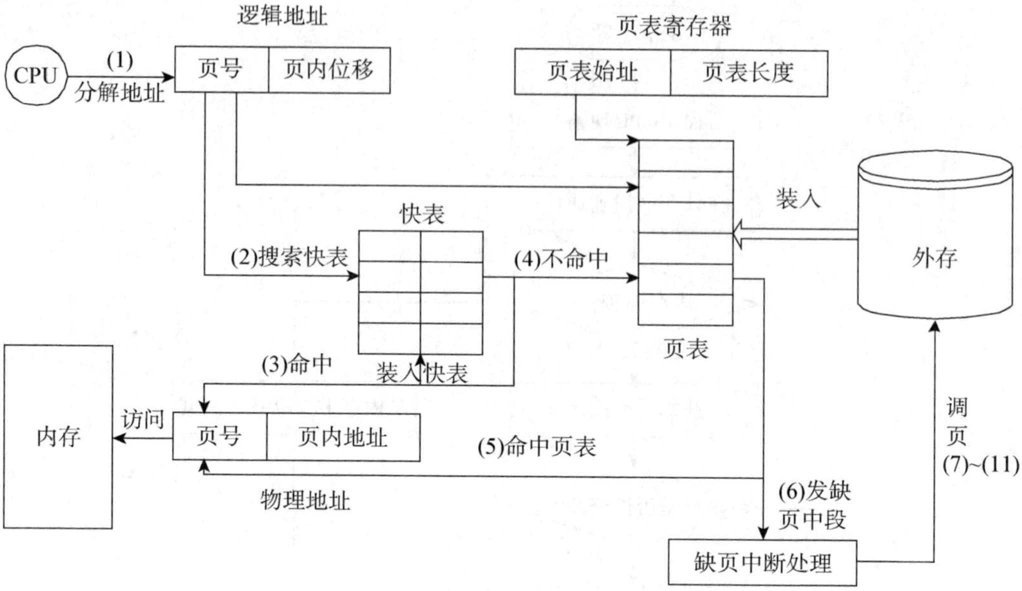

图 4-36 请求分页地址转换

大作业的存储。但是该方式需要进行动态地址变换和中断处理,增加了系统开销。

4)页面共享

基本分页存储管理中实现页面共享只需要将每个作业的页表中共享页的表目项指向内存的同一个物理块即可。但是当引入了虚拟存储技术之后,假设作业 1 和作业 2 同时运行一个编辑器并共享页面,如果调度程序决定从内存中移走作业 1,撤销其所有的页面并将回收的页面分配给其他的作业,则会引起作业 2 产生大量的缺页情况,需要进行缺页中断以便页面重新调入。

为了解决这个问题,可以为被共享的页面单独设置一张公共页表。如图 4-37 所示为公共页表实际共享。对于有共享页表的作业,在它页表中的相应表目下设置一指针,指向该页在公共页表的表目即可,作业 1、作业 2、作业 3 相对应的共享页都指向公共页表。当某个被共享的页面与外存之间进行交换时,只需修改公共页表的信息,并不需要将该页面换出到外存上。

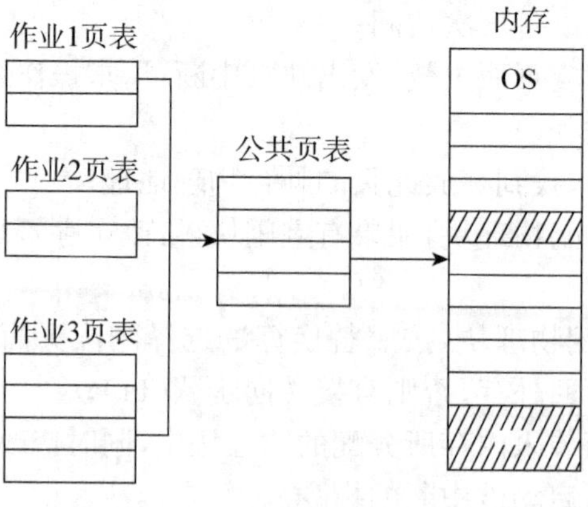

图 4-37 公共页表实现共享

4.8.2 页面分配策略

1)物理块的分配和置换策略

在请求分页系统中,可采取两种页面置换策略:局部置换和全局置换。如果页面置换算法的作用范围是整个系统,不考虑进程属主,称为全局置换;如果页面置换算法的作用范围局限于进程自身,称为局部页面置换算法。内存的分配可以是固定分配也可以是可变分配。两种分配方式相组合得到以下三种适用的策略。

(1)固定分配局部置换

基于进程的类型或根据程序员的建议,为每个进程分配一定数目的物理块,进程运行期间其分得的物理块不再改变,如果发生缺页中断,只能从进程在内存中的某个页面中选出一个页面换出,然后再调入一个页面,以保证分配给进程的内存空间不变。这种策略的难点在于:如何给进程分配合适数量的物理块。分配的物理块数目过少,缺页中断频繁,减低了系统的吞吐量;分配物理块数目过多,会使内存中能同时运行的进程数减少,进而造成 CPU 与其他设备的空闲。

(2)可变分配全局置换

先为系统中的进程分配一定数目的物理块,操作系统保留若干个空闲块。进程发生缺页时,从系统空闲块中对其分配,把所缺页面调入此物理块中,这样产生缺页的进程所获得的物理块会逐渐增多,有助于减少系统的缺页中断总次数。当系统所拥有的空闲块消耗完毕后,就会从内存中选择页面淘汰,可以是内存中任意一个进程的页面,这样又会使得某一进程物理块减少,缺页中断次数增多。

(3)可变分区局部置换

新进程装入内存时,根据应用类型、程序要求,分配给进程一定数目的物理块。产生缺页中断时,只允许从该进程在内存中的页面中选一个页面替换。如果发现进程在运行期间频繁地发生缺页中断,则系统需再为进程增加分配若干个附属块,以改善系统性能。反之,如果一个进程在运行期间缺页率特别低,则此时可适当减少分配该进程的物理块数,但不要引起缺页率的明显增加。

值得注意的是,一些页面置换算法既适用于局部置换算法,又适用于全局置换算法。例如,先进先出置换算法能够将所有内存中最久的页面置换掉(全局算法),也能将当前进程的页面中最久的替换掉(局部算法)。相似地,最近最久未使用置换算法或是一些类似算法能够将所有内存中最近最少访问的页框替换掉(全局算法),或是将当前进程中最近最少使用的页框替换掉(局部算法)。在某些情况下,选择局部策略还是全局策略是与页面置换算法无关的。另一方面,对于其他的页面置换算法,特别是改进的 Clock 算法是针对某些特定进程的算法,只有采用局部策略才有意义。

2)页面大小

页面大小是操作系统可以选择的一个参数。例如,即使硬件设计仅支持 512 字节的页面,操作系统也可以很容易通过为页面对 0 和 1、2 和 3、4 和 5 等分配两个连续的 512 字节的页框,而将其作为 1KB 的页面。

要确定最佳的页面大小需要在几个互相矛盾的因素之间进行权衡。从结果看,不存在全局最优。首先,有两个因素可以作为选择小页面的理由。随便选择一个正文段、数据段或堆栈段很可能不会恰好装满整数个页面。在平均的情况下，最后一个页面中有一半是空的。多余的空间就被浪费掉，这种浪费称为内部碎片。在内存中有 n 个段、页面大小为 p 字节时，会有 $np/2$ 字节被内部碎片浪费。从这方面考虑，使用小页面更好。

选择小页面还有一个明显的好处，如果考虑一个程序，它被分成 8 个阶段顺序执行，每阶段需要 4KB 内存。如果页面大小是 32KB，那就必须始终给该进程分配 32KB 内存。如果页面大小是 16KB，它就只需要 16KB。如果页面大小是 4KB 或更小，在任何时刻它只需要 4KB 内存。总的来说，与小页面相比，大页面使更多没有用的程序保留在内存中。

另一方面，页面小意味着程序需要更多的页面，这又意味着需要更大的页表。一个 32KB 的程序只需要 4 个 8KB 的页面，却需要 64 个 512 字节的页面。内存与磁盘之间的传输一般是一次一页，传输中的大部分时间都花在了寻道和旋转延迟上，所以传输一个小的页面所用的时间和传输一个大的页面基本上是相同的。装入 64 个 512 字节的页面可能需要 64×10ms，而装入 4 个 8KB 的页面可能只需要 4×12ms。

在某些机器上，每次 CPU 从一个进程切换到另一个进程时都必须把新进程的页表装入硬件寄存器中。这样，页面越小意味着装入页面寄存器花费的时间就会越长，而且页表占用的空间也会随着页面的减小而增大。

商用计算机使用的页面大小一般在 512 字节到 64KB 之间，以前的典型值是 1KB，而现在更常见的页面大小是 4KB 或 8KB。随着存储器越来越大，页面也倾向于更大(但不是线性的)。

4.8.3 调页策略

调页策略决定何时将页面调入内存。调页策略包括预调页式管理和请求页式管理两种。

预调页式管理的调入方式是预先将可能要执行的若干个页面调入内存。该方法中如果所调入的一批页面大多数都被访问到，那么效率很高；但是如果所调入的页面大多数都没有被访问到，那么效率很低。因此预调页式管理方式效率的好坏取决于预测需装入内存页面的成功率。实际上，目前预调页式管理的成功率并不高。

请求页式管理的调入方式是，当需要执行某条指令而又发现它不在内存，或当执行某条指令需要访问其他数据或指令并且这些指令和数据不在内存中时发生缺页中断，系统将外存中相应的页面调入内存。请求页式管理方式又被称为按需调页策略，页面只有在进程访问时才被加载到内存中。

预调页式管理和请求页式管理在作业或进程开始执行之前，都不把作业或进程的程序段和数据段一次性地全部装入内存，而只装入被认为是需要反复执行和调用的数据部分。其他部分则在执行过程中动态装入。预调页式管理与请求页式管理的主要区别在于它们的调入方式上。

4.9 页面置换算法

当发生缺页中断时，操作系统必须在内存中选择一个页面将其换出内存，以便为即将调入的页面腾出空间。如果要换出的页面在内存驻留期间已经被修改过，就必须把它写回磁盘以更新该页面在磁盘上的副本；如果该页面没有被修改过，那么直接用调入的页面覆盖掉被淘汰的页面即可。但应将哪个页面调出，需根据一定的算法来确定。通常，把选择换出页面的算法称为页面置换算法。当发生缺页中断时，虽然可以随机地选择一个页面来置换，但是如果每次都选择不常使用的页面会提升系统的性能。如果一个被频繁使用的页面被置换出内存，很可能它在很短时间内又要被调入内存，这会带来不必要的开销。

评价置换算法主要的依据是判断缺页中断率的大小。缺页中断次数是一个作业访问引用串中要访问的页不在主存的页，需要操作系统将其调入主存后再进行访问的次数之和。在进行内存访问时，若所访问的页已在主存，则称此次访问成功；若所访问的页不在主存，则称此次访问失败，并产生缺页中断。若程序 P 在运行过程中访问页面的总次数为 S，其中产生缺页中断的访问次数为 F，则其缺页率为 F/S。

为了讨论页面置换算法，将采用如下引用串：

1、2、3、4、1、2、5、1、2、3、4、5，系统为某进程分配三个物理块，初始状态三个物理块均为空闲。

4.9.1 先进先出置换算法

先进先出置换算法(First In First Out，FIFO)是淘汰最先进入内存的页面，即选择在内存中驻留时间最久的页面予以淘汰。该算法的出发点是最早调入内存中的页面，其不再被使用的可能性会比较高。先进先出置换算法的实现比较简单，对具有按线性顺序访问的程序比较合适，而对其他情况则效率不高。因为经常被访问的页面，往往在内存中因停留得最久而被淘汰。

对于前面的样例，表 4－4 列出了物理块数为 3 时的页面置换情况，×表示产生缺页中断，缺页次数为 9，缺页率为 9/12＝75％。由于初始状态内存的 3 个物理块均为空，因此访问前三个页面 1、2、3 时都会产生缺页中断。当进程第一次对页面 4 进行访问时，根据先进先出的策略选择页面 1、2、3 中最先被调入内存的页面 1 进行置换，将页面 1 换出外存，页面 4 装入内存，然后进行访问。根据页面走向依次处理，得到最终的置换结果。

表 4－4　物理块为 3 的 FIFO 的页面置换情况

页面走向	1	2	3	4	1	2	5	1	2	3	4	5
物理块 1	1	1	1	4	4	4	5			5	5	
物理块 2		2	2	2	1	1	1			3	3	
物理块 3			3	3	3	2	2			2	4	
缺页中断	×	×	×	×	×	×	×			×	×	

一般来说，对于任一作业或进程，如果给它分配的内存页面数越接近于它所要求的页面数，则发生缺页的次数会越少。在极限情况下，这个推论是成立的。因为如果给一个进程分配了它所要求的全部页面，则不会发生缺页现象。但是，使用 FIFO 算法时，在未给进程或作业分配满足它所要求的页面数时，有时会出现分配的页面数增多，缺页次数反而增加的奇

怪现象。这种现象称为 Belady 现象。

对于前面的样例，表 4－5 给出了物理块数为 4 时的页面置换情况，缺页中断次数为 10。可以看出系统分配给该进程的物理块数从 3 块变成 4 块，缺页中断次数从 9 次变成 10 次，缺页次数反而增加。当然，导致这种异常现象的页面走向并不常见。

表 4－5　物理块为 4 的 FIFO 的页面置换情况

页面走向	1	2	3	4	1	2	5	1	2	3	4	5
物理块 1	1	1	1	1			5	5	5	5	4	4
物理块 2		2	2	2			2	1	1	1	1	5
物理块 3			3	3			3	3	2	2	2	2
物理块 4				4			4	4	4	3	3	3
缺页中断	×	×	×	×			×	×	×	×	×	×

没有 Belady 现象的页面分配情况会随着系统分配给作业或进程的物理块数的增大，缺页中断次数一定减少，如图 4－38 所示。而对具有 Belady 现象的页面分配情况，有时随着系统分配给作业的物理块数增大，页故障数也会增大，如图 4－39 所示。

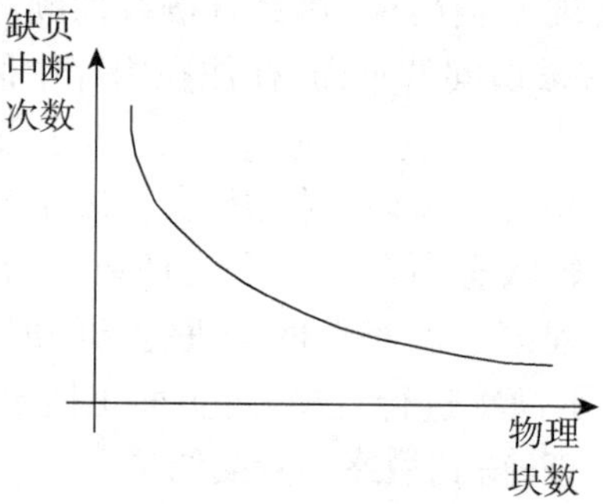

图 4－38　无 Belady 现象的策略

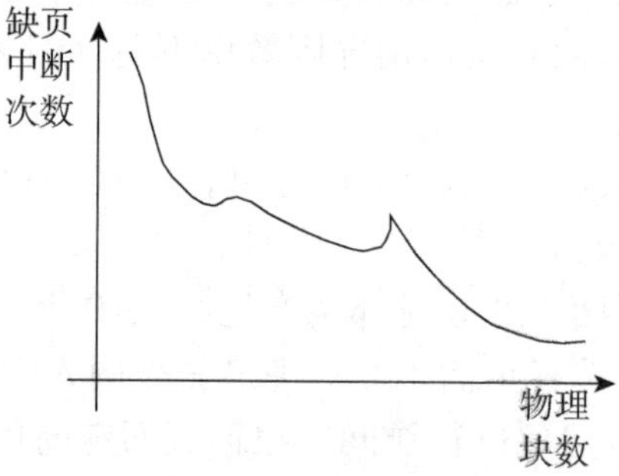

图 4－39　有 Belady 现象的策略

4.9.2　最佳置换算法

最佳置换算法（Optimal Replacement，OPT）是从内存中选择不再访问的页面或者在最长时间以后才需要访问的页面予以淘汰。最佳页面置换算法是在理论上提出的一种算法，但是实现是困难的，因为它需要人们预先知道一个进程在整个运行过程中页面走向的全部情况。不过，这个算法可用来衡量（如通过模拟实验分析或理论分析）其他算法的优劣。

对于前面的样例，表 4－6 给出了物理块数为 3 时的最佳页面置换算法的置换情况，×表示产生缺页中断，缺页次数为 7，缺页率为 7/12≈58%。由于初始状态内存的 3 个物理块均为空，因此访问前三个页面 1、2、3 时都会产生缺页中断。当进程第一次对页面 4 进行访问时，首先发出缺页中断，选择 1、2、3 三个页面中未来一段时间内不会访问的页面 1 进行置换，将页面 1 换出到外存，页面 4 换入内存然后访问。根据页面走向依次处理，得到最终的置换结果。

表 4-6 物理块为 3 的 OPT 的页面置换情况

页面走向	1	2	3	4	1	2	5	1	2	3	4	5
物理块 1	1	1	1	1			1			3	3	
物理块 2		2	2	2			2			2	4	
物理块 3			3	4			5			5	5	
缺页中断	×	×	×	×			×			×	×	

4.9.3 最近最久未使用算法

FIFO 算法和 OPT 算法之间的主要差别是，FIFO 算法利用页面进入内存后的时间长短作为置换依据，而 OPT 算法的依据是将来使用页面的时间。如果以最近的过去作为不久将来的近似，那么就可以把过去最长一段时间里不曾被使用的页面置换掉。它的实质是，当需要置换一页时，选择在最近一段时间里最久没有使用过的页面予以置换。这种算法就称为最近最久未使用算法(Least Recently Used，LRU)。LRU 算法是与每个页面最后使用的时间有关的。当必须置换一个页面时，LRU 算法选择过去一段时间里最久未被使用的页面。

对于前面的样例，表 4-7 给出了物理块数为 3 时的 LRU 置换算法的置换情况，×表示产生缺页中断，缺页次数为 10，缺页率为 10/12≈83%。最初访问前三个页面 1、2、3 时由于内存为空，因此都会产生缺页中断。当进程第一次对页面 4 进行访问时，首先发出缺页中断，选择 1、2、3 三个页面中最近一段时间最久未曾访问的页面 1 进行置换，将页面 1 换出到外存，页面 4 换入内存，根据页面走向依次处理，得到最终的置换结果。

表 4-7 物理块为 3 的 LRU 的页面置换情况

页面走向	1	2	3	4	1	2	5	1	2	3	4	5
物理块 1	1	1	1	4	4	4	5			3	3	3
物理块 2		2	2	2	1	1	1			1	4	4
物理块 3			3	3	3	2	2			2	2	5
缺页中断	×	×	×	×	×	×	×			×	×	×

LRU 算法是经常采用的页面置换算法，其效果被认为是相当好的，但是存在如何实现它的问题。LRU 算法需要硬件的支持。但问题是怎么确定最后使用时间的顺序，对此有两种可行的办法。

(1)寄存器

为了记录某进程在内存中各页的使用情况，需为每个在内存中的页面配置一个移位寄存器，可表示为：

$$R=R_{n-1}R_{n-2}\cdots\cdots R_2R_1R_0$$

当进程访问某物理块时，要将相应寄存器的 R_{n-1} 位置成 1。此时，定时信号将每隔一定时间(例如 100ms)将寄存器右移一位。如果我们把 n 位寄存器的数看做是一个整数，那么具有最小数值得寄存器所对应的页面，就是最近最久未使用的页面。

表 4－8 给出了某进程在内存中具有 8 个页面，为每个内存页面配置一个 8 位寄存器时的 LRU 访问情况。这里把 8 个内存页面的序号分别定为 1～8。由表 4－8 可以看出，第 3 个内存页面的 R 值最小，当发现缺页时，首先将它置换出去。

表 4－8　某进程具有 8 个页面时的 LRU 访问情况

	R_7	R_6	R_5	R_4	R_3	R_2	R_1	R_0
1	0	1	0	1	0	0	1	0
2	1	0	1	0	1	1	0	0
3	0	0	0	0	0	1	0	0
4	0	1	1	0	1	0	1	1
5	1	1	0	1	0	1	1	0
6	0	0	1	0	1	0	1	1
7	0	0	0	0	0	1	1	1
8	0	1	1	0	1	1	0	1

(2)栈

可以利用一个特殊的栈保留当前使用的各个页面的页面号。每当访问一个页面时，就把它从栈中取出，将它压入栈顶。因此，栈顶总是存放最新被访问页面的编号，而栈底存放着最近最久未使用的页面号。

假定现有一进程所访问的页面走向是：4、7、0、7、1、0、1、2、1、2、6，随着进程的访问，栈中页面号的变化情况如图 4－40 所示。

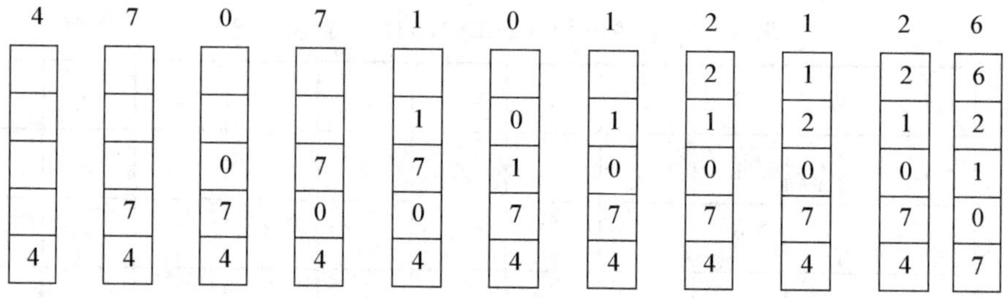

图 4－40　用栈保存当前使用页面时栈的变化情况

4.9.4　Clock 置换算法

1)简单的 Clock 算法

Clock 置换算法也称最近未使用算法(Not Recently Used，NUR)。Clock 置换算法可采用循环队列机制构造页面队列，形成类似于钟表面的环形表，队列指针相当于钟表面上的表针，指向可能要淘汰的页面。它在存储分块表的每一表项中增加一个访问位，操作系统定期地将它们置为 0。当某一页被访问时，由硬件将该位置为 1。过一段时间后，通过检查这些位可以确定哪些页使用过，哪些页自上次置 0 后还未使用过。可把该位是 0 的页淘汰出去，因为在最近一段时间里它未被访问过。

算法实现要点如下：

(1)一个页面首次装入内存时，其“访问位”置0；

(2)内存中的任何一个页面被访问时，其“访问位”置1；

(3)淘汰页面时，存储管理从指针当前指向的页面开始扫描循环队列，把所遇到的“访问位”是1的页面的“访问位”清0，并跳过这个页面；把所遇到的“访问位”是0的页面淘汰，指针推进一步；

(4)扫描循环队列时，如果遇到所有页面的“访问位”均为1，指针就会环绕整个循环队列一圈，把碰到的所有页面的“访问位”清0，指针停在起始位置，并淘汰这一页，然后指针推进一步。

图4－41给出Clock算法的一个例子。当发生缺页中断时，需装入主存的页面是page 727，指针当前指向的是页框号2，即page45的页面，如图4－41(a)所示。Clock算法执行过程如下：page45的“访问位”是1，它不能被淘汰，仅将其“访问位”清0，指针推进一步；依次访问page191，同样该页面的“访问位”为1，也不能被淘汰，将其“访问位”清0，指针继续向前推进；直到访问到page556页面，该页面的“访问位”是0，于是page556被page727替换，设置“访问位”为1，指针指向下一页page13，页面替换后的缓冲区状态如图4－41(b)所示，算法执行至此结束。

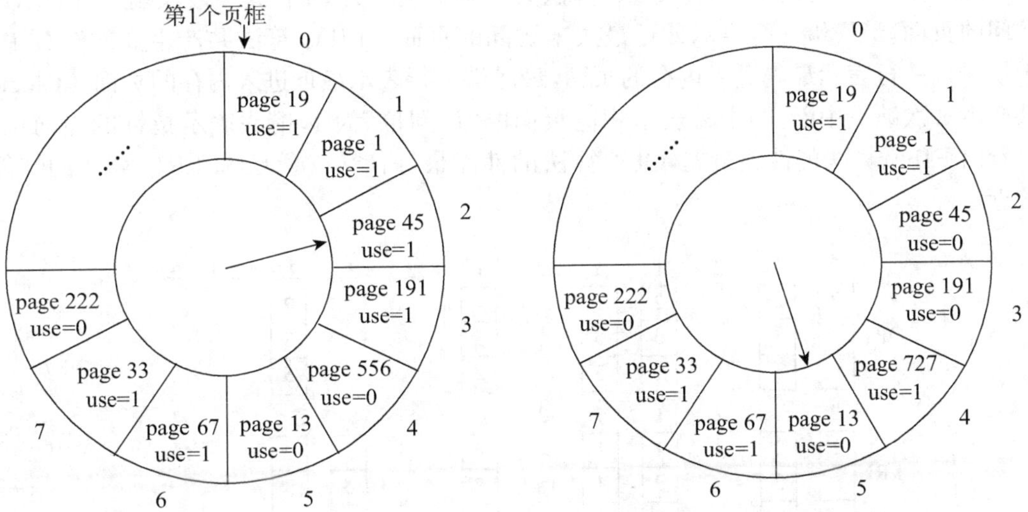

(a) 页面替换前的缓冲区状态　　(b) 页面替换后的缓冲区状态

图4－41　Clock页面置换算法

2)改进型Clock算法

考虑到如果某一调入内存的页没有被修改过，则不必将它拷回到磁盘。于是在改进的Clock算法中增加了一个因素，即置换代价，选择页面换出时，既要考虑最近未访问过的页面，又要考虑未被修改过的页面。增加修改位M，M=0表示该页未被修改过，M=1表示该页被修改过。由访问位A和修改位M可以组合成下面四种类型的页面：

1类(A=0，M=0)：表示该页最近既未被访问也未被修改，是最佳淘汰页面；

2类(A=0，M=1)：表示该页最近未被访问但已被修改，不是很好的淘汰页面；

3类(A=1，M=0)：表示该页最近已被访问但未被修改，该页面可能会再次被访问；

4类(A=1,M=1):表示该页最近已被访问并且被修改,该页面可能会再次被访问。

在内存中的每个页面必定是这四类中的一种,在进行页面置换时,执行过程分为以下三步。

第一步:从开始位置循环扫描队列,寻找A=0、M=0的第一类页面,找到立即置换。另外,第一次扫描期间不改变访问位A。

第二步:如果第一步失败,则开始第二轮扫描,寻找A=0且M=1的第二类页面,找到后立即置换,并将所有扫描过的A都置0。

第三步:如果第二步也失败,则返回指针开始位置,然后重复第一步,必要时再重复第二步,此时必能找到淘汰页。

4.9.5 综合实例

下面给出一个例子,分别用OPT、FIFO、LRU和Clock算法来计算缺页次数和被淘汰的页面,并对其性能作简单的比较。进程分得物理块为3,执行过程中按下列次序引用5个独立页面:2,3,2,1,5,2,4,5,3,2,5,2。图4-42所示为四种算法的计算过程和结果。由于初始状态内存的3个物理块均为空,因此访问前三个页面2、3、1时都会产生缺页中断。OPT算法共产生6次缺页中断。LRU算法共产生7次缺页中断,其中最顶端一行表示最近被访问的页面,最底端一行表示最近最久未访问的页面。FIFO算法共产生9次缺页中断,其中最顶端一行表示最先进入内存的页面,最底端一行表示最近进入内存的页面。Clock算法共产生8次缺页中断,图中∗表示相应页面的"访问位"为1,箭头表示指针的当前位置。可以看出FIFO算法的性能最差,OPT算法的性能最好,Clock算法和LRU算法的性能十分接近。

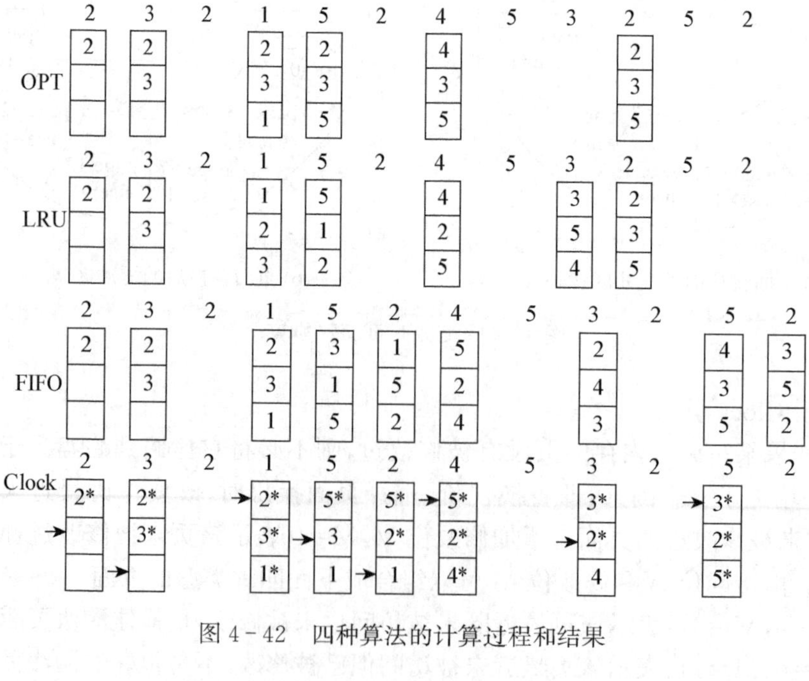

图4-42 四种算法的计算过程和结果

4.10 请求分段存储管理

请求分段存储管理是另一种实现虚拟存储器的方法。请求分段存储管理是把作业的所有分段的副本都放在外存中，当作业被调度投入运行时，首先把当前需要的段装入内存，当在执行过程中访问到不在内存中的段时，再将其动态装入。为了实现请求分段存储管理方式，同样需要一定的硬件和相应的软件支持。

4.10.1 请求分段中的硬件支持

1)段表机制

系统根据用户的申请在内存中分配若干个空闲区，然后为该进程建立一个段表，实现地址变换和缺段中断的处理。请求分段存储管理的段表项结构如图4-43所示。

段号	段长	段的基址	存取方式	访问位	修改位	存在位	增补位	外存始址

图4-43 请求分段存储管理的段表项结构

在段表项中各个字段表示的含义如下。

(1)存取方式：用于标志本分段的存取属性是只执行、只读，还是允许读/写。

(2)访问位：用于记录该段被访问的频繁程度，该字段供置换算法在选择换出段时使用。

(3)修改位：用于表示该段进入内存后，是否已被修改过。如果段在内存中没有被修改过，修改位为"0"，当该段被置换至外存时可以直接淘汰，以减少磁盘I/O操作的次数；如果段被修改过，则修改位为"1"，必须将段重新写到磁盘的交换区或者相应的文件中才能将其淘汰。

(4)存在位：指示本段是否已调入内存。如果状态位为"1"表示段在内存中，如果状态位为"0"表示段不在内存中，产生缺段中断。

(5)增补位：这是请求分段式管理中所特有的字段，用来表示本段在运行过程中是否允许动态增长。

(6)外存始址：指示本段在外存中的起始地址，即起始盘块号。

2)缺段中断机构

在请求分段存储管理中，采用的是请求调段策略。每当进程所要访问的段尚未调入内存时，便由缺段中断机构产生一个缺段中断信号，由缺段中断处理程序将所需的段调入内存。缺段中断机构与缺页中断机构相类似，同样需要在一条指令的执行期间，产生和处理中断，而且在一条指令的执行期间，可能产生多次缺段中断。但是在请求分段系统中不存在一条指令被分割在两个不同段中的情况。缺段中断的处理过程如图4-44所示。

若在作业执行过程中访问某段，由硬件的地址转换机构查段表，若所需的段在内存中，按照基本分段存储管理方式进行地址转换得到物理地址；如果所需的段不在主存中，则触发缺段中断，操作系统处理此中断时，先查找空闲分区链(表)，找出一个足够大的连续区域容纳此分段；如果找不到足够大的连续区域则检查空闲分区大小的总和，若空闲分区的大小总

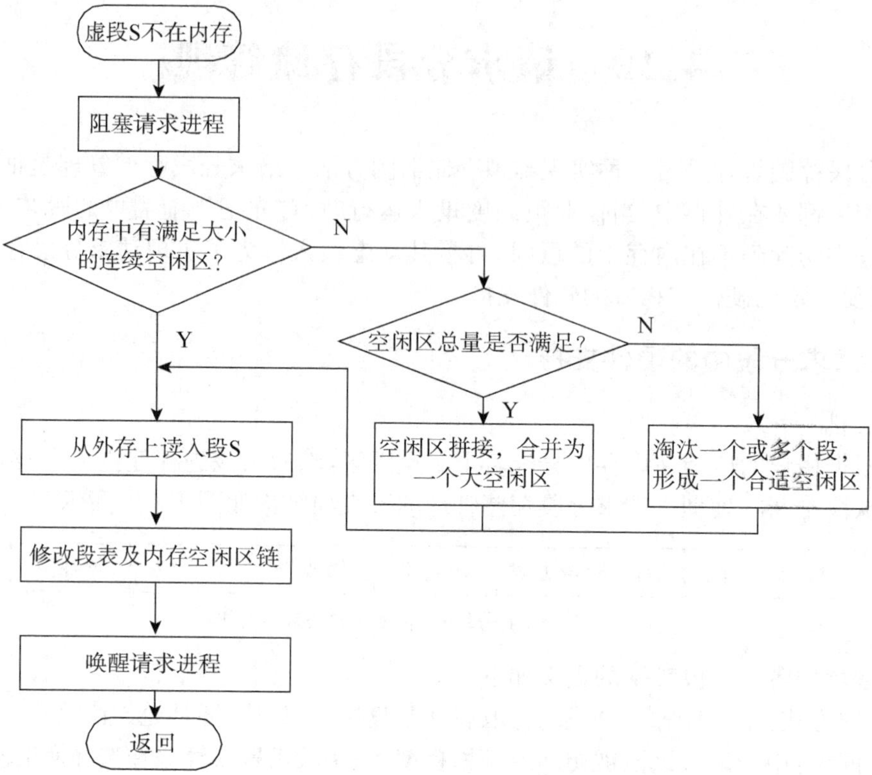

图 4－44　缺段中断的处理过程

和能满足分段要求，那么进行适当空间移动后，将此分段装入主存；若空闲区的总和不能满足要求，则要淘汰一个或多个段到外存上，再将需要的分段调入主存。从以上方法可以看出，因为段长不固定，对缺段中断的处理要比对缺页中断的处理复杂。

3)地址变换机构

请求分段系统中的地址变换机构，是在分段系统地址变换机构的基础上形成的。因为被访问的段并非全在内存，因而在地址变换时，若发现所要访问的段不在内存时，必须先将所缺的段调入内存并修改了段表之后，才能再利用段表进行地址变换。为此，在地址变换机构中又增加了某些功能，如缺段中断的请求及其处理等。

图 4－45 给出了请求分段系统的地址变换过程。在请求分段地址变换过程中如果所访问的地址超出原有的段长，硬件将产生一个越界中断，系统在处理这个中断时，首先判别此段的“增补位”是否允许扩充，如果允许扩充，则增加段的长度，必要时还需要移动或调出分段以腾出足够的内存空间；如果此段不允许扩充，那么，这个越界中断就表示程序出错。

4.10.2　分段共享与保护

分段系统的一个突出优点是易于实现段的共享，即允许若干个进程共享一个或多个分段，且对段的保护也十分简单。本节介绍为了实现分段共享，应该配置的数据结构、共享段的分配与回收以及分段保护。

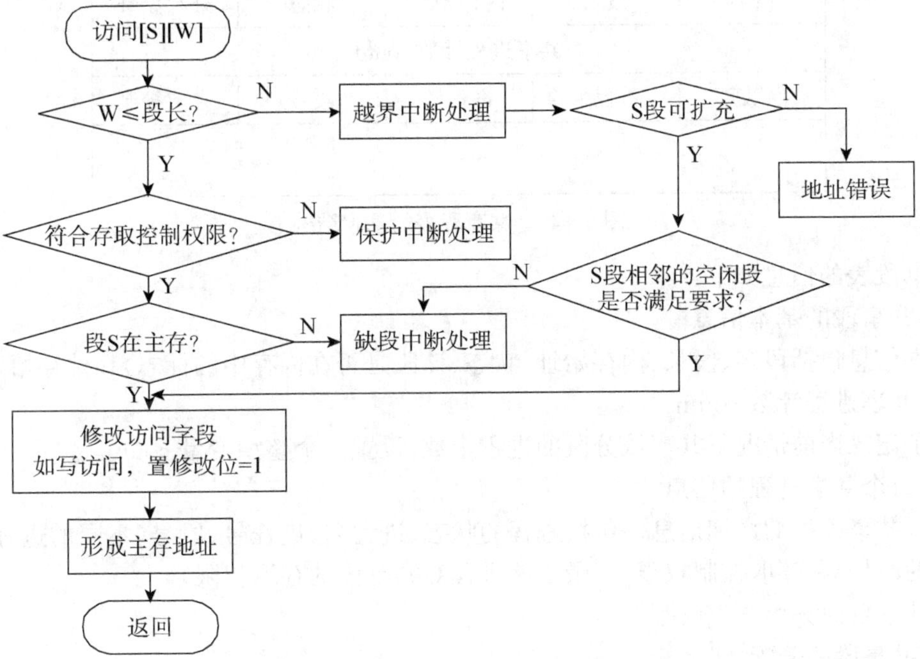

图 4-45 请求分段系统的地址变换过程

1)共享段表

通常情况下,为了实现段的共享可在内存中保留一个段的副本,通过一个共享段表,供多个用户使用,图 4-46 给出了一个共享段的实例。图中有进程 A 和进程 B 两个进程,每个进程都需要共享段 D 的信息,其中进程 A 中共享段是段号为 0 的段,进程 B 中共享段是段号为 1 的段。为了实现对段 D 的共享,可以设置一张共享段表,将两个进程各自段表中相应段号指向共享段表,再由共享段表说明该段存放在内存中的物理地址。同时,为了有效地管理共享段,需要在共享段表中记录共享段的段号和段长、内存始址、存在位等信息,并记录共享此分段的每个进程的情况。图 4-47 给出了共享段表的基本结构。

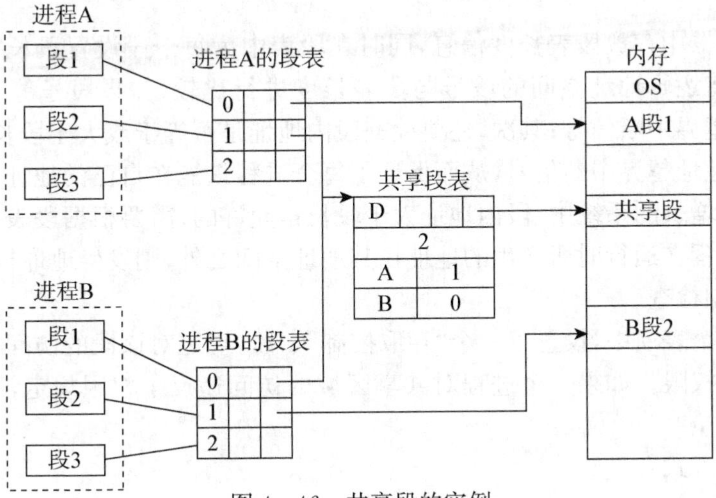

图 4-46 共享段的实例

段名	段长	内存始址	状态	外存始址
共享进程计数 count				
状态	进程名	进程号	段号	存取控制
……				

图 4-47　共享段表的基本结构

共享段表的信息如下：

(1)共享段的基本信息

基本信息包括段名、段长、内存始址、状态(该段是否在内存中的标志)和外存始址。

(2)共享进程计数 count

为了记录当前情况下共享该分段的进程个数，设置一个整型变量 count。

(3)每个共享进程的信息

每个共享进程的详细信息。包括进程的状态、进程名、进程号、段号(不同的进程可以使用不同的段号)和存取控制权限(记录了该进程对共享段的存取权限)。

2)共享段的分配与回收

(1)共享段的分配

如果用户进程需要共享某一段，由系统为该共享段分配一段内存空间，再把共享段调入内存，填写共享段表的相关信息；之后当有其他进程需要调用该共享段时，不必再为该段分配内存空间，只需要在进程段表中增加一个表项，填写该共享段的物理地址；并在共享段表项中填上调用进程的进程名、存取控制等信息，修改共享进程计数。

(2)共享段的回收

当进程使用完该共享段后应该取消进程段表中共享段所对应的表项，并将共享进程计数减 1。当共享进程计数值为 0 时，系统回收该共享段的物理内存，删除该共享段的信息。

3)分段保护

在分段系统中，由于每个分段在逻辑上是独立的，因而比较容易实现信息保护。

(1)越界检查

在段表寄存器中存放段表长度信息，同时在段表中为每个段设置段长字段。在进行存储访问时，首先将逻辑地址空间的段号与段表长度进行比较，如果段号等于或大于段表长度，将发出地址越界中断信号；其次，还要检查段内地址是否等于或大于段长，若是等于或大于段长，将产生地址越界中断信号，从而保证了每个进程只能在自己的地址空间内运行。但是在允许段动态增长的系统中，段内地址大于段长是允许的，需要根据段表中的增补位进行判断。当一个进程在运行时所产生的地址在其地址空间之外，则发生地址越界中断。

(2)存取控制检查

在段表的每个表项中，设置了一个“存取控制”字段，规定对该段的访问方式。每个进程都有自己的访问权限。如果一个进程对共享区域的访问违反了权限规定，则发生操作越权(即读写保护)。

通常的访问方式有：

①只读；

②只执行；

③读/写。

对于共享段而言，存取控制尤为重要，对不同的进程应赋予不同的读写权限。

本章小结

存储管理的基本功能包括：地址映射、内存分配、内存保护和内存扩充。内存分配是指为选中的多道作业分配内存空间；地址映射是把逻辑地址转换为物理地址的过程。内存保护是指各道程序只能访问自己的存储区域，而不能相互干扰，以免破坏其他的程序。内存扩充是在逻辑上对现有内存空间进行扩充，即虚拟内存管理技术。

地址映射技术通过静态地址映射或动态地址映射完成地址变换过程。静态地址映射是指装入程序实现程序的装入和地址的转换，把它装入分配给进程的主存指定区域，同时其中的所有逻辑地址修改成主存物理地址。动态重定位在程序装入内存时存放相对地址，地址转换过程在程序执行期间进行。程序内存起始地址被置入重定位寄存器，当程序运行需要访问内存时将逻辑地址与重定位寄存器中的地址相加就可以得到实际内存的物理地址。

内存分配包括连续分配方式、固定分区分配方式、可变分区分配方式、分页存储分配方式、分段存储分配方式和段页式存储分配方式。连续分配方式是将内存的用户空间分配给一个作业，只能适用于单用户、单任务的操作系统。固定分区分配的内存被划分为若干个大小相等或不等的区域，一旦划分好，在系统运行期间便不再重新划分，然后根据作业的大小选择合适的空闲区进行分配。可变分区分配指系统不预先划分固定分区，而是在装入作业时按照作业大小来划分分区，当作业需要调入内存时，根据其所需要的内存容量查看是否有足够的空间，若有则按需分割一个分区分配给该作业；若不足，则令作业等待。

单一连续分配、固定分区分配和可变分区分配这三种管理方法有一个共同点：即用户作业在主存中是连续存放的。表 4－9 对这三种方法进行比较和总结。这类方法的优点是硬件支持简单，但是无论哪种方法都存在大量的碎片。

表 4－9 连续分配的比较

	单一连续分配	固定分区分配	可变分区分配
作业道数	1	≤N(分区个数)	不定
内部碎片	有	有	无
外部碎片	无	有	有
硬件支持	界地址寄存器 越界检查机构	上下界寄存器、越界检查机构 基地址寄存器、限长寄存器、动态地址转换机构	
可用空间管理	/	主存分配表	空闲分区表 空闲链表法
解决碎片方法	/	/	移动技术
解决空间不足	覆盖技术		
提高作业道数	交换技术		

分页式存储分配方式是将内存分成大小固定的若干块，同样把每个用户的地址空间划分为相同大小的页面，作业以页为单位分散地装入到内存不相邻的物理块中。分段式存储

管理方式是以段为单位分配内存，每段分配一个连续的内存区，但各段之间不要求连续。段页式系统的基本原理是分段和分页相结合，将用户程序分为若干个段，每个段划分成若干页，并为每个段赋予一个段名，作业以页为单位装入内存。

虚拟存储管理是指具有请求调入功能和置换功能，能从逻辑上对内存容量加以扩充的一种存储器系统，所对应的分配方式包括：请求分页存储管理和请求分段存储管理方式。程序在运行时，如果所要访问的页(段)已调入内存，便可继续执行下去；但如果程序所要访问的页(段)不在内存中，此时程序应利用操作系统所提供的请求调页(段)功能，将它们调入内存以使进程能继续执行下去。如果此时内存已满则考虑进行页面(段)的置换，常用的置换算法包括：先进先出置换算法，最佳置换算法、最近最久未使用置换算法，Clock 算法等。

习　题

一、单项选择题

1. 在固定分区分配中，每个分区的大小是(　　)。

A. 相同　　B. 随作业大小变化

C. 可以不同但预先固定　　D. 可以不同但根据作业大小固定

2. 在可变分区管理中，采用拼接技术的目的是(　　)。

A. 合并空闲区　　B. 合并分配区

C. 增加主存容量　　D. 便于地址转换

3. 在存储器管理中，采用覆盖和交换技术的目的是(　　)。

A. 实现主存共享　　B. 物理上扩充主存

C. 节省内存空间　　D. 提高 CPU 利用率

4. 解决主存碎片问题的存储器管理方案时(　　)。

A. 可变式分区　　B. 分页管理

C. 分段管理　　D. 单一连续管理

5. 系统发生抖动现象的原因是(　　)。

A. 淘汰算法选择不当　　B. 交换的信息量过大

C. 内存容量不足　　D. 存储器管理选择不当

6. 实施虚拟存储器管理的依据是程序的(　　)。

A. 局部性原理　　B. 动态性原理

C. 并发性原理　　D. 一致性

7. 实现虚拟存储器管理的目的是(　　)。

A. 扩充物理内存　　B. 逻辑上扩充内存

C. 逻辑上扩充外存　　D. 都不对

8. 在分页管理系统中，分页是由(　　)完成的。

A. 程序员　　B. 硬件

C. 编译软件　　D. 都不对

9. 作业中断经操作系统处理后，应该让其执行(　　)指令。

A. 被中断的前一条指令　　B. 被中断的那条指令

C. 被中断的后一条指令　　D. 启动时的那一条指令

10. 采用分段存储管理方式中，若地址用24位表示，其中8位表示段号，则允许每段的最大长度是（　　）。

A. 2^{24}　　B. 2^{8}　　C. 2^{32}　　D. 2^{16}

11. 首次适应算法的空闲区是按（　　）连接在一起。

A. 地址递增　　B. 大小递增

C. 地址递减　　D. 大小递减

12. 能很好解决“零头”问题的存储管理方法是（　　）

A. 分页存储管理　　B. 分段存储管理

C. 多重分区管理　　D. 可变式分区存储管理

13. 在虚拟存储系统中，若进程在内存中占3块（开始时为空），采用先进先出页面淘汰算法，当执行访问页号序列为1、2、3、4、1、2、5、1、2、3、4、5、6时，将产生（　　）次缺页中断。

A. 7　　B. 8　　C. 9　　D. 10

14. 在请求分页存储管理中，采用FIFO淘汰算法时，当分配的页面数增加时，缺页中断的次数（　　）。

A. 减少　　B. 增加

C. 无影响　　D. 可以增加也可以减少

15. 在一个分页存储管理系统中，页表如下：

页号	块号
0	2
1	1
2	6
3	3
4	7

若页的大小为4K，则逻辑地址0转换为物理地址是（　　）

A. 8 192　　B. 2 000　　C. 2 048　　D. 8 000

二、填空题

1. 分区分配中的存储保护通常采用（　　）和（　　）方法。

2. 在请求分页存储管理机制中，页面置换算法常用的是（　　）和（　　）。

3. 在分页式和分段式存储管理中，指令的地址部分结构形式分别为（　　）和（　　）。

4. 段表的表目的主要内容包括（　　）、（　　）和（　　）。

5. 把（　　）地址转换为（　　）地址的工作称为地址映射。

6. 为了有效管理虚拟存储器，操作系统面临三个基本问题（　　）、（　　）和（　　）。

7. 首次适应算法倾向于优先利用内存中（　　）部分的空闲区，从而保留了（　　）部分的空闲区。

8. 请求分页存储管理中比静态分页管理的页表增加了（　　）、（　　）和外存地址。

9. 考虑下图的段表：

段号	段基址	段长
0	219	600
1	2 300	14
2	90	100
3	1 327	580
4	1 952	96

那么，逻辑地址(2,88)对应的物理地址是(　　)，逻辑地址(4,100)对应的物理地址是(　　)。

10. 在段页式存储管理系统中，每道程序都有一个(　　)表和一组(　　)表。

三、问答题

1. 存储管理的主要功能是什么？

2. 什么是地址重定位？什么是静态地址重定位？什么是动态地址重定位？

3. 动态分区管理的常用内存分配算法包括哪些？

4. 分页和分段有什么区别？

5. 什么是虚拟存储器？它的特征是什么？

6. 某系统采用段式存储管理，一个作业有 5 段组成。给出如下段表：

段号	段基址	长度
0	129	600
1	2 300	78
2	90	100
3	1 327	580
4	1 952	96

给出下面的逻辑地址，根据上面段表计算出对应的绝对地址。

(1)0,43　(2)1,10　(3)2,90　(4)3,400　(5)4,60

7. 某分页系统的逻辑地址采用 16 位，高 6 位用于页号，低 10 位用于页内地址，问该地址结构中每页的大小是多少？逻辑地址有多少页？一个作业最大空间是多少？有一个程序访问的逻辑地址分别是 2 058,3 072,1 023，问页号和页内地址是多少？

8. 采用请求分页存储管理系统中，主存容量 1M，被分为 256 份，块号 0,1,2,……,255。某作业的地址空间占 4 页，页号 0,1,2,3，被分配到主存的第 2,4,1,5 块中。回答

(1)主存地址应该用(　　)位表示。

(2)作业每页长度(　　)，逻辑地址中的页内地址占一位。

(3)把作业中每页分到主存中的起始地址填入下表：

逻辑页号	起始地址
0	
1	
2	
3	

9. 已知页面走向7、0、1、2、0、3、0、4、2、3、0、3、2、1、2、0、1、7、0、1，开始执行时主存没有页面。给该作业分配3个物理块，当采用FIFO，最佳页面置换算法，最近最久未使用置换算法置换情况如何，缺页率分别为多少？

10、某程序在内存中分配3个内存块，初始为空，页面走向为4，3，2，1，4，3，5，4，3，2，1，5，当采用FIFO，最佳页面置换算法，最近最久未使用置换算法置换情况如何，缺页率分别为多少？

第5章 设备管理

本章导读

现代计算系统配置种类繁多的外部设备，外部设备分为两大类：一类是I/O设备，这类设备将外部信息输入计算机，把计算结果从计算机中输出；另一类是存储设备，以存储大量信息和快速检索为目标，在系统中存储持久性信息，它作为主存的扩充。

本章针对计算机的所有外部设备讨论操作系统所起的作用。本章首先介绍I/O的硬件基础，了解硬件接口的性质；其次讨论I/O软件的设计，说明操作系统提供的I/O服务以及利用I/O接口实现这些服务；然后介绍操作系统如何将设备名称与驱动程序及I/O端口地址相互对应；最后讨论I/O性能的优化。

本章要点

- 设备的分类
- 设备控制器、通道的概念
- I/O控制方法
- 中断处理程序
- 设备独立性
- 缓冲区管理
- 设备的分配
- 磁盘调度

5.1 I/O硬件

对计算机相连设备的控制是操作系统设计的主要任务之一。本节介绍常见的I/O设备的分类、特点，设备控制器及其主机的接口，I/O控制方式的概念及发展。

5.1.1 I/O设备的分类

从不同的角度出发，I/O设备可分成不同的类型。

1)按传输速率分类

(1)低速设备　指传输速率为每秒钟几个字节到数百个字节的设备。典型的设备有键盘、鼠标、语音的输入等；

(2)中速设备　指传输速率在每秒钟数千个字节至数万个字节的设备。典型的设备有行式打印机、激光打印机等；

(3)高速设备　指传输速率在数十万个字节至数兆字节的设备。典型的设备有磁带机、磁盘机、光盘机等。

2)按信息交换的单位分类

(1)块设备　指以数据块为单位来组织和传送的设备。这类设备用于存储信息，有磁盘和磁带等，它属于有结构设备。典型的块设备是磁盘，每个盘块的大小为 512B～4KB，磁盘设备的基本特征有：①传输速率较高，通常每秒钟可达几兆；②它是可寻址的，即可随机地读/写任意块；③磁盘设备的 I/O 采用 DMA 方式。

(2)字符设备　指以单个字符为单位来传送信息的设备。这类设备一般用于数据的输入和输出，如交互式终端、打印机等。它属于无结构设备。字符设备的基本特征有：①传输速率较低；②不可寻址，即不能指定输入时的源地址或输出时的目标地址；③字符设备的 I/O 常采用中断驱动方式。

3)按资源分配的角度分类

(1)独占设备　指在一段时间内只允许一个用户(进程)访问的独占设备。独占设备包括大多数低速的 I/O 设备，如用户终端、打印机等属于这类设备。因为独占设备属于临界资源，所以多个并发进程必须互斥地进行访问。

(2)共享设备　指在一段时间内允许多个进程同时访问的设备。共享设备必须是可寻址的和可随机访问的设备。典型的共享设备是磁盘。共享设备不仅可以获得良好的设备利用率，而且是实现文件系统和数据库系统的基础。

(3)虚拟设备　指通过虚拟技术将一台独占设备变换为若干台供多个用户(进程)共享的逻辑设备。一般可以利用假脱机技术(SPOOLing 技术)实现虚拟设备。

4)按所属关系分类

(1)系统设备　它们是在系统生成时已登记于系统中的标准设备，属于系统的基本配置。如磁盘、打印机等。

(2)用户设备　它们是在系统生成时未登记在系统中的非标准设备，通常这类设备是由用户提供的，并以适当的方式介绍给系统，以便操作系统对其实施统一的管理。

5.1.2　设备控制器

I/O 设备通常包含一个机械部件和一个电子部件。为了达到设计的模块性和通用性，一般将其分开。机械部分是设备本身，电子部分被称为设备控制器或适配器。在个人计算机中，设备控制器常常是一块可以插入主板扩展槽的印刷电路板。设备控制器的主要职责是控制一个或多个 I/O 设备，以实现 I/O 设备和计算机之间的数据交换。

复杂的设备可能需要一个设备控制器来驱动。控制器具有两方面的作用：

(1)对从 I/O 接口接收到的高级命令进行解释，并通过向设备发送适当的电信号序列强制设备执行特定的操作；

(2)对从设备接收到的电信号进行转换和解释，并通过 I/O 接口修改状态寄存器的值。

图 5-1 为设备控制器的组成。

设备控制器接收由处理机送来的命令或控制信号，对处理机与 I/O 设备间的数据交换

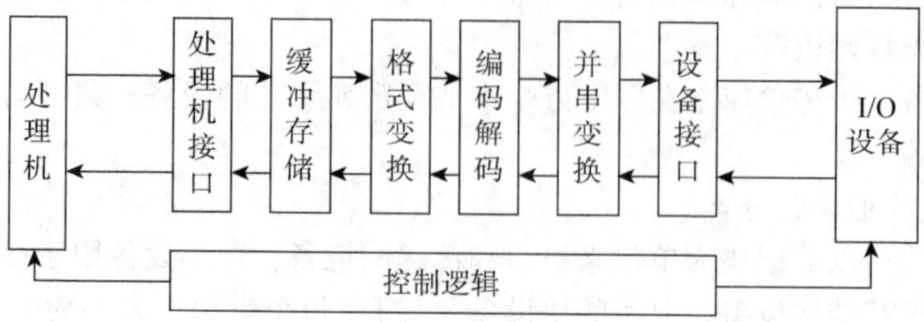

图 5－1　设备控制器的组成

进行控制，向处理机提供 I/O 设备和设备控制器本身的各种状态信息。设备控制器的组成如图 5－1 所示。包括设备接口、并串变换、编码解码、格式变换、缓冲存储、处理机接口和控制逻辑等部分。

设备控制器的基本功能是：

(1)控制外围设备的各种动作；

(2)提供处理机与 I/O 设备之间的数据传送路径，对数据传送提供定时控制；

(3)编码和解码；

(4)控制处理机与各种 I/O 设备的并行操作，控制各种 I/O 设备之间的并行操作；

(5)数据缓冲，在一定时间间隔内平衡处理机与外围设备之间的数据流量；

(6)向处理机报告 I/O 设备的状态，使处理机能合理地安排程序的转移；

(7)组织对 I/O 设备的检错、诊断和维护。

5.1.3　I/O 控制方式

随着计算机技术的发展，I/O 控制方式也在不断地发展。I/O 控制的发展经历了四个阶段。

1)程序直接控制方式

程序直接控制方式，又称为轮询方式，是早期计算机中使用的一种方式。CPU 向控制器发送一条 I/O 指令启动输入设备输入数据；然后便不断地循环测试，直到输入设备将数据送入数据寄存器中；最后处理机将数据取出，送入内存指定单元中，这样就完成了一个字(符)的输入。数据在 CPU 和外围设备之间的传送完全靠计算机程序控制，程序直接控制方式的优点是 CPU 的操作和外围设备的操作能够同步，而且硬件结构比较简单。

在程序直接控制方式中，由于 CPU 的高速性和 I/O 设备的低速性，致使 CPU 的绝大部分时间都处于等待 I/O 设备完成数据 I/O 的循环测试中，造成对 CPU 的很大浪费。在该方式中，CPU 之所以要不断地测试 I/O 设备的状态，就是因为在 CPU 中无中断机构，使 I/O 设备无法向 CPU 报告它已完成了一个字符的输入操作。因此当前除单片机外，很少使用程序直接控制方式。

2)程序中断方式

中断是外围设备用来“主动”通知 CPU，准备送出输入数据或接收输出数据的一种方法。通常，当一个中断发生时，CPU 暂停它的现行程序，而转向中断处理程序，从而可以输入或输出一个数据。当中断处理完毕后，CPU 又返回到它原来的任务，并从它停止的地方开始执行程序。

在I/O设备输入或输出数据的过程中,无需CPU的干预,因而可使CPU与I/O设备之间并行工作。仅当完成一个数据输入时,才需要CPU去做中断处理。可见,程序中断方式能使CPU与I/O设备都处于忙碌状态,从而提高了整个系统的资源利用率及吞吐量。例如,从终端输入一个字符的时间约为100ms,而将字符送入终端缓冲区的时间小于0.1ms。若采用程序I/O方式,CPU约有99.9ms的时间处于忙等中。采用中断驱动方式后,CPU可利用这99.9ms的时间去做其他事情,而仅用0.1ms的时间来处理由控制器发来的中断请求。中断驱动方式可以成百倍地提高CPU的利用率,是管理I/O操作的一个比较有效的方法。中断方式一般适用于随机出现的服务,并且一旦提出要求,应立即进行。同程序直接控制方式相比,硬件结构相对复杂一些,服务开销时间较大。

3)直接存储器访问(DMA)控制方式

用中断方式交换数据时,每处理一次I/O交换,约需几十微秒到几百微秒。对于一些高速的外围设备,以及成组交换数据的情况,仍然显得速度太慢。直接存储器访问(DMA)控制方式是一种完全由硬件执行I/O交换的工作方式。DMA的全称是Direct Memory Access,即直接存储器访问,这是一种完全由硬件(称为DMA控制器)控制主机与设备间进行数据交换的输入输出传送控制方式,它通过在主存与设备间建立一条直接通道的方法,来进一步提高I/O数据传输效率。这种方式既考虑到中断响应,同时又要节约中断开销。此时,DMA控制器从CPU完全接管对总线的控制,数据交换不经过CPU,而直接在内存和外围设备之间进行,以高速传送数据。该方法主要优点是数据传送速度很高,传送速率仅受到内存访问时间的限制。DMA方式适用于内存和高速外围设备之间大批数据交换的场合。

DMA控制方式的工作流程是:

(1)当进程要求设备输入数据时,CPU把准备存放输入数据的内存起始地址以及要传送的字节数分别送入DMA控制器中的内存地址寄存器和传送字节计数器。

(2)发出数据传输要求的进程进入等待状态。此时正在执行的CPU指令被暂时挂起。进程调度程序开始调度其他进程占据CPU。

(3)输入设备不断地获取CPU工作周期,将数据缓冲寄存器中的数据源源不断地写入内存,直到所要求的字节全部传送完毕。

(4)DMA控制器在传送完所有字节时,通过中断请求线发出中断信号。CPU在接收到中断信号后,转入中断处理程序进行后续处理。

(5)中断处理结束后,CPU返回到被中断的进程中,或切换到新的进程上下文环境中,继续执行。

4)通道方式

DMA方式的出现已经减轻了CPU对I/O操作的控制,使得CPU的效率有显著的提高,而通道的出现则进一步提高了CPU的效率。通道是一个具有特殊功能的处理机,某些应用中称之为输入输出处理机,它可以实现对外围设备的统一管理和外围设备与内存之间的数据传送。

(1)通道的概念

通道通过执行存储在内存中固定的或由CPU设置的通道程序来控制设备的输入/输出操作。与DMA控制器一样,通道也是一个独立的控制部件,但它比DMA控制器更进一步,一方面它是一个处理机，包括有限的指令集，能够执行程序；另一方面它控制灵活，可以适应不同工作方式、不同速度要求和不同数据格式的各种种类的设备的要求。当然，通道处理机还不是一个通用处理机，而是专门用于输入输出控制的I/O处理机。

通道处理机可以分担CPU大部分的I/O处理工作，如管理所有低速外围设备的输入/输出操作，对DMA控制器的初始化工作，控制DMA的数据传输、数据格式转换、设备状态检测等，使CPU能从烦琐的I/O处理中解脱出来，真正发挥其"计算"的能力。

（2）I/O通道的功能

一般来讲，通道主要包括寄存器部分和控制部分。寄存器部分包括数据缓冲寄存器、主存地址寄存器、字计数寄存器、通道命令字寄存器、通道状态寄存器等；控制部分包括分时控制、地址分配、数据传输、数据装配和拆卸等控制逻辑。使用通道方式组织的输入输出系统，一般采用"主机—通道—设备控制器—I/O设备"四级连接方式，如图5-2所示为一个多通路I/O系统图。

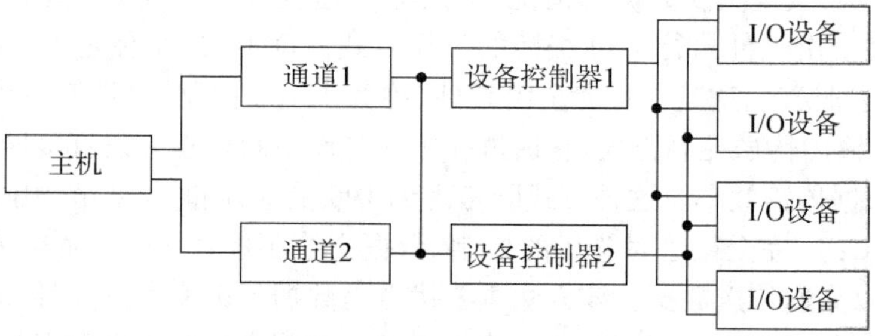

图5-2　多通路I/O系统

通道对I/O设备的控制通过设备控制器或I/O接口进行。对于不同的I/O设备，设备控制器的结构和功能各有不同，但通道与设备控制器之间一般采用标准I/O接口相连接。通道执行指令产生的控制命令经设备控制器的解释转换成对设备操作的控制，设备控制器还能将设备的状态反映给通道和CPU。

在图5-2中给出的多通路I/O系统中，设备与主机之间的通路有多条，即一个I/O设备连接到了多个控制器上，而一个控制器又连接到多个通道上。图中的I/O设备有四条通往主机的通路。这种方式最大的优点是如果由于其中某个设备或控制器正在使用而无法启动I/O设备时，可以利用其他的通路进行连接，有效地解决了访问的"瓶颈"问题，并且提高了系统的可靠性，个别通道或控制器的故障不会使设备和存储器之间没有通路。

具体来说，通道一般具有以下几方面的功能：

①接收来自CPU的I/O指令，根据指令要求选择设备；

②执行CPU为通道组织的通道程序，包括从主存中取出通道指令，对通道指令进行译码，并根据指令的要求向设备控制器发出各种命令；

③控制设备与内存之间的数据传输，提供内存地址和传送的数据字数控制，根据需要完成传输过程中的数据格式转换等；

④检查设备的工作状态，并将完整的设备状态信息送往主存或指定单元保存；

⑤向CPU发出输入/输出操作中断请求，将外围设备的中断请求和通道本身的中断请求按次序报告给CPU。

设备控制器的具体任务包括：

①从通道接受通道命令，控制设备完成指定的操作；

②向通道提供设备的状态；

③将各种设备的不同信号转换成通道能够识别的标准信号。

CPU 通过执行 I/O 指令以及处理来自通道的中断，实现对通道的管理。来自通道的中断有两种：一种是数据传输结束中断；另一种是故障中断。通道的管理一般由操作系统实现。

(3)I/O 通道的种类

按通道的数据传输及工作方式划分，通道可分成字节多路通道、选择通道和数组多路通道三种类型。一个机器系统可以兼有三种通道，也可以只包含其中的一种或两种通道，以适应不同种类设备的需要。

①字节多路通道

字节多路通道用于连接多个慢速或中速的设备，这些设备的数据传送以字节为单位。一般来讲，这些设备每传送一个字节需要较长的等待时间，因此，通道可以以字节为单位轮流为多个设备服务，以提高通道的利用率。字节多路通道的操作模式有两种：字节交叉模式和猝发模式。在字节交叉模式中，通道将时间分为一个个时间段，有数据传输要求的每一个设备都可以轮流分配得到一个时间段，完成一次与通道间的数据交换。如果某一设备需要传输的数据量比较大，则通道可以采用猝发的工作模式为其服务。在猝发模式下，通道与设备之间的传输一直维持到设备请求的传输完成为止。通道使用一种超时机制判断设备的操作时间(即逻辑连接时间)，并决定采用哪一种模式。如果设备请求的逻辑连接时间大于某个额定的值，通道就转换成猝发模式，否则就以字节交叉模式工作。

②选择通道

对于高速的设备，如磁盘等，要求较高的数据传输速度。对于这种高速传输，通道难以同时对多个这样的设备进行操作，只能一次对一个设备进行操作，这种通道称为选择通道。选择通道与设备之间的传输一直维持到设备请求的传输完成为止，然后为其他外围设备传输数据。选择通道的数据宽度是可变的，通道中包含一个保存输入输出数据传输所需的参数寄存器。参数寄存器包括存放下一个主存传输数据存放位置的地址和对传输数据计数的寄存器。选择通道的输入输出操作启动之后，该通道就专门用于该设备的数据传输直到操作完成。

③数组多路通道

数组多路通道以数组(数据块)为单位在若干高速传输操作之间进行交叉复用，这样可减少外设申请使用通道时的等待时间。数组多路通道适用于高速外围设备，这些设备的数据传输以块为单位。通道用块交叉的方法，轮流为多个外设服务。当同时为多台外设传送数据时，每传送完一块数据后选择下一个外设进行数据传送，使多路传输并行进行。数组多路通道既保留了选择通道高速传输的优点，又能同时为多个设备提供服务，使通道的功能得到有效发挥，因此数组多路通道在实际系统中得到较多的应用。特别是磁盘和磁带等一些块设备，它们的数据传输本来就是按块进行的。在传输操作之前需要寻找记录的位置，而在寻找的期间让通道等待是不合理的。数组多路通道可以先向一个设备发出一个寻找的命令，然后在这个设备寻找的期间为其他设备服务。在设备寻找完成后才真正建立数据连接，并一直维持到数据传输完毕。因此采用数组多路通道可提高通道数据传输的吞吐率。

字节多路通道和数组多路通道都是多路通道，在一段时间内可以交替地执行多个设备的通道程序，使这些设备同时工作。但两者也有区别，首先数组多路通道虽然允许多个设备同时工作，但只允许其中一个设备进行传输型操作，其他设备进行控制型操作；而字节多路通道不仅允许多个设备同时工作，而且允许它们同时进行传输型操作。其次，数组多路通道与设备之间的数据传送的基本单位是数据块，通道为一个设备传送完一个数据块以后才能为别的设备传送数据块；而字节多路通道与设备之间的数据传送基本单位是字节，通道为一个设备传送一个字节之后，又可以为另一个设备传送一个字节，因此各设备与通道之间的数据传送是以字节为单位交替进行的。

(4)通道程序

通道具有自己的指令系统，一般把 I/O 处理机的指令称通道命令。通道命令 CCW(Channel Command Word)是通道从主存中取出并控制 I/O 设备执行 I/O 操作的命令字，用通道命令编写的程序称通道程序，一条通道命令往往只能实现一种功能，由于通道程序由多条通道命令组成，每次启动就可以完成复杂的 I/O 控制。通道指令包含如下信息。

①命令码：规定了外围设备所执行的操作。通道命令码分为三类：数据传输类(读、反读、写、取状态)，通道转移类(转移)，设备控制类(不同设备控制类应该执行不同的控制命令)。

②数据主存地址：对数据传输类命令，规定了本条通道命令访问的主存数据区起始(或终止)地址，而“传送字节个数”指出了数据区的大小。对通道转移类命令，用来规定转移地址。

③标志码：用来定义通道程序的链接方式或标志通道命令的特点。

④传送字节个数：对数据传输类命令，规定了本次交换的字节个数；对通道转移类命令，规定填写一个非零数。

(5)I/O 通道的工作过程

通道方式 I/O 时，要使用两个主存固定存储单元：通道地址字 CAW(Channel Address Word)和通道状态字 CSW(Channel Status Word)。

编好的通道程序放在主存中，为了使通道能取得通道命令去执行，在主存的一个固定单元中存放当前启动的外围设备要求的通道程序的首地址，以后的命令地址可由前一个地址加字节长度获得，这个用来存放通道程序的首地址的单元称通道地址字。通道状态字是通道向操作系统报告情况的汇集。通道利用通道状态字可以提供通道和外围设备执行 I/O 操作的情况。

采用通道方式后，输入/输出的执行过程如下：

①CPU 在执行用户程序时遇到 I/O 请求，根据用户的 I/O 请求生成通道程序。放到内存中，并把该通道程序首地址放入通道地址字中。

②CPU 执行“启动 I/O”指令，启动通道工作。通道接收“启动 I/O”指令信号，从通道地址字中取出通道程序首地址，并根据此地址取出通道程序的第一条指令，放入通道命令字中；同时向 CPU 发回答信号，通知“启动 I/O”指令执行完毕，CPU 可继续执行。

③通道开始执行通道程序，进行物理 I/O 操作。当执行完一条指令后，如果还有下一条指令则继续执行；否则表示传输完成，同时自行停止，通知 CPU 转去处理通道结束事件，并从通道命令字中得到有关通道状态。

总之,在通道中,I/O运用专用的辅助处理机处理I/O操作,从而减轻了主处理机处理I/O的负担。主处理机只要发出一个I/O操作命令,剩下的工作完全由通道负责。I/O操作结束后,I/O通道会发出一个中断请求,表示相应操作已完成。

5.2 I/O软件

I/O软件的总体设计目标是高效率和通用性。大多数I/O设备操作起来速度慢,I/O操作常常是系统瓶颈,很大程度上影响了系统的性能和吞吐量。要改善I/O的效率,可以采用多道程序设计、交换等技术。由于设备种类、特点和性能的千差万别,希望能够以一种一致的方式来管理所有设备,即采用一致的外部接口。为了达到这一目标可以把软件组织成一种层次结构,低层软件用来屏蔽硬件的具体细节,高层软件则主要向用户提供一个简洁、规范的界面。

为了实现I/O软件的总体设计目标,操作系统把I/O软件依次组织成四个层次:

(1)中断处理程序负责I/O完成时,唤醒设备驱动程序进程,进行中断处理;

(2)设备驱动程序设置设备寄存器、检查设备的执行状态;

(3)独立于设备的软件实现设备的命名、设备的保护、成块处理、缓冲技术和设备分配;

(4)用户进程层执行输入输出系统调用,对I/O数据进行格式化。

5.2.1 中断处理程序

1)中断的基本概念

所谓中断是指在计算机执行程序的过程中,由于出现某个特殊情况(或称为“事件”),暂时终止执行现行程序,而转去执行处理这一事件的中断程序,处理完毕之后再回到原来程序的中断点继续向下执行的过程。引起中断发生的事件被称为中断源,中断源向CPU发出的请求中断处理信号称为中断请求,而CPU收到中断请求后转到相应的事件处理程序称为中断响应。

在有些情况下,尽管产生了中断源和发出了中断请求,但CPU内部的处理机状态字(PSW,Processor Status Word)的中断允许位已被清除,从而不允许CPU响应中断。这种情况称为禁止中断,CPU禁止中断后只有等到PSW的中断允许位被重新设置后才能接收中断。禁止中断也称为关中断,PSW的中断允许位的重新设置也被称为开中断。开中断和关中断是为了保证某段程序执行的原子性。

另一个比较常用的概念是中断屏蔽。中断屏蔽是指在中断请求产生之后,系统有选择地封锁一部分中断而允许另一部分中断优先得到响应。不过,有些中断请求是不能屏蔽甚至不能禁止的,也就是说,这些中断具有最高优先级,只要这些中断请求被提出,CPU就必须立即响应。例如,电源掉电事件所引起的中断就是不可禁止和不可屏蔽的。

中断是用来提高计算机工作效率、增强计算机功能的一项重要技术。例如打印输出中,CPU传送数据的速度高,而打印机打印的速度低,如果不采用中断技术,CPU将经常处于等待状态,效率极低。当采用了中断方式后,CPU可以进行其他工作,只在打印机缓冲区中的当前内容打印完毕发出中断请求后,才予以响应,暂时中断当前工作而转去执行向缓冲区传送数据的任务,数据传送完成后又返回执行原来的程序。这样就大大提高了计算机系统的运行效率。

2)中断的分类与优先级

根据系统对中断处理的需要，操作系统一般对中断进行分类并对不同的中断类型赋予不同的处理优先级，以便不同的中断同时发生时，按轻重缓急进行处理。

根据中断源产生的条件，可把中断分为外中断和内中断：

(1)外中断是指来自处理机和内存外部的中断，包括 I/O 设备发出的 I/O 中断、外部信号中断(例如用户键入 ESC 键)。各种定时器引起的时钟中断以及调试程序中设置的断点等引起的调试中断等。外中断在狭义上一般被称为中断。

(2)内中断主要指在处理机和内存内部产生的中断。内中断一般称为陷阱或异常。它包括程序运算引起的各种错误，如地址非法、校验错、页面失效、存取访问控制错、算术操作溢出、数据格式非法、除数为零、非法指令、用户程序执行特权指令、分时系统中的时间片中断以及从用户态到核心态的切换等都是陷阱的例子。

为了按中断源的轻重缓急处理响应中断，操作系统为不同的中断赋予了不同的优先级。例如在 UNIX 系统中，外中断和陷阱的优先级共分为 8 级。为了禁止中断或屏蔽中断，CPU 的处理机状态字中也设有相应的优先级。如果中断源的优先级高于 PSW 的优先级，则 CPU 响应该中断源的请求；反之，CPU 屏蔽该中断源的中断请求。各中断源的优先级在系统设计时给定，在系统运行时是固定的。而处理机的优先级则根据执行情况由系统程序动态设定。

3)软中断

软中断的概念主要源于 UNIX 系统。软中断是对应于硬中断而言的。通过硬件产生相应的中断请求，称为硬中断。而软中断则不然，它是在通信进程之间通过模拟硬中断而实现的一种通信方式。中断源发出软中断信号后，CPU 或者接收进程在“适当的时机”进行中断处理或者完成软中断信号所对应的功能。这里“适当的时机”表示接收软中断信号的进程需等到该接收进程得到处理机之后才能进行。如果该接收进程是占据处理机的，那么，该接收进程在接收到软中断信号后将立即转去执行该软中断信号所对应的功能。

4)I/O 中断处理

I/O 中断处理层的主要工作有：进行进程上下文切换、对处理中断信号源进行测试、读取设备状态和修改进程状态等。由于中断处理与硬件紧密相关，对用户及用户程序而言，应该尽可能加以屏蔽，故应该放在操作系统的底层进行中断处理。对于每一类设备设置一个 I/O 进程的设备处理方式，图 5-3 给出了中断处理流程。

其中断处理程序的处理过程分为以下几个步骤：

(1)唤醒被阻塞的驱动程序进程。当中断处理程序开始执行时，必须唤醒被阻塞的驱动程序进程。

(2)对被中断进程的 CPU 环境进行保护。中断发生时，应保护被中断进程的 CPU 现场信息，以便中断完成后继续执行被中断的进程。

(3)分析中断原因、转入相应的设备中断处理程序。由 CPU 确定引起本次中断的设备，然后转到相应的中断处理程序执行。

(4)进行中断处理。设备中断处理程序从设备控制器中读出设备状态，判断设备中断是正常结束还是异常结束。若为正常结束，则设备驱动程序便可以做结束处理；若为异常结束，则根据发生异常的原因做出相应处理。

(5)恢复被中断进程的CPU现场。当中断处理完成后,便可以恢复现场信息,使被中断的进程得以继续执行。

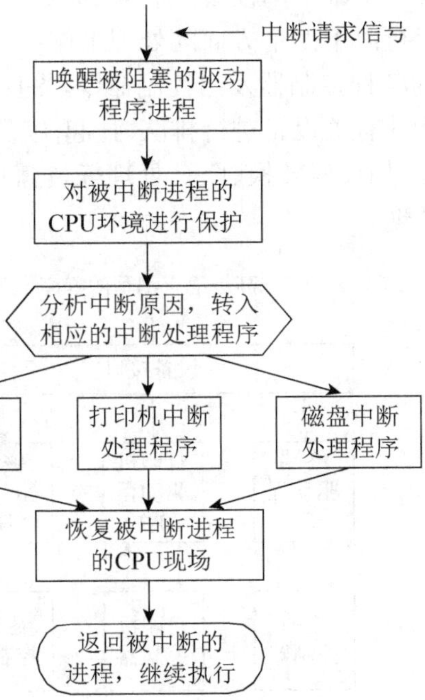

图5-3 中断处理流程

在上述步骤中,除了第(4)步外,其余各步骤对所有I/O设备都是相同的,在某些系统中,例如UNIX系统,把这些相同的部分集中起来,形成中断总控程序。每当需要中断处理时,都要首先进入中断总控程序。

5.2.2 I/O设备驱动程序

设备驱动程序是一种可以使计算机和设备进行通信的特殊程序,可以说相当于硬件的接口,操作系统只有通过这个接口,才能控制硬件设备的工作。设备驱动程序的功能是从与设备无关的软件中接收抽象的请求,并执行请求。设备驱动程序的任务是把用户提交的逻辑I/O请求转化为物理I/O操作的启动和执行,如设备名转化为端口地址、逻辑记录转化为物理记录、逻辑操作转化为物理操作等。同时,设备驱动程序监督设备是否正确执行,进行数据缓冲区管理,进行必要的纠错处理。驱动程序并不只是简单机械地翻译操作系统的请求,它还有另外很重要的作用,即绕过硬件本身的问题。通过驱动程序绕过这些问题,能够让用户忽略问题的存在,并消除一小部分硬件问题。

设备驱动程序与设备密切相关,因此应为每一类设备配置一个驱动程序或为一类密切相关的设备配置一个驱动程序。驱动程序是添加到操作系统中包含有关硬件设备信息的一小段代码,有了此信息,计算机就可以与设备进行通信。驱动程序是硬件厂商根据操作系统编写的配置文件,可以说没有驱动程序,计算机中的硬件就无法工作。操作系统不同,硬件的驱动程序也不同,各个硬件厂商为了保证硬件的兼容性及增强硬件的功能会不断地升级驱动程序。

设备驱动程序由一组函数组成,它抽象了一个特定设备控制器的操作,如图5-4所示。

打印机驱动程序封装了控制打印机操作的内容，而磁盘驱动程序负责磁盘管理，它们提供相同的接口用于调用它们的服务。不同的设备有不同的控制器，不同的控制器有不同的接口。每个设备驱动程序都对应一个唯一的设备控制器，提供一组通用的函数集。

设备驱动程序主要运行以下四个方面的处理工作：

①向有关I/O设备的各种控制器发出控制命令，并且监督它们的正确执行，进行必要的错误处理。②对各种可能的有关设备进行排队、挂起、唤醒等操作。③执行确定的缓冲区策略。④进行一些特殊处理，如代码转换、ESC处理等，它们均是依赖于设备的，所以不适合放在高层次的软件中进行处理。

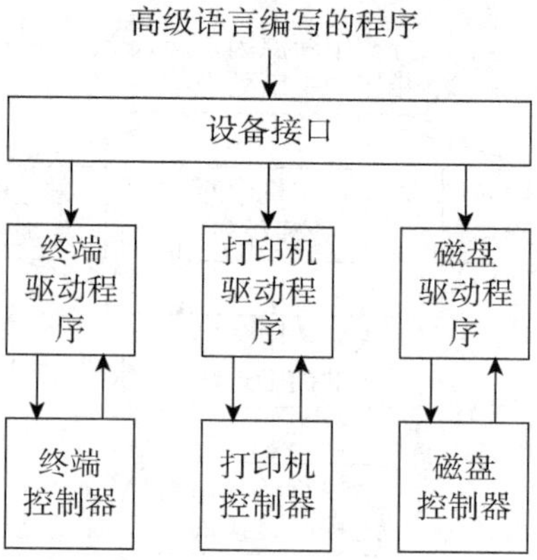

图5-4　设备驱动程序接口

5.2.3　设备独立性软件

1)设备独立性的概念

用户程序的设备独立性是指用户程序不直接使用物理设备名(或设备的物理地址)，而只使用逻辑设备名；系统在实际执行时，将逻辑设备名转换为某个具体的物理设备名，实施I/O操作。I/O软件的设备独立性是指除了直接与设备打交道的底层软件之外，其他部分的软件并不依赖于硬件。I/O软件独立于设备，就可以提高设备管理软件的设计效率。在I/O软件中，除了设备驱动程序以外，大部分软件是与设备无关的。

逻辑设备是实际物理设备属性的抽象，它并不局限于某个具体设备。例如在MS－DOS中，最基本的输入、输出设备(键盘和显示器)用一个公共的逻辑设备名CON(控制台)，并由同一个设备驱动程序来驱动和控制；并行打印机的逻辑设备名为PRN等。使用逻辑设备名是操作系统对用户程序的设备独立性的具体支持。

在系统实现了设备独立性的功能后，可以带来以下两方面的好处。

(1)设备分配的灵活性

当进程以逻辑设备名请求某类设备时，如果一台设备已经分配给其他进程或正在检修，此时系统可以将其他几台相同的空闲设备中的任意一台分配给该进程，只有当此类设备全部被分配完时，进程才会被阻塞。

(2)易于实现I/O重定向

所谓I/O重定向，是指用于I/O操作的设备是可以更换的，应用程序的输入和输出是可以重定向的，且不必修改应用程序。在 MS－DOS 中，默认标准的输入设备是键盘，输出设备是显示器，如果想改变标准的输入/输出设备，可以用转向符。例如：

C:＞DIR＞DIR. TXT　　　将 DIR 命令的输出结果送文件 DIR. TXT；

C:＞DIR＞PRN　　　将 DIR 命令的输出结果送打印机。

2)设备独立性软件

鉴于驱动程序是一个与硬件(或设备)紧密相关的软件，必须在驱动程序之上设置一层软件，称为设备独立性软件，以执行所有设备的公有操作、完成逻辑设备名到物理设备名的转换(为此应设置一张逻辑设备表)并向用户层(或文件层)软件提供统一接口，从而实现设备的独立性。设备独立性软件的主要功能可分为以下两个方面。

(1)执行所有设备的公有操作

这些公有操作包括：

①对独立设备的分配与回收；

②将逻辑设备名映射为物理设备名，进一步可以找到相应物理设备的驱动程序；

③对设备进行保护，禁止用户直接访问设备；

④缓冲管理，即对字符设备和块设备的缓冲区进行有效的管理，以提高 I/O 的效率；

⑤差错控制，由于在 I/O 操作中的绝大多数错误都与设备无关，故主要由设备驱动程序处理，而设备独立性软件只处理那些设备驱动程序无法处理的错误。

(2)向用户层(或文件层)软件提供统一接口

无论何种设备，它们向用户所提供的接口应该是相同的。例如，对各种设备的读操作，在应用程序中都使用 read；而对各种设备的写操作，也都使用 write。

3)逻辑设备名到物理设备名映射的实现

为了实现设备的独立性应设置一张逻辑设备表(LUT，Logical Unit Table)，实现逻辑设备名到物理设备名的转换。在逻辑设备表中包含三项：逻辑设备名、物理设备名和设备驱动程序入口地址，如图 5－5(a)所示。当进程用逻辑设备名请求分配 I/O 时，系统为它分配相应的物理设备，并在 LUT 表中建立一个表目，填上应用程序中使用的逻辑设备名和系统分配的物理设备名，以及设备驱动程序的入口地址。当以后进程再利用该逻辑设备名请求 I/O 操作时，系统通过查找 LUT，便可找到设备和驱动程序。

逻辑设备名	物理设备名	驱动程序入口地址
/dev/tty	3	1 024
/dev/print	5	2 046
…	…	…

(a)逻辑设备表 LUT

逻辑设备名	系统设备表指针
/dev/tty	3
/dev/print	5
…	…

(b)简化的逻辑设备表

图 5－5　逻辑设备表

LUT 的设置方法可以对整个系统只设置一张 LUT，也可以为每个用户设置一张 LUT。如果是整个系统设置一张 LUT 表，那么系统中所有进程的设备分配情况都记录在同一张 LUT 表中，因而不允许在 LUT 中具有相同的逻辑设备名。而如果为每个用户设置一张 LUT，那么当每个用户登录时，为该用户建立一个进程，同时建立一张 LUT，并将该表放入进程的PCB块中。由于通常使用的多用户系统都配置了系统设备表,此时的逻辑设备表可以采用如图5-5(b)所示的简化结构。

5.2.4 用户空间的I/O软件

尽管大部分I/O软件都属于操作系统,但仍有一小部分I/O软件是与用户程序链接在一起的库例程,甚至是在内核外运行的完整程序。系统调用,包括I/O系统调用通常先进行库例程调用。

如有以下C语句:

```
count=write(fd,buffer,nbytes);
```

其中,所调用的库函数write将与程序链接在一起,并包含在运行时的二进制程序代码中。这一类库例程显然也是I/O系统的一部分。

此类库例程的主要工作是提供参数给相应的系统调用。但也有一些库例程确实做首非常实际的工作,例如格式化输入输出就是用库例程实现的,如C语言中的printf和scanf函数。标准I/O库包含相当多的涉及I/O的库例程,它们作为用户程序的一部分运行。

并非所有的用户层I/O软件都由库例程构成。另一个重要的类别就是SPOOLing系统,SPOOLing是在多道程序系统中处理独占设备的一种方法。例如对于打印机,尽管可以采用打开其设备文件来进行打印机申请的方法,但假设一个进程占有打印机却长达几个小时不用,则其他进程都无法打印。能避免这种情况的方法是创建一个特殊的守护进程以及一个特殊的目录,称为SPOOLing目录。打印一个文件之前,进程首先产生完整的待打印文件并将其放在SPOOLing目录下。而由守护进程进行打印,这里只有该守护进程能够使用打印机设备文件。通过禁止用户直接使用打印机设备文件解决了上述打印机空占的问题。

图5-6给出了I/O系统层次及功能图,标示出了每一层软件及其功能。从底层开始分别是硬件、中断处理程序、设备驱动程序、设备独立性软件,最上面是用户层软件。该图中的箭头表示控制流,当用户程序试图从文件中读一数据块时,需通过操作系统来执行。设备独立性软件首先在数据块缓冲区中查找此块,若未找到,则它调用设备驱动程序向硬件发出相应的请求,用户进程随即阻塞直到数据块被读出。当磁盘操作结束时,硬件发出一个中断,它将激活中断处理程序。中断处理程序则从设备获取返回状态值并唤醒睡眠的进程来结束此次I/O请求,并使用户进程继续执行。

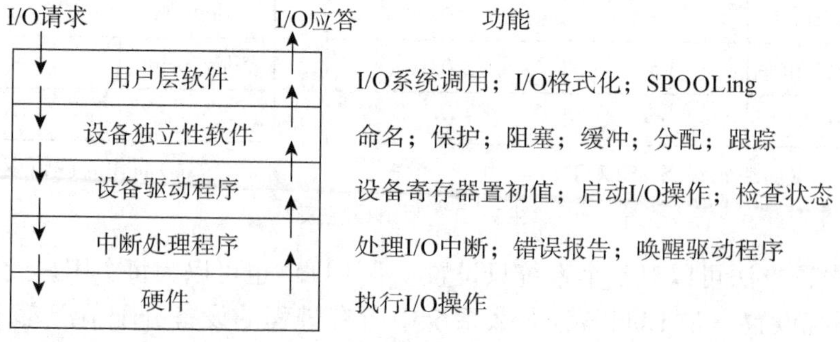

图5-6 I/O系统的层次及功能

5.3 缓冲管理

为了改善中央处理机与外围设备之间速度不匹配的矛盾，以及协调逻辑记录大小与物理记录大小不一致的问题，提高 CPU 和 I/O 设备的并行性，减少 I/O 对 CPU 的中断次数和放宽对 CPU 中断响应时间的要求，在操作系统中普遍采用了缓冲技术。

在操作系统中，引入缓冲技术的主要原因，可以归纳为以下三点：

(1)缓和 CPU 与 I/O 设备之间速度不匹配的矛盾；

(2)减少对 CPU 的中断频率，放宽对中断响应时间的限制；

(3)提高 CPU 和 I/O 设备之间的并行性。

5.3.1 单缓冲和双缓冲

1)单缓冲

单缓冲是操作系统提供的一种简单的缓冲技术。每当一个用户进程发出一个 I/O 请求时，操作系统在主存的系统区中开设一个缓冲区。

对于块设备输入，单缓冲机制首先从磁盘把一块数据传送到缓冲区，接着操作系统把缓冲区数据送到用户区。由于这时缓冲区已空，操作系统可预读紧接的下一块数据，单缓冲工作示意图，如图 5-7(a)所示。对于块设备输出，单缓冲机制的工作方式类似，先把数据从用户区拷贝到系统缓冲区，用户进程可以继续请求输出，直到缓冲区填满后，才启动 I/O 将数据写到磁盘上。

显然，单缓冲机制在一时刻只能实现单方向的数据传输，如果需要同时进行双方向的数据传输则可能出现数据丢失的情况。

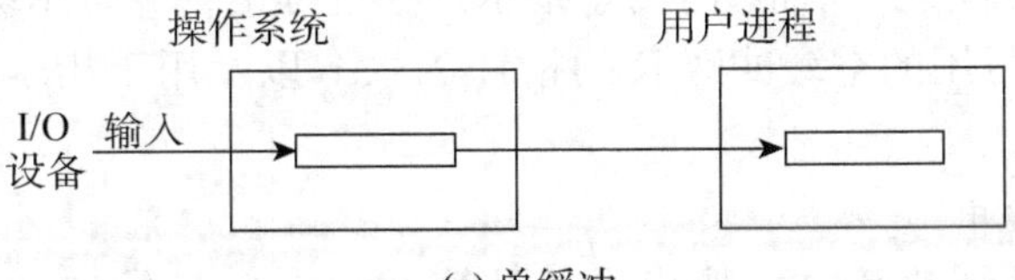

(a) 单缓冲

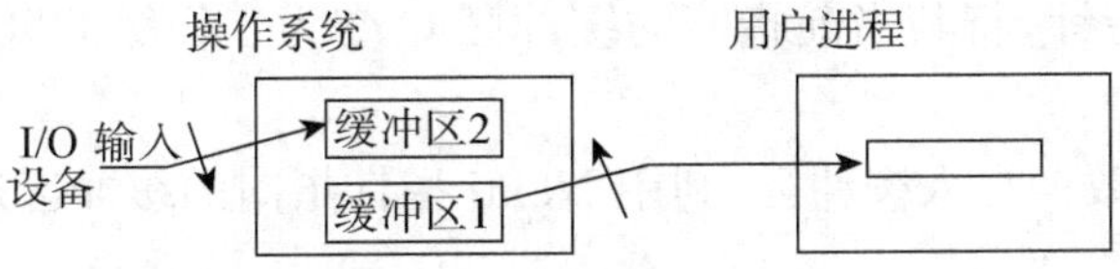

(b) 双缓冲

图 5-7 单缓冲、双缓冲工作示意图

2)双缓冲

为了加快 I/O 的执行速度，实现 I/O 的并行工作和提高设备利用率，需要引入双缓冲工作方式，又称缓冲交换(Buffer Swapping)。如图 5-7(b)所示，在输入数据时，首先填满缓冲区 1，操作系统可以从缓冲区 1 把数据送到用户进程区，用户进程便可对数据进行加工计算；与此同时，输入设备填充缓冲区 2。当缓冲区 1 空出后，输入设备再次向缓冲区 1

输入数据。此时,操作系统又可以把缓冲区 2 的数据传送到用户进程区,用户进程开始加工缓冲区 2 的数据。两个缓冲区交替使用,使 CPU 和 I/O 设备、I/O 设备和用户进程的并行性进一步提高,仅当两个缓冲区都为空,进程还要提取数据时,它才被迫等待。双缓冲机制可以同时实现双向的数据传输,一个缓冲区用作发送缓冲区,另一个缓冲区作为接收缓冲区。

单缓冲和双缓冲可以使用在控制器和驱动程序中。例如双缓冲使用在驱动程序中用来存储数据,其中一个缓冲用于等待更高层的应用读取数据,另一个缓冲用于存储从低层模块(控制器)输送来的数据。在这种情况中,驱动程序中的每个缓冲区都需要足够大的空间,以存储整个块的数据,而不仅仅是单个字节。

5.3.2 循环缓冲

当输入与输出的速度基本相匹配时,采用双缓冲能获得较好的效果,可使得输入与输出基本上能并行操作。但如果两者速度相差甚远,双缓冲的效果则不够理想,不过随着缓冲区数量的增加,情况会有所改善。例如,"生产者"进程和"消费者"进程共同对一个循环缓冲进行操作,其中"生产者"进程向第 i 个缓冲区写入数据,而"消费者"进程从第 j 个缓冲区读取数据。此时 n 个缓冲区组成的循环缓冲中 0 到 $i-1$ 的缓冲区以及 j 到 $n-1$ 的缓冲区是满的,而 i 到 $j-1$ 之间的缓冲区为空。"生产者"进程可以填写 i 到 $j-1$ 之间的缓冲区,"消费者"进程可以读取 0 到 $i-1$ 之间的缓冲区以及 j 到 $n-1$ 的缓冲区。

1)循环缓冲的组成

可以将多个缓冲组织成循环缓冲形式,对于用作输入的循环缓冲,通常是提供给输入进程或计算进程使用。其中输入进程不断向空缓冲区输入数据,计算进程则从中提取数据进行计算。作为输入缓冲的多缓冲区可以分为三类:用于装输入数据的空缓冲区 R、已装满数据的缓冲区 G 以及计算进程正在使用的现行工作缓冲区 C。

作为输入缓冲区可设置三个指针:用于指示计算进程下一个可用缓冲区 G 的指针 Nextg、指示输入进程下次可用的空缓冲区 R 的指针 Nexti,以及用于指示计算进程正在使用的缓冲区的指针 Current。

2)循环缓冲区的使用

计算进程将数据从缓冲区中 G 取出进行计算,图 5-8(a)给出了当前循环缓冲区的初始情况,调用 Nextg 指针,将其当前指向的缓冲区 C 变为工作缓冲区,得到图 5-8(b)所示的结果。

输入进程将输入数据写入缓冲区,利用 Nexti 指针指向的缓冲区进行操作。

5.3.3 缓冲池

当系统较大时,将会有许多循环缓冲区,此时需要消耗大量的内存空间,而且其利用率不高。为了提高缓冲区的利用率,目前广泛采用公用缓冲池的方法,在缓冲池中设置了多个可供若干个进程共享的缓冲区。将系统内所有的缓冲区统一管理起来,就形成了能用于输入/输出的缓冲池。缓冲池通常由若干大小相同的缓冲区组成,是系统的公用资源,任何进程都可以申请使用缓冲池中的各个缓冲区。

UNIX 系统采用如图 5-9 所示的缓冲池结构,图中虚线部分连接多个散列队列(表示

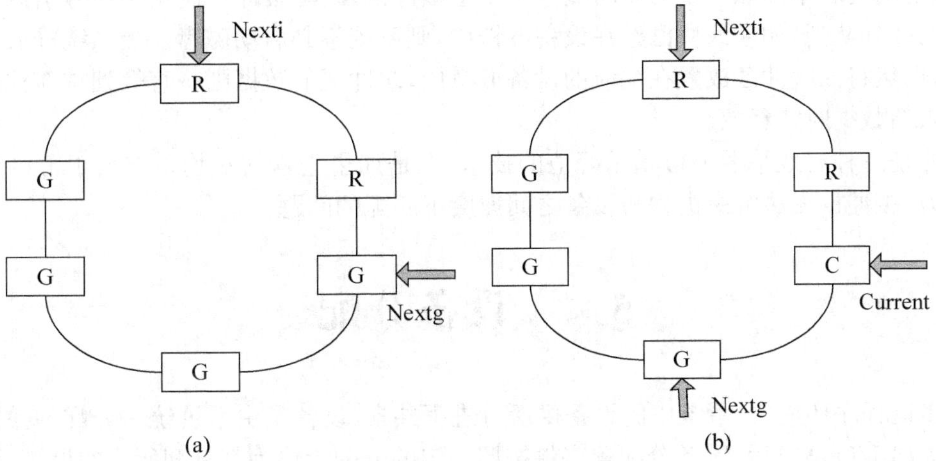

图 5-8 循环缓冲区的使用

不同设备，被称为设备 b 链)，它们共同形成头缓冲，实线部分连接空闲链队列。在每个散列队列中的缓冲区都有相同的值，一般是设备号和盘块号的函数，每类物理设备都有一个设备 b 链，每类设备的设备 b 链按散列算法组成 4 个队列，每个队列都有自己的头标，构成头缓冲。

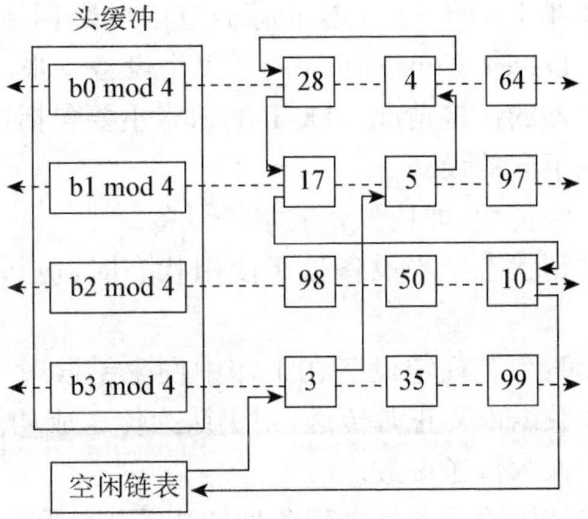

图 5-9 缓冲池管理结构

当系统为一个设备分配一个缓冲区后，如果系统需要存取一个设备的缓冲区，利用下列函数构成或搜索散列队列：

$$i=(b\_dev+b)\bmod 4$$

其中 i 是散列头标，利用它可以在头缓冲中找到相应的头指针，b_dev 是逻辑设备号，b 是逻辑块号。

系统将每个缓冲区都分配给一个设备散列队列，如果该缓冲区还未使用，则既存在于某个散列链中，又存在于空闲队列链中。当系统需要存取某个磁盘的数据时，总是根据要存取的逻辑设备号和逻辑块号，先从设备 b 链中寻找与之对应的数据块，如果该块不在设备 b 链中，则从空闲链表中按照一定的策略摘下一个空缓冲区，改写缓冲控制块中块号信息之后挂入相应的散列队列，如果该块已经在设备b链中，则系统不必启动磁盘。当系统释放某个缓冲区时，仍然将该缓冲区放置在相应的设备b链中，缓冲区的数据则一直等到重新往该缓冲区内写入新数据时才释放。

缓冲是一种有效平滑I/O请求峰值的技术，但是如果进程的平均请求大于I/O设备的服务能力，缓冲也无法解决进程与设备之间速度不匹配的问题。

5.4 设备分配

在多道程序环境中，系统中的设备供所有进程共享，设备是由系统统一分配的。当进程向系统提出I/O请求后，设备分配程序将按照一定的分配策略为其分配所需的设备，同时还要分配相应的设备控制器和通道，以保证CPU与设备之间的通信。为了实现设备分配，必须在系统中设置相应的数据结构。

5.4.1 设备分配的数据结构

为了实现对I/O设备的管理和控制，需要对每台设备、通道、控制器的有关情况进行记录。设备分配依据的主要数据结构有设备控制表(DCT)、控制器控制表(COCT)、通道控制表(CHCT)和系统设备表(SDT)，图5-10给出了这些表的数据结构。

(1)设备控制表(DCT，Device Control Table)：每个设备一张，描述设备特性和状态。反映设备的特性、设备和控制器的连接情况。DCT的内容主要包括以下几个方面。

①设备标识：用来区别不同的设备。

②设备类型：反映设备的特性，如块设备或字符设备。

③设备状态：工作或空闲状态。当设备处于使用状态时，应将设备状态的忙/闲标志置"1"。

④重复执行次数或时间：系统规定设备在工作中发生错误时重复执行的最大次数。在重复执行时，若能在规定次数内恢复正常传送，则仍认为传送成功。仅当重复执行次数达到规定值而传送不成功时，才认为传送失败。

⑤等待队列指针：等待使用该设备的进程队列的队首指针和队尾指针。

⑥I/O控制器指针：指向与该设备相连的I/O控制器。在设备到主机之间具有多条通路的情况下，一个设备将与多个控制器相连。此时，还应该设置多个控制器表指针。

(2)系统设备表(SDT，System Device Table)：整个系统内使用一张系统设备表，它记录了连接到系统中所有物理设备的情况，每个物理设备占一个表目，反映了设备资源的状态，该表记录所有设备的状态及其设备控制表的入口。SDT表项的主要组成有以下方面。

①DCT指针：指向相应设备的DCT。

②设备使用进程标识：正在使用该设备的进程标识。

③DCT信息：为引用方便而保存的DCT信息，如设备标识、设备类型等。

④驱动程序入口：记录该设备的驱动程序的入口地址。

(3)控制器控制表(COCT，COntroller Control Table)：每个设备控制器有一张控制器控制表，描述I/O控制器的分配状态，如DMA控制器所占用的中断号、DMA数据通道的分配等。控制器控制表中包括了控制器标识符、控制器状态(忙/闲)、等待获得该控制器的进程等待队列指针(队首指针、队尾指针)、与该控制器相连的通道的指针等。

(4)通道控制表(CHCT,CHannel Control Table)：每个通道一张通道控制表，描述通道工作的状态。通道控制表中包括了通道标识符、通道状态(忙/闲)、等待获得该通道的进程等待队列的指针(队首指针、队尾指针)等。

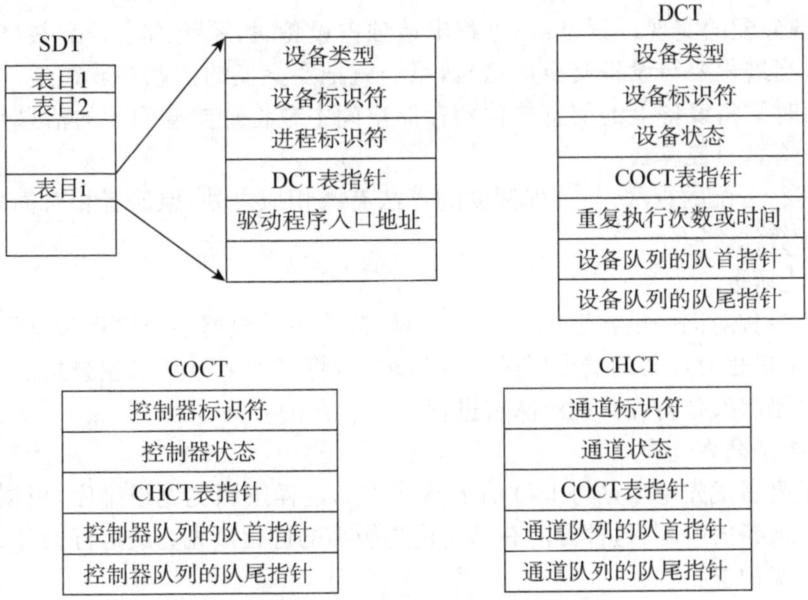

图5-10 设备管理中表的数据结构

5.4.2 设备分配原则

设备分配的原则是根据设备特性、用户要求和系统配置情况决定的。设备分配的总原则是：充分发挥设备的使用效率，尽可能地让设备忙碌，但又要避免由于不合理的分配方法造成进程死锁。

由于在多道程序系统中，进程数多于资源数，会引起资源的竞争。因此，要有一套合理的分配原则。主要考虑的因素有：I/O设备的固有属性，I/O设备的分配算法，设备分配的安全性，以及设备无关性。

1)设备的固有属性

在分配设备时需要考虑设备的固有属性。例如，有的设备在一段时间内仅能给一个进程使用，而有的设备可以被多个进程共享。按照设备自身的使用性质可以分为以下三种。

(1)独占设备的分配

独占设备的分配有两种方式，一种是静态分配方式，另一种是动态分配方式。

①静态分配方式是在用户作业开始执行前，由系统一次性分配该作业所要求的全部设备、控制器(和通道)。一旦分配后，这些设备、控制器(和通道)就一直为该作业所占用，直到该作业被撤销。静态分配方式不会出现死锁，但设备的使用效率低。

②动态分配方式是在进程执行过程中根据执行需要进行分配。当进程需要设备时，通

过系统调用命令向系统提出设备请求，由系统按照事先规定的策略给进程分配所需要的设备和I/O控制器，一旦用完之后便立即释放。动态分配方式有利于提高设备的利用率，但如果分配算法使用不当，则有可能造成进程死锁。

(2)共享设备分配

对于共享设备，由于同时有多个进程访问，且访问频繁，有可能影响设备的使用效率，从而影响系统效率。因此要考虑多个访问请求到达时服务的顺序，使平均服务时间越短越好。

(3)虚拟设备分配

虚拟设备分配的实现过程是：当进程申请独占设备时，系统给它分配共享设备上的部分存储空间，当进程要与设备交换信息时，系统就把要交换的信息存放在这部分存储空间中，在适当的时候将设备上的信息传输到存储空间中或将存储空间中的信息传送到设备。

2)I/O设备的分配算法

对设备进行分配的算法，与进程调度的算法有些相似之处，但前者相对简单，通常采用以下两种分配算法。

(1)先来先服务

当有多个进程对同一设备提出I/O请求时，该算法是根据各个进程对某设备提出请求的先后次序，将进程对设备的请求形成I/O请求块，将多个I/O请求块链接成请求队列，设备分配程序总是将设备首先分配给队首进程。

(2)优先级最高者优先

优先级最高者优先策略是将I/O请求队列中的进程按照优先级排序，根据进程的优先级高低来进行设备的分配，这种方法有助于优先级高的进程最先完成运行。

3)设备分配的安全性

设备分配的安全性是指设备分配时应保证不发生进程的死锁。在进行静态设备分配时不会出现死锁，但设备的使用效率低。进行动态设备分配时，可以分为两种方式——安全分配方式和不安全分配方式。

安全分配方式是指每当进程发出一个I/O请求后，便进入阻塞状态，直到其I/O操作完成时才被唤醒。进程运行时不保持任何设备资源，打破了产生死锁的“请求和保持”条件，因此这种分配方式是安全的。但是这种分配算法使得CPU与I/O设备串行工作，设备的利用率比较低。

不安全分配方式是进程发出一个I/O请求后仍可以继续运行，需要时再发送第二个I/O请求、第三个I/O请求，等等。只有当进程所请求的设备已被另一个进程占用时，进程才进入阻塞状态。

5.4.3 设备分配

1)单通路I/O系统的设备分配

当某进程提出I/O请求后，系统的设备分配程序可按如图5-11所示的步骤进行设备分配。对于具有单通道的系统，当进程提出I/O请求后，系统依次查找图5-10的SDT、DCT、COCT、CHCT四个表，分别从中找出设备、相连的控制器和通道，根据相应表目状态字可知所需设备、控制表或通道是否正忙(DCT表目还要看状态字是否等待)。若忙，便将请求I/O进程的PCB挂在它的等待队列上；否则，便将它分配给进程。只有在设备、控制器和通道三者都分配成功时，这次的设备分配才算成功。三者均分配成功后，便可启动该 I/O 设备进行数据传送。

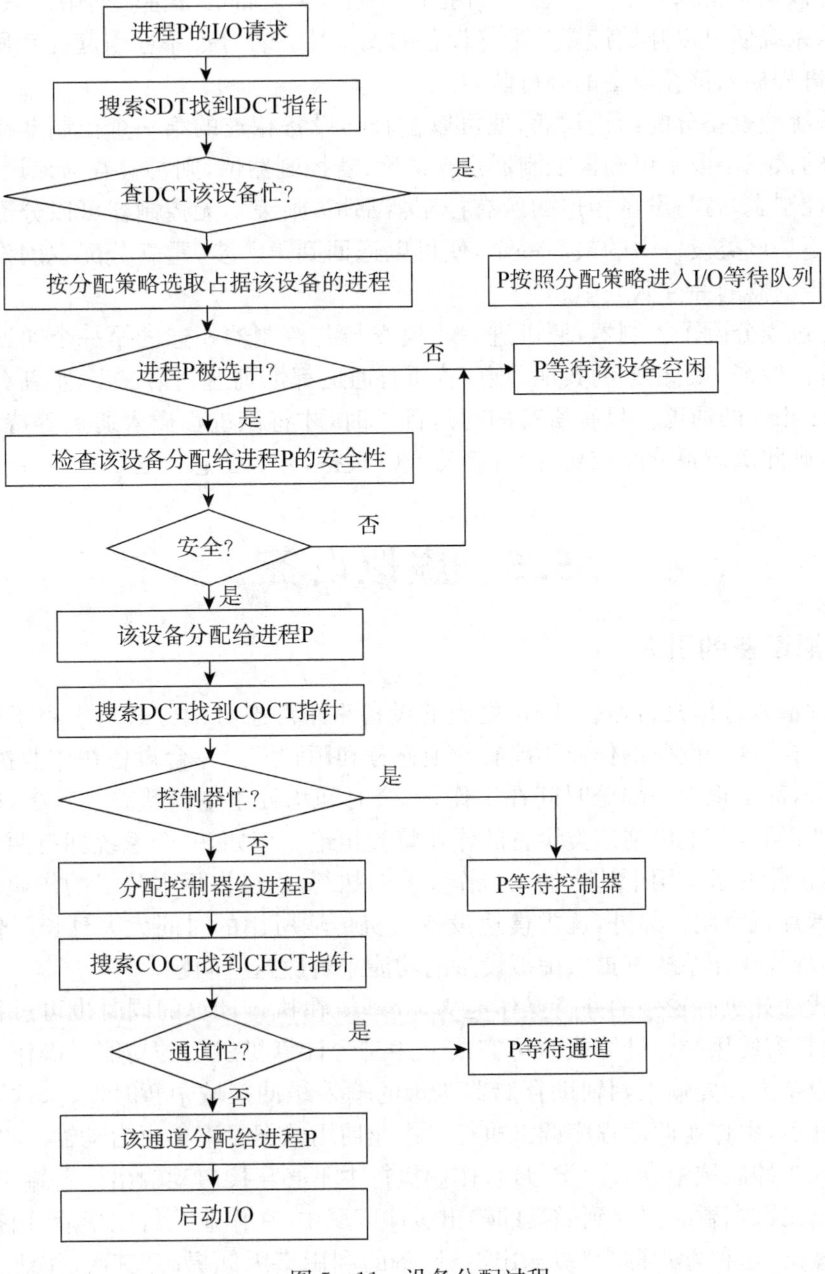

图 5-11　设备分配过程

2）多通路 I/O 系统的设备分配

为了提高系统的灵活性和可靠性，通常采用多通路的 I/O 系统结构。在这种系统结构中一个设备可以与多个控制器相连，而一个控制器又可以与多个通道相连，这使得设备分配的过程比单通路的情况要复杂一些。进程向 I/O 提出请求，系统可选择该类设备中的任意一台设备分配给该进程，其步骤如下：

(1)根据进程所提供的设备类型,检查系统设备表,找到该类设备的第一个设备控制表,由其中的设备状态字段可知设备是否忙碌。若设备忙,则检查该类设备的第二个设备控制表,仅当所有该类设备都处于忙状态时,才把进程插入到设备的等待队列中。只要有一个该类设备空闲,系统便可以开始计算分配该设备的安全性。若分配不会引起死锁则进行分配,否则仍将该进程插入该类设备的等待队列。

(2)当系统把设备分配给进程后,便可以检查与设备相连的第一个控制器控制表,从控制器控制表的状态字段中可知该控制器是否忙碌;若控制器忙,则再检查与该设备相连的第二个控制器控制表,若与设备相连的所有控制器都忙,则表明无控制器可以分配给该设备。只要该设备不是该类设备中的最后一个,便可以退回到第一步,重新分配空闲设备;否则仍将进程插入控制器的等待队列中。

(3)若给进程分配了控制器,便可进一步检查与此控制器相连的第一个通道是否忙碌。若该通道忙,再检查与之相连的其他通道,若所有通道都忙则退到第二步,重新分配控制器,重新查找与之相连的通道。只有所有的通道都忙时,才将该进程插入通道等待队列。如果有空闲通道,则此次设备分配成功,接着启动 I/O 设备,开始信息传送。

5.5 虚拟设备

5.5.1 虚拟设备的引入

对于卡片输入输出机、行式打印机之类的设备采用静态分配方式是不利于提高系统效率的。首先,占有这些设备的作业不能有效地充分利用它们。一台设备在作业执行期间,往往只有一部分,甚至很少一部分时间在工作,其余时间均处于空闲状态。其次,这些设备分配给一个作业以后,其他申请这类设备的作业将被拒绝。例如,一个系统拥有两台卡片输入机,它就不能接受要求使用卡片机的三个作业同时执行,而已占用卡片机的作业却又在大部分时间里让卡片机空闲。另外,这类慢速设备联机传输所用的时间大大延长了作业的执行时间。为此,现代操作系统都提供虚拟设备的功能来解决这些问题。

由于现代计算机有较强的并行操作能力,处理机在执行计算的同时也可进行联机外围设备操作,故只需使用一台计算机就可完成上述三台计算机实现的功能。操作系统将大批信息从输入设备上预先输入到辅助存储器磁盘的输入缓冲区域中暂时保存,这种方式称为“预输入”。此后,由作业调度程序调出执行。作业使用数据时不必再启动输入设备,而只要从磁盘的输入缓冲区域中读入。类似地,作业执行中不必直接启动输出设备输出数据,而只要将作业的输出数据暂时保存到磁盘的输出缓冲区域中,在作业执行完毕后,由操作系统组织信息成批输出,这种方式称为“缓输出”。设备的利用率因此提高. 其次,作业在执行中不再和低速的设备联系,而直接从磁盘的输入缓冲区获得输入数据,且只要把输出信息写到磁盘的输出缓冲区就认为输出结束,也就减少了作业等待输入输出数据的时间,从而缩短了作业全部的执行时间。此外,这种机制还具有能增加多道程序的道数、增加作业调度的灵活性等优点。

通过虚拟技术将一台独占设备虚拟成多台逻辑设备,供多个用户进程同时使用,通常把这种经过虚拟化的设备称为虚拟设备。SPOOLing 技术是用一类物理设备模拟另一类物理设备的技术，是使独占设备变成共享设备的一种技术。

5.5.2 SPOOLing的设计与实现

1)SPOOLing的概念

为了缓和CPU与I/O设备之间速度不匹配的问题而引入了脱机输入、脱机输出技术。该技术是利用专门的外围控制机，将低速I/O设备上的数据传送到高速磁盘上；或者相反。当系统引入多道程序设计技术后，完全可以利用其中的一道程序，来模拟脱机输入时的外围控制机功能，这样，就可以在主机的直接控制下实现脱机输入、脱机输出功能。

SPOOLing是Simultaneous Peripheral Operation On－Line(即外部设备联机并行操作)的缩写，它是关于慢速字符设备如何与计算机主机交换信息的一种技术，通常称为"假脱机技术"。它实际上是一种外围设备同时联机操作的技术，在输入和输出之间增加了"输入井"和"输出井"，又称为排队转储技术。

2)SPOOLing系统的组成

SPOOLing系统必须建立在具有多道程序功能的操作系统上，而且应有高速随机外存的支持，这通常是磁盘存储技术。如图5-12所示的是SPOOLing系统的组成和结构。

SPOOLing系统主要包括以下三部分。

(1)输入井和输出井：这是在磁盘上开辟出来的两个存储区域。输入井模拟脱机输入时的磁盘，用于收容I/O设备输入的数据。输出井模拟脱机输出时的磁盘，用于收容用户程序的输出数据。

(2)输入缓冲区和输出缓冲区：这是在内存中开辟的两个缓冲区。输入缓冲区用于暂存由输入设备送来的数据，以后再传送到输入井。输出缓冲区用于暂存从输出井送来的数据，以后再传送到输出设备。

(3)输入进程和输出进程：输入进程模拟脱机输入时的外围控制机，将用户要求的数据由输入设备送到输入缓冲区，再送到输入井。当CPU需要输入数据时，直接从输入井读入内存。输出进程模拟脱机输出时的外围控制机，把用户要求输出的数据，先从内存送到输出井，待输出设备空闲时，再将输出井中的数据，经过输出缓冲区送到输出设备上。

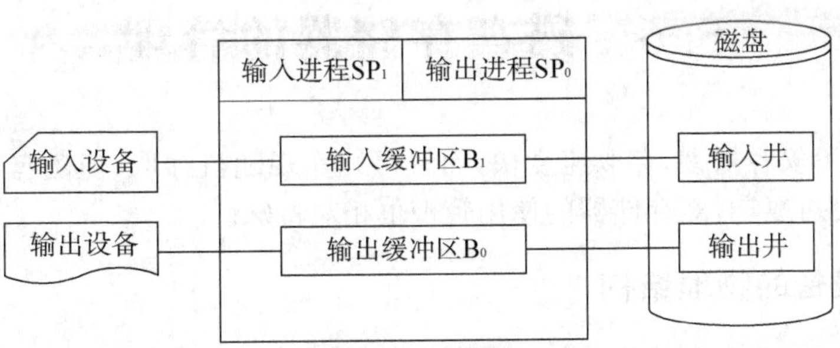

图5-12 SPOOLing系统的组成和结构

在系统输入模块收到作业输入请求信号后，输入管理模块中的输入进程负责将信息从输入装置中读入到输入缓冲区。当缓冲区满时，由输出进程将信息从缓冲区写到磁盘的输入井中，输入进程和输出进程反复循环，直到一个作业输入完毕。当输入进程读到一个硬件结束标志之后，系统再次驱动写过程把最后一批信息写入磁盘输入井并调用中断处理程序结束该次输入过程。然后，系统为该作业建立作业控制块，从而使输入井中的作业进入作业等待队列，等待作业调度程序选中后进入内存运行。系统在管理输入井过程中可以循环读入输入的作业，直到输入结束或输入井满而暂停。

3)SPOOLing 技术的特点

SPOOLing 技术有如下特点：

(1)提高了 I/O 速度。从对低速 I/O 设备进行的 I/O 操作变为对输入井或输出井的操作，如同脱机操作一样，提高了 I/O 速度，缓和了 CPU 与低速 I/O 设备速度不匹配的矛盾。

(2)将独占设备改造为共享设备。因为在 SPOOLing 系统中，实际上并没有为任何进程分配设备，而只是在输入井或输出井中为进程分配一个存储区和建立一张 I/O 请求表。这样，便把独占设备改造为共享设备。

(3)实现了虚拟设备功能。宏观上多个进程同时使用一个独享设备，而对每一进程而言，都认为自己独占这一设备(逻辑设备)。

5.5.3 共享打印机

对于打印机，尽管可以让用户进程采用打开其设备文件的方法来进行申请和使用，但往往一个进程打开设备文件后可能长达几个小时不用，这期间其他进程都无法打印。为解决这个问题，可利用 SPOOLing 技术实现共享打印机。

若系统的某台打印机采用了虚拟设备技术，那么若有进程要求对它打印输出时，SPOOLing 系统并不是将这台打印机直接分配给用户进程，而是在共享设备(磁盘)上的输出 SPOOLing 存储区(输出井)中为其分配一块存储空间，并将要打印的数据送入其中，输出数据以文件形式存放。然后为用户申请并填写请求打印表，将该表挂到请求打印队列上，依次将队列中的输出文件实际打印输出。若打印机空闲，输出程序从请求打印队列首取表，将要打印的数据从输出井传送到内存缓冲区再进行打印，直到打印队列为空。在 SPOOLing 系统中，实际上并没有为任何进程分配打印机，而只是在输入井和输出井中，为进程分配一块存储区和建立一张 I/O 请求表。这样，便把独占设备改造为共享设备。

5.6 磁盘存储器的管理

磁盘存储器不仅容量大，存取速度快，而且可以实现随机存取，但磁盘设备与其他外部设备相比，运行相对复杂，对存储器的使用管理也相对特殊。

5.6.1 存储设备的物理结构

磁盘可包括一个或多个盘片，每片分两面，每面可分成若干条磁道，各磁盘之间留有必要的间隙。在每条磁道上可存储相同数目的二进制位。每条磁道又分成若干个扇区，每个扇区的大小相当于一个盘块，各扇区之间保留一定的间隙。

1)磁盘技术

磁盘设备可以包括一个或多个物理盘片，每个磁盘片分为一个或两个存储面，每个磁盘面被组织成若干个磁道，磁盘驱动器的结构如图 5-13 所示。

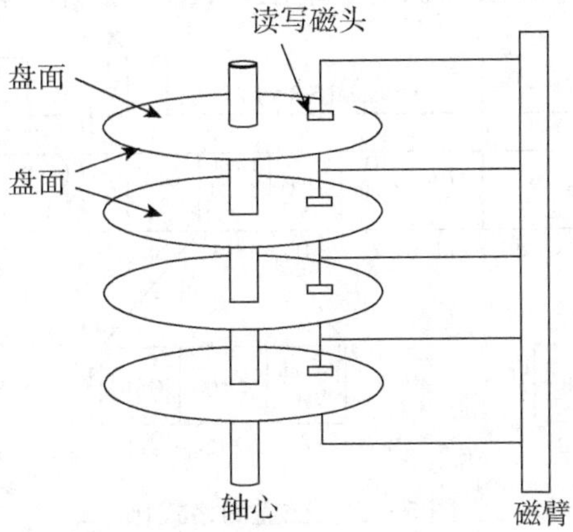

图 5-13　磁盘驱动器的结构

(1)磁头

磁头是磁盘中对盘片进行读写工作的工具,是磁盘中最精密的部位之一。磁头是用线圈缠绕在磁芯上制成的。磁盘在工作时,磁头通过感应旋转的盘片上磁场的变化来读取数据,通过改变盘片上的磁场来写入数据。为避免磁头和盘片的磨损,在工作状态时,磁头悬浮在高速转动的盘片上方,而不与盘片直接接触,只有在电源关闭之后,磁头才自动回到在盘片上的固定位置。

(2)磁道

当磁盘旋转时,若磁头保持在一个位置上,则每个磁头都会在磁盘表面划出一个圆形轨迹,这些圆形轨迹就叫做磁道。这些磁道仅是盘面上以特殊方式磁化了的一些磁化区,磁盘上的信息便是沿着这样的轨道存放的。相邻磁道之间并不紧挨着,这是因为磁化单元相隔太近时磁性会产生相互影响,同时也为磁头的读写带来困难。一张 1.44MB 的 3.5 英寸软盘,一面有 80 个磁道,而硬盘上的磁道密度则远远大于此值,通常一面有成千上万个磁道。

(3)扇区

磁盘上的每个磁道被等分为若干个弧段,这些弧段便是磁盘的扇区,每个扇区可以存放 512 个字节的信息,磁盘驱动器在向磁盘读取和写入数据时,要以扇区为单位。

(4)柱面

磁盘通常由重叠的一组盘片构成,每个盘面都被划分为数目相等的磁道,并从外缘的"0"开始编号,具有相同编号的磁道形成一个圆柱,称之为磁盘的柱面。磁盘的柱面数与一个盘面上的磁道数是相等的。由于每个盘面都有自己的磁头,因此,盘面数等于总的磁头数。所谓硬盘的 CHS,是指 Cylinder(柱面)、Head(磁头)、Sector(扇区),只要知道了硬盘的 CHS 的数目,即可确定硬盘的容量,硬盘的容量=柱面数×磁头数×扇区数×512B。

为了在磁盘上存储数据,必须先将磁盘格式化。图 5-14 给出了磁盘中一条磁道格式化后的情况。其中每条磁道包含 30 个固定大小的扇区,每个扇区容量为 600 个字节,其中 512 个字节存放数据,其余字节用于存放控制信息。

每个扇区包括两个字段:

(1)标识符字段。其中一个字节的 Synch 具有特定的位图像,作为该字段的定界符,利用磁道号、磁头号及扇区号三者来标识一个扇区，CRC 字段用于段校验。

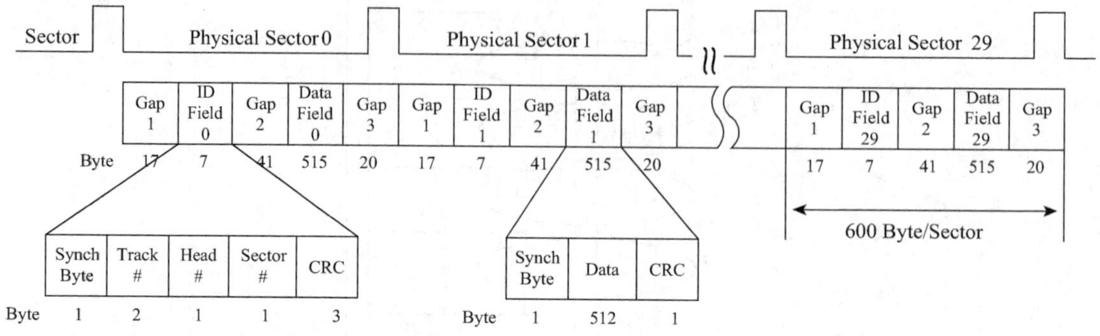

图 5-14　磁盘的格式化

(2)数据字段。存放 512 个字节的数据。

2)磁盘访问时间

磁盘设备在工作时，以恒定的速率旋转，为了读和写，磁头必须能移动到所要求的磁道上，并等待所要求的扇区的开始位置旋转到磁头下，然后再开始读和写，因此磁盘访问时间包括以下三个部分。

(1)寻道时间：磁头移动到指定柱面的机械运动时间。

(2)旋转延迟时间：磁盘旋转到指定扇区的机械运动时间。

(3)数据传输时间：从指定扇区读/写数据的时间。

考虑一个典型的磁盘，平均寻道时间为 10ms，转速为 10 000r/min，每个磁道有 320 个扇区，每个扇区 512 个字节。假设读取一个包含 2 560 个扇区的文件，文件大小为 1.3MB，计算磁盘的访问时间可分两种情况进行讨论。

(1)文件紧致存放

假设文件尽可能紧致地保存在磁盘上，文件占据了 8 个相邻磁道中的所有扇区，那么读第一个磁道的平均寻道时间需 10ms，旋转延迟时间需 3ms，读 320 个扇区需 6ms，I/O 操作对随后的磁盘访问不需要寻道就可以直接访问，因此从第二个磁道开始只需要计算旋转延迟时间和数据传输时间，整个文件的访问时间的计算方法如下：

$$访问时间=第一磁道的访问时间+2\sim8 磁道的访问时间=(10+3+6)+7\times(3+6)=82ms$$

(2)文件随机存放

假设文件随机松散地存放在磁盘上，平均分布在磁盘上的各扇区中，读每个扇区的平均时间需 0.01875ms(6ms/320 个扇区)，整个文件的访问时间如下计算：

$$访问时间=2560\times(10+3+0.01875)=33.328s$$

根据实际系统使用情况发现，磁盘读扇区的顺序对磁盘访问时间的影响很大，追溯起来看主要是寻道时间的影响。因此为了提高磁盘访问速度，需要有效地缩短寻道时间。

5.6.2　磁盘调度

1)先来先服务

先来先服务 FCFS(First Come First Served)磁盘调度算法根据进程请求访问磁盘的先

后次序进行调度。该算法的优点是实现简单，每个进程的请求都能依次得到处理，不会出现某一进程长期得不到响应的情况。该算法的主要不足是未对寻道方法进行优化，使得平均寻道时间比较长。

例如，磁盘请求队列中所涉及的柱面号为98，183，37，122，14，124，65，67(请求顺序)，磁头的初始柱面位置为53。

使用先来先服务调度算法根据磁盘请求的顺序，对柱面98，183，37，122，14，124，65，67进行访问，磁头移动过程如图5－15所示。磁头共移动640个磁道。

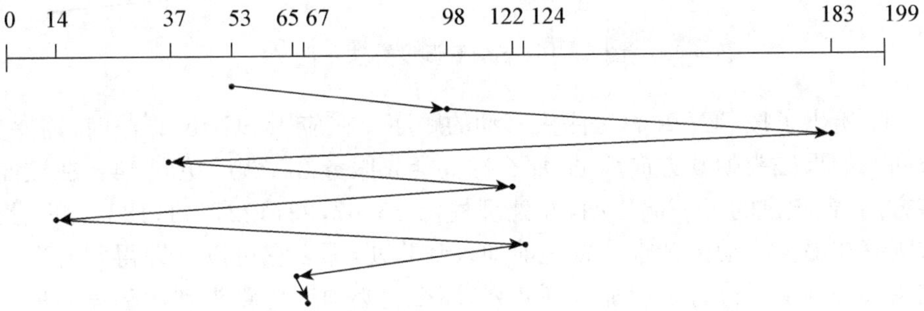

图5－15　FCFS调度算法示例

图5－15中从柱面122到14再到124的大摆动，可以发现该算法的调度不够优化。如果对柱面37和14的请求一起处理，那么总的磁头移动会大大地减少，且性能也会因此得到改善。

2)最短寻道时间优先

最短寻道时间优先SSTF(Shortest Seek Time First)磁盘调度算法每次选择要求访问的磁道与当前磁头所在的磁道距离最近的进程，这样就可以确保每次的寻道时间最短。图5－16给出了按SSTF算法进行调度时，各进程被调度的顺序，磁头共移动236个磁道。由于寻道时间总道与两次服务之间的磁道数目成正比，所以最短寻道时间优先调度算法能有效地减少寻道时间。最短寻道优先调度算法的缺点是可能导致队列中某些寻道请求长时间得不到服务而发生“饥饿”现象。因为只要不断有新进程的请求到达，且其所有要访问的磁道与磁头当前所在的磁道的距离较近，这种新进程的磁盘请求必然被优先满足。

比较图5－15和图5－16可以看出，SSTF算法的平均每次磁头移动距离明显低于FCFS的距离，因而SSTF与FCFS相比有较好的寻道性能。但是SSTF仍不是最优算法，在上例中，如果磁头从柱面53先移动到37，然后再移动至14，最后才返回访问65，67，98，122，124和183，则磁头移动只有208磁道，效果要好于SSTF算法。

3)扫描算法

扫描算法SCAN不仅考虑到欲访问的磁道与当前磁道间的距离，更优先考虑磁头当前的移动方向。该算法是将磁头从磁盘的一端开始向另一端移动，沿途响应访问请求，直到到达了磁盘的另一端，此时磁头反向移动并继续响应服务请求，有时也称之为电梯算法。该算法能有效地避免“饥饿”现象。该算法的主要缺点是不利于远离磁头一端的访问请求。

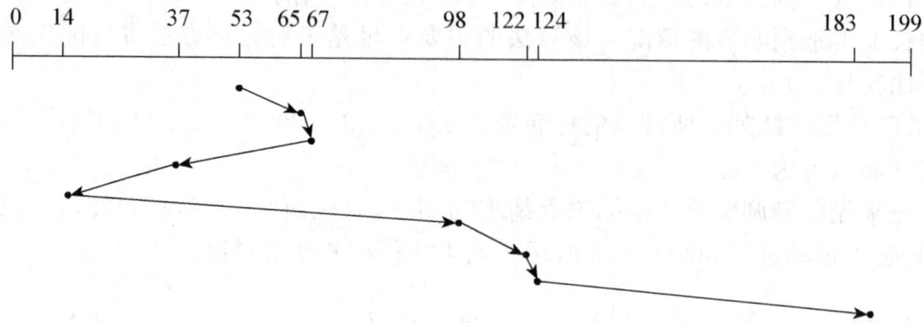

图 5－16　SSTF 调度算法示例

图 5－17 给出了按 SCAN 算法磁头移动的顺序。在应用 SCAN 算法时，需要知道磁头移动的方向。如果磁头朝 0 方向移动，那么磁头会先服务 37，然后访问 14。在柱面 0 时，磁头会调转方向，朝磁盘的另一端移动，并处理柱面 65，67，98，122，124，183 上的请求。如果一个请求刚好在磁头移动到请求位置之前加入到队列，那么它可以立即得到处理；如果一个请求在磁头移动到请求位置之后加入到队列，那么它必须等待磁头到达磁盘的另一端，调转方向之后才能处理。

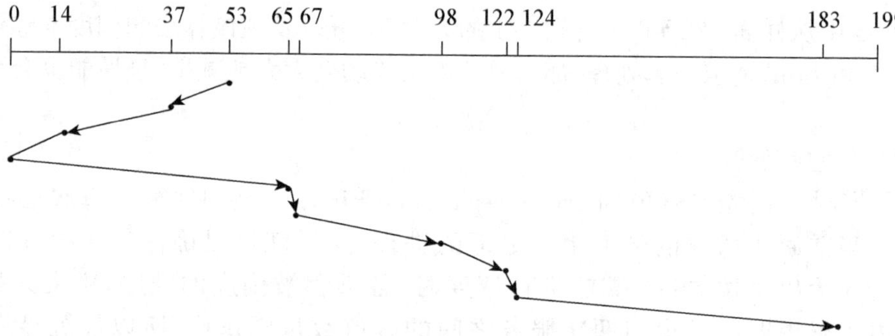

图 5－17　SCAN 调度算法示例

4）循环扫描算法

SCAN 算法既能获得较好的寻道性能又能防止“饥饿”现象，因此被广泛用于磁盘调度中。但是 SCAN 算法中当磁头移动越过请求位置之后又有新进程加入到请求该位置的队列中，进程必须等待，导致该进程的请求被延迟。为了减少这种延迟，可以采用循环扫描算法（C－SCAN）。该算法是 SCAN 算法的变种，能够提供一个更为均匀的等待时间。C－SCAN 算法是将磁头从磁盘一端移动到磁盘的另一端，随着移动不断地处理请求。当磁头移动到另一端时，它会立即返回到磁盘起始位置，然后依次移动处理。在返回到起始位置的过程中不处理任何请求，即规定磁头是单向移动的，最小磁道号紧接着最大磁道号构成循环，进行循环扫描。

图 5－18 给出了循环扫描算法的移动顺序。如果磁头朝着柱面 199 的方向移动，那么磁头将处理柱面 65，67，98，122，124，183 上的请求，在柱面 199 处理完后返回到柱面 0 的位置，然后处理柱面 14 和 37 上的请求。

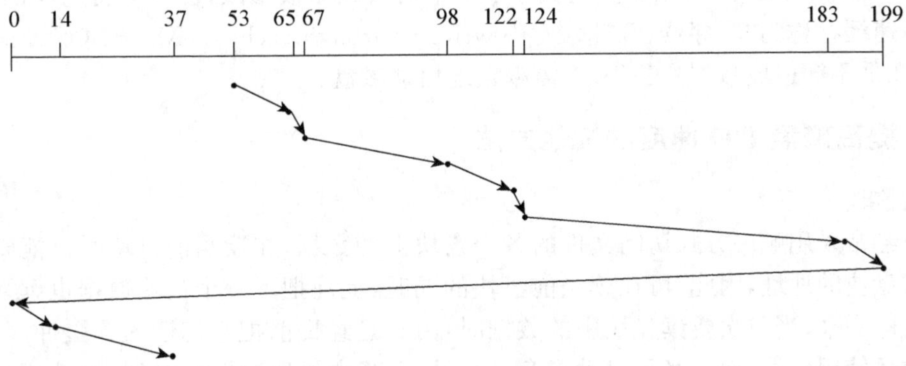

图5-18 C-SCAN调度算法示例

5.6.3 磁盘高速缓存

由于磁盘I/O速度远远低于对内存的访问速度，磁盘的I/O速度成为计算机系统的瓶颈。为提高磁盘的I/O速度，可以采用磁盘高速缓存(Disk Cache)技术。

1)磁盘高速缓存的形式

磁盘高速缓存中存储了最近从磁盘读来的信息或上次被写入磁盘的信息。如果所需的信息已保留在磁盘高速缓存中，访问时间就相对较快，不必等待磁盘驱动器机械部分从磁盘中寻找信息。磁盘高速缓存利用了内存中的存储空间，来暂存从磁盘中读出的一系列盘块中的信息。因此，这里的高速缓存是一组在逻辑上属于磁盘，而物理上是驻留在内存中的盘块。

高速缓存在内存中可以分成两种形式。第一种是在内存中开辟一个单独的存储空间来作为磁盘高速缓存，其大小是固定的，不会受应用程序多少的影响；第二种是把所有未利用的内存空间变为一个缓冲池，供请求分页系统和磁盘I/O时(作为磁盘高速缓存)共享。此时高速缓存的大小，显然不再是固定的。当磁盘I/O的频繁程度较高时，该缓冲池可能包含更多的内存空间；而在应用程序运行得较多时，该缓冲池可能只剩下较少的内存空间。

2)置换算法

和请求调度系统相似，在将磁盘中的盘块数据读入高速缓存时会出现空间不足需要置换的问题。因此，需要考虑使用哪种置换算法。较常见的置换算法是最近最久未使用算法、最近未使用算法和最少使用算法等。

为了确保数据的一致性，可以将系统中所有的盘块数据链接成一条LRU链，对将会严重影响到数据一致性的数据和很久都可能不再使用的盘块数据都放在LRU头部，使它们能被优先写回磁盘，以减少发生数据不一致性的概率，或者可以尽早地腾出高速缓存的空间。

3)周期性地写回磁盘

若经常访问的数据一直保留在磁盘高速缓存中，长期不被写回磁盘，一旦系统出现故障，存在磁盘高速缓存中的数据将丢失。为了解决这一问题，在UNIX系统中专门增设了一个修改程序，使之在后台运行，该程序周期性地调用一个系统调用SYNC。该系统调用的主要功能是强制性地将所有在高速缓存中已修改的盘块数据写回磁盘。一般把两次调用SYNC的时间间隔定为30s，因此由于系统故障所造成的工作损失不会超过30s。而在MS

—DOS 中所采用的方法是：只要高速缓存中的某盘块数据被修改，便立即将它写回磁盘，并将这种高速缓存称为“写穿透、高速缓存”(write—through cache)。MS—DOS 所采用的写回方式，几乎不会造成数据的丢失，但需频繁地启动磁盘。

5.6.4 提高磁盘 I/O 速度的其他方法

1)提前读

用户经常采用顺序方式访问文件的各个盘块上的数据，在读当前盘块时已能知道下次要读出的盘块的地址，因此，可在读当前盘块的同时，提前把下一个盘块数据也读入磁盘缓冲区。这样一来，当下次要读盘块中的数据时，由于已经提前把它们读入了缓冲区，便可直接从缓冲区使用数据，而不必再启动磁盘 I/O，从而减少了读数据的时间，也就相当于提高了磁盘 I/O 速度。“提前读”功能已被许多操作系统如 UNIX、OS/2、Windows 等广泛采用。

2)延迟写

在执行写操作时，磁盘缓冲区中的数据本来应该立即写回磁盘，但考虑到该缓冲区中的数据不久之后很可能再次被输入进程或被其他进程访问，因此，并不马上把缓冲区中的数据写回磁盘，而是把它挂在空闲缓冲区队列的末尾。随着空闲缓冲区的使用，存有输出数据的缓冲区指针也不停地向队列头移动，直至移动到空闲缓冲区队列之首。当再有进程申请缓冲区，且分到了该缓冲区时，才把其中的数据写回磁盘上，使得这个缓冲区可以作为空闲缓冲区进行分配。只要存有输出数据的缓冲区还在队列中，任何访问该数据的进程，都可直接从中读出数据，不必再去访问磁盘。这样做可以减少磁盘的 I/O 时间，相当于提高了 I/O 速度。同样，在 UNIX、OS/2 和 Windows 中也采用了这一技术。

UNIX/Linux 提供了两种读盘方式和三种写盘方式：

- 正常读——把磁盘上的块信息读入内存缓冲区；
- 提前读——在读一个磁盘当前块时，把下一个磁盘信息块也读入内存缓冲区；
- 正常写——把内存缓冲区中的信息写到磁盘上，并且写进程应等待写操作完成；
- 异步写——写进程无需等待写盘结束就可返回工作；
- 延迟写——仅在缓冲区首部设置延迟写标志，然后，释放此缓冲区，并把该缓冲区链入空闲缓冲区链表的尾部。当有另外的进程申请到这个缓冲区时，才真正把缓冲区中的信息写入磁盘。

3)优化物理块的分布

另一个提高对文件访问速度的重要措施，是优化文件物理块(即盘块)的分布，使磁头的移动距离最少。对文件盘块位置的优化，应在为文件分配盘块时进行。如果系统中的空白存储空间是采用位示图方式表示的，只需要从位示图中找到一片相邻接的多个空闲盘块，就可以将同属于一个文件的盘块安排在同一条磁道上或相邻的磁道上。当系统采用线性表(链)表示空闲存储空间时，可以将在同一条磁道上的若干个盘块组成一簇，在分配时以簇为单位进行分配。

4)虚拟盘

虚拟盘是用内存空间去仿真磁盘，又叫 RAM 盘。该盘的设备驱动程序可以接受所有标准的磁盘操作，但这些操作的执行，不是在磁盘上而是在内存中。操作过程对用户是透明的，即用户并不会发现这与真正的磁盘操作有什么不同，而仅仅是速度更快一些。虚拟盘是易失性存储器，一旦系统或电源发生故障，或重新启动系统时，原来保存在虚拟盘中的数据会丢失。因此，该盘常用于存放临时文件。虚拟盘与磁盘高速缓存的主要区别在于：前者内容完全由用户控制，而后者的内容是由操作系统控制的。

5.6.5 独立磁盘冗余阵列

独立磁盘冗余阵列 RAID(Redundant Array of Independent Disks)概念是 1987 年由美国加利福尼亚大学 Berkeley 分校一个研究小组的论文中提出，现已被广泛地应用于大中型计算机和计算机网络系统。它利用一台磁盘阵列控制器统一管理和控制一组磁盘驱动器，组成一个速度快、可靠性高、性能价格比好的大容量外存储(磁盘)子系统。RAID 的提出解决了 CPU 速度快与磁盘设备速度慢之间的问题，RAID 是一种把多块独立的硬盘(物理硬盘)按不同的方式组合起来形成一个硬盘组(逻辑硬盘)，从而提供比单个硬盘更高的存储性能和数据备份技术。组成磁盘阵列的不同方式称为 RAID 级别(RAID Levels)。在用户看来，组成的磁盘组就像是一个硬盘，用户可以对它们进行分区、格式化等。总之，对磁盘阵列的操作与单个硬盘操作一模一样。不同的是，磁盘阵列的存储速度要比单个硬盘高很多，而且可以提供自动数据备份。

通过并行处理，RAID 能有效地提高系统性能。例如，在存放一个文件时，可将该文件中的第一个数据子块放在第一个磁盘中，将文件的第二个数据子块放在第二个磁盘中，……将第 N 个数据子块放在第 N 个磁盘中。当读取数据时，同时从 1～N 个数据子块读出数据，这样就可以把磁盘 I/O 的速度提高 N－1 倍。磁盘系统的并行访问可以增加多个小访问的吞吐量，降低大访问的响应时间。

通过镜像技术，RAID 可以改善可靠性。例如，每个逻辑磁盘由两个物理磁盘组成，每次都要写在两个磁盘中。如果一个磁盘损坏，数据可以从另一个磁盘中恢复。只有两个磁盘都损坏了，数据才会丢失。通过镜像技术完成了数据的备份，而数据备份的功能使得用户数据一旦发生损坏后，利用备份信息可以使损坏数据得以恢复，从而保障了用户数据的安全性。

RAID 样式共有 6 级，为 RAID0 至 RAID5，后来又增加了 RAID6 和 RAID7，不同 RAID 级别代表着不同的存储性能、数据安全性和存储成本。它们之间的主要差别在于冗余信息数量(增加磁盘的数量)和容错性级别(可纠正错位的数目)，以及冗余信息是否分散在多个磁盘中。具体类型描述如下。

(1)RAID0：即数据分条(Data Stripping)技术。RAID 0 可以把多块硬盘连成一个容量更大的硬盘群，可以提高磁盘的性能和吞吐量。RAID 0 没有冗余或错误修复能力，成本低，要求至少两个磁盘，一般只是在那些对数据安全性要求不高的情况下才被使用。

(2)RAID1：采用镜像盘备份所有数据来提高容错性。当读取数据时，系统先从源盘读取数据，如果读取数据成功，则不去管备份盘上的数据；如果读取源盘数据失败，则系统自动转去读取备份盘上的数据，不会造成用户工作任务的中断。RAID 1 磁盘系统的可靠性好，但磁盘利用率不高。

(3)RAID2：采用数据字或字节方式交叉存放，并行存取以获得高性能，使用汉明校验码进行错误校正，以保证输出的正确。

(4)RAID3：使用一个专门的磁盘存放所有的校验数据，而在剩余的磁盘中进行分散数据的读写操作。从一个完好的 RAID 3 系统中读取数据，只需要在数据存储盘中找到相应的数据块进行读取操作即可。但当向 RAID 3 写入数据时，必须计算数据块的校验值，并将新值重新写入到校验块中。RAID 3 常用于科学计算和图像处理领域。

(5)RAID4：即带奇偶校验码的独立磁盘结构，数据条带交叉存放，访问请求可以并行地获得满足，适合 I/O 请求速度要求较高的应用场合。

(6)RAID5：把校验块分散到所有的数据盘块中，具有独立传送的功能，各磁盘驱动器可独立读、写，常用于 I/O 较频繁的事务处理中。

(7)RAID6：带有两种分布存储的奇偶校验码的独立磁盘结构，设置了一个专用的、可快速访问的异步校验盘，该盘具有独立的数据访问通路。主要是用于要求数据绝对不能出错的场合。

(8)RAID7：即优化的高速数据传送磁盘结构，它所有的 I/O 传送均是同步进行的，可以分别控制，这样提高了系统的并行性和系统访问数据的速度，每个磁盘都带有高速缓冲存储器，实时操作系统可以使用任何实时操作芯片，达到不同实时系统的需要。允许使用 SNMP 协议进行管理和监视，可以对校验区指定独立的传送信道以提高效率。可以连接多台主机，当多用户访问系统时，访问时间几乎接近于 0。但如果系统断电，在高速缓冲存储器内的数据就会全部丢失，因此需要和 UPS 一起工作，RAID7 系统成本很高。

本章小结

设备管理是指计算机系统中除 CPU、主存储器以外的设备的管理。设备的概念含义广泛，它既指进行实际 I/O 操作的物理设备，也指控制这些设备并进行 I/O 操作的支持设备和支持部件(如设备控制器、中断控制器、DMA 控制器等)，还包括逻辑设备和虚拟设备。设备与 CPU 之间的数据传输控制方式包括：程序直接控制方式、中断控制方式、DMA 控制方式和通道控制方式。程序直接控制方式采用忙/闲标志位测试方法，设备与 CPU 只能串行工作。中断控制方式适用于配置少量设备的场合，设备与 CPU 并行工作，但是并行操作的设备数量受到中断处理速度的限制。DMA 控制方式与通道控制方式均采用设备与主存储器直接交换数据的方法，当一块数据传输结束时才发出中断请求 CPU 的干预，从而把 CPU 从烦琐的 I/O 处理中解放出来。

I/O 软件分为：设备中断处理程序、设备驱动程序、设备独立性软件、用户空间的 I/O 软件。中断处理程序的主要工作是分析中断类型以做出相应的处理。设备驱动程序的主要工作是把用户提交的逻辑 I/O 请求转换为物理 I/O 操作的启动和执行，它对于其上层软件屏蔽所有的硬件细节。独立于设备的 I/O 软件功能是向用户层软件提供统一接口，完成逻辑设备名到物理设备名的转换。用户空间的 I/O 软件包括用户空间的 I/O 库函数和 SPOOLing 程序。SPOOLing 技术的核心是利用可共享的外存设备来模拟独占设备的操作，使一台共享设备变成若干台虚拟设备。SPOOLing 系统主要由输入井和输出井、输入缓冲区和输出缓冲区、输入进程和输出进程组成，已经用于打印机管理之中。

为了解决 CPU 与外部设备之间速度不匹配的问题可以使用缓冲技术。常用的缓冲技术有：单缓冲、双缓冲、循环缓冲和缓冲池。

为了实现设备分配，必须在系统中设置相应的数据结构。当进程向系统提出 I/O 请求后，设备分配程序将按照一定的分配策略为其分配所需的设备，同时还要分配相应的设备控制器和通道，以保证CPU与设备之间的通信。

磁盘的地址是由柱面号、磁头号、扇区号组成。磁盘的访问时间主要由寻道时间决定，常用的磁盘调度算法有先来先服务、最短寻道优先算法和扫描算法。

习　题

一、单项选择题

1. 缓冲技术中的缓冲池在(　　)中。

A. 内存　　B. 外存　　C. ROM　　D. 寄存器

2. 引入缓冲的主要目的是(　　)。

A. 改善CPU和I/O设备之间速度不匹配的情况

B. 节省内存

C. 提高CPU的利用率

D. 提高设备的利用率

3. CPU输出数据的速度远远高于打印机的打印速度，为了解决这一矛盾，可采用(　　)。

A. 并行技术　　B. 通道技术　　C. 缓冲技术　　D. 虚拟技术

4. 为了使多个进程能有效地处理输入和输出，最好使用(　　)结构的缓冲技术。

A. 缓冲池　　B. 单缓冲　　C. 循环缓冲　　D. 双缓冲区

5. 通过硬件和软件的功能扩充，把原来独立的设备改成若干个用户所共享的设备，这种设备称为(　　)。

A. 存储设备　　B. 系统设备　　C. 用户设备　　D. 虚拟设备

6. 如果I/O设备与存储设备进行数据交换不经过CPU来完成，这种数据交换方式是(　　)。

A. 程序查询　　B. 中断方式　　C. DMA方式　　D. 无条件存取方式

7. 中断发生后，应该保留(　　)。

A. 缓冲区指针　　B. 关键寄存器内容

C. 被中断的程序　　D. 页表

8. 在中断处理中，输入/输出中断是指(　　)。

A. 设备出错　　B. 数据传输结束

C. 设备出错和数据传输结束　　D. 都不是

9. 设备管理程序对设备的管理是借助一些数据结构来进行的，下面(　　)不属于设备管理数据结构。

A. JCB　　B. DCT　　C. COCT　　D. CHCT

10. 大多数低速设备都属于(　　)

A. 独占　　B. 共享　　C. 虚拟　　D. SPOOL

11. (　　)用作连接大量低速或中速I/O设备。

A. 数据选择通道　　B. 字节多路通道

C. 数据多路通道　　D. DMA控制器

12. (　　)是直接存取的存储设备。

A. 磁盘　　B. 磁带　　C. 打印机　　D. 显示器

13. 在以下叙述中正确的是(　　)。

A. 现代计算机系统中只有 I/O 才是有效的中断源

B. 在中断处理过程中必须屏蔽中断

C. 统一用户所使用的 I/O 设备也可能并行工作

D. SPOOLing 是脱机 I/O 系统

14. (　　)是操作系统中采用以空间换时间的技术。

A. 重定位技术　　B. 虚拟存储技术

C. SPOOLing 技术　　D. 通道技术

15. 按(　　)分类可以将设备分为块设备和字符设备。

A. 从属关系　　B. 操作特性　　C. 共享属性　　D. 信息交换单位

二、填空题

1. 设备分配应保证设备有(　　)和避免(　　)。

2. 设备管理中采用的数据结构有(　　)、(　　)、(　　)、(　　)等四种。

3. 从资源管理(分配)的角度出发,I/O 设备可以分为(　　)、(　　)和(　　)三种类型。

4. 按所属关系对 I/O 设备分类,可分为系统设备和(　　)两类。

5. 引发中断发生的事件称为(　　)。

6. 常用的 I/O 控制方式有(　　)、(　　)、(　　)和(　　)。

7. 通道是一独立于(　　)专管(　　),它控制(　　)与内存之间的信息交换。

8. 虚拟设备是通过(　　)技术把(　　)设备变成若干用户(　　)的设备。

9. 磁盘文件目录表的内容至少应包含(　　)和(　　)。

10. 访问磁盘时间由三部分组成,即(　　)、(　　)和(　　)。

三、问答题

1. 为什么引入缓冲?

2. 有几种 I/O 控制方式?各自有何特点?

3. 说明设备分配的过程。

4. 什么是通道?通道有哪几种类型?

5. 什么是"设备独立性"?它有什么好处?如何实现?

6. 简述操作系统是如何使用 SPOOLing 技术实现虚拟打印的?

7. 什么是设备驱动程序?设备驱动程序的功能是什么?

8. 提高磁盘 I/O 速度的方法有哪些?并分别加以简单的说明。

9. 若有如下请求磁盘服务的队列,要访问的磁盘柱面分别是 98、183、37、122、14、124、65、67,当前磁头在 53 道,若按照最短寻道时间优先法,磁头的移动顺序是什么?移动道数是多少?

10. 若磁头的当前位置为 100 磁道,磁头正向磁道号增加的方向移动。现有一磁盘柱面读写请求队列:23,376,205,132,19,61,190,398,29,4,18,40。若采用先来先服务、最短寻道时间优先和扫描算法,说明各自的磁道移动情况。

第6章 文件管理

本章导读

在现代计算机系统中，需要使用大量的程序和数据，而这些信息通常以文件的形式存放在外存中，当需要时再随时调入内存。操作系统设置了管理文件的功能模块——文件系统。文件管理主要涉及文件的逻辑组织和物理组织、文件目录的结构和管理。所谓文件管理，就是操作系统中实现文件统一管理的一组软件、被管理的文件以及为实施文件管理所需要的一些数据结构的总称(是操作系统中负责存取和管理文件信息的机构)。从系统角度来看，文件系统是对文件存储器的存储空间进行组织、分配和回收，负责文件的存储、检索、共享和保护。从用户角度来看，文件系统主要是实现“按名存取”，文件系统的用户只要知道所需文件的文件名，就可存取文件中的信息，而无需知道这些文件究竟存放在什么地方。

本章介绍文件系统的相关概念、文件的逻辑结构和物理结构、目录管理、文件存储空间的管理、文件的共享和保护。

本章要点

- 文件和文件系统的概念
- 文件的分类
- 文件的逻辑结构
- 文件的存取方法
- 文件的物理结构
- 目录管理
- 文件存储空间的管理
- 文件的共享和保护

6.1 文件和文件系统

计算机通过物理介质(磁盘、磁带、光盘)存储信息，为了方便使用计算机系统，操作系统提供了信息存储的统一使用界面。操作系统对存储设备的各种属性加以抽象，从而定义了逻辑存储实体(文件)，再将文件映射到物理设备上。

6.1.1 文件、记录和数据项

文件系统中可以把数据分成数据项、记录和文件三级。

1)数据项

数据项是数据记录中最基本的、不可分的有名数据单位。数据项可以是字母、数字或两者的组合。通过数据类型(逻辑的、数值的、字符的等)及数据长度来描述。数据项用来描述实体的某种属性。在文件系统中,数据项是最低级的数据组织形式。例如,学号/20111201、姓名/张晓、性别/男等就是数据项。

2)记录

记录是一组相关数据项的集合,用于描述一个对象在某方面的属性。关键字(Key)是唯一能标识一个记录的数据项。通常,只需用一个数据项作为关键字。如图 6-1 是一个记录的组成项,“2001”是名为 R 的记录在文件中的逻辑地址,“姓名:张晓”是该记录的关键字,而“性别”、“出生年月”和“工资”等是该记录的属性项,紧跟在属性后面的是属性值。

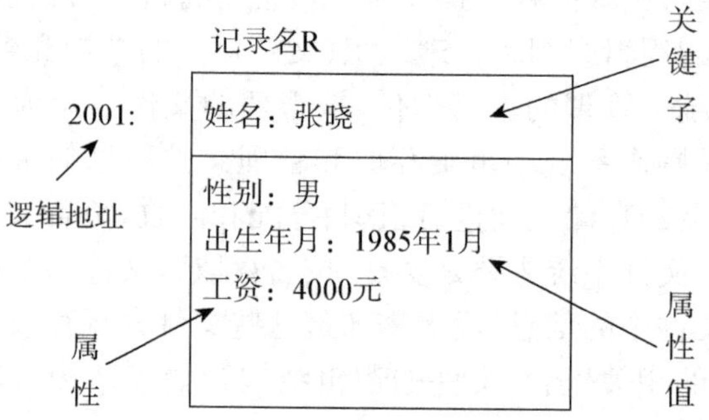

图 6-1　记录的组成

3)文件

文件是具有符号名的,在逻辑上具有完整意义的一组相关信息项的有序序列。文件表示程序和数据。通常文件由记录组成,文件信息由文件创建者和使用者定义,文件信息的类型可以是源程序、目标程序、可执行文件、图像和声音等。文件具有文件名,系统通过文件名可以访问文件。各种系统的文件命名规则略有不同,但所有操作系统都允许用 1~8 个字母组成的字符串作为合法文件名。大多数操作系统支持两部分文件名,两部分文件名之间用英文句号加以分隔,比如 prog. c。在句号后面的部分称作文件扩展名,它通常给出了与文件有关的一些信息。在 MS-DOS 中文件名由 1~8 个字符和 1~3 个字符的可选扩展名组成。在 UNIX 中,如果使用扩展名,则其长度完全由用户决定,甚至一个文件中可以含有两个或多个部分的扩展名。

文件都有文件名和数据,此外操作系统为了方便管理还会保存与文件相关的信息,这些附加信息就是文件属性。

文件的属性可以包括:

(1)文件名;

(2)文件类型;

(2)文件长度;

(3)文件的物理位置;

(4)文件的建立时间、最后一次存取时间、最后一次修改时间。

6.1.2 文件的分类

为了便于管理和控制文件，通常将文件分为若干种类型。文件分类的方法有很多，这里介绍几种常见的文件分类方法。

1)按用途分类

根据文件的性质和用途的不同，可以将文件分为三类。

(1)系统文件　系统文件通常是操作系统核心和各种系统应用程序和数据组成。只允许用户通过系统调用来执行该类文件，不允许对这类文件进行读写和修改操作。

(2)用户文件　指由用户的源代码、目标文件、可执行文件或数据等构成的文件。用户文件是用户委托文件系统保存的文件，只能由文件的所有者或授权用户访问。

(3)库文件　这是由标准子例程及常用的例程等所构成的文件。这类文件允许用户调用，但不允许修改。

2)按文件中数据的形式分类

按这种方式分类，也可把文件分为三类。

(1)源文件　通常是指由高级语言或汇编语言所编写的程序，由源程序和数据构成的文件。

(2)目标文件　是指源程序经过相应语言的编译程序或者解释程序编译过，但尚未经过链接程序链接的目标代码所构成的文件。

(3)可执行文件　这是指把编译后所产生的目标代码再经过链接程序链接后所形成的文件。

3.按信息流向分类

根据信息流的方向，可将文件分为三类：

(1)输入文件　该类文件只能读入。如读卡机或键盘上的文件。

(2)输出文件　该类文件只允许写出，例如打印机上的文件。

(3)输入/输出文件　该类文件既可以读入又可以写出，如磁盘、磁带上的文件。

4)按组织形式和处理方式分类

根据文件的组织形式和系统对其的处理方式，可将文件分为三类。

(1)普通文件　由ASCII码或二进制码组成的字符文件。一般用户建立的源程序文件、数据文件、目标代码文件及操作系统自身代码文件、库文件、实用程序文件等都是普通文件，它们通常存储在外存设备上。

(2)目录文件　由文件目录组成，用来管理和实现文件系统功能的系统文件，通过目录文件可以对其他文件的信息进行检索。由于目录文件也是由字符序列构成，因此对其可进行与普通文件一样的各种文件操作。

(3)特殊文件　特指系统中的各类I/O设备。为了便于统一管理，系统将所有的输入/输出设备都视为文件，按文件方式提供给用户使用，如目录的检索、权限的验证等都与普通文件相似，只是对这些文件的操作是和设备驱动程序紧密相连的，系统将这些操作转为对具体设备的操作。根据设备数据交换单位的不同，又可将特殊文件分为块设备文件和字符设备文件。前者用于磁盘、光盘或磁带等块设备的I/O操作，后者用于终端、打印机等字符设备的I/O操作。

6.1.3 文件系统

操作系统中负责管理和存储文件信息的软件机构称为文件管理系统，简称文件系统。文件系统是操作系统用于明确磁盘或分区上文件的方法和数据结构（即在磁盘上组织文件的方法），也指用于存储文件的磁盘或分区，或文件系统的种类。

1）文件系统的主要功能

从系统角度来看，文件系统是对文件存储器空间进行组织和分配，负责文件的存储并对存入的文件进行保护和检索的系统。具体地说，它负责为用户建立、存入、读出、修改、转存、控制和撤销文件等。

文件系统的主要功能如下：

（1）实现文件的按名存取。按名存取外存设备上的文件就是实现从逻辑文件到物理文件间的地址转换。当用户要求保存一个已命名文件时，文件系统应根据一定的格式将用户文件存放到文件存储器中，当用户要求访问时，系统能根据文件名找到文件存放的物理地址。

（2）为用户提供统一和友好的接口。

（3）实施对文件和文件目录的管理。负责为用户建立、撤销、读写、修改和复制文件，以及文件目录的建立和删除。

（4）文件存储空间的分配和回收。

（5）提供有关文件的共享和保护。

2）文件系统结构

图 6-2 给出了文件系统的结构。最底层是设备驱动程序层，该层利用设备驱动程序直接与 I/O 设备通信，它负责启动设备的 I/O 操作，对文件进行操作的设备主要是磁盘驱动程序和磁带驱动程序。第二层是基本文件系统层，或称物理 I/O 层。该层是与计算机系统外部环境的基本接口，处理与 I/O 设备之间的数据块交换。第三层是基本 I/O 管理程序层，负责所有文件 I/O 的开始和终止，由特定的控制结构来维护设备的输入输出、调度和文件状态。第四层是逻辑 I/O 层，提供一种通用记录 I/O 功能，并维护关于文件的基本数据。最上层是访问方法层，它提供给用户访问的逻辑组织形式。

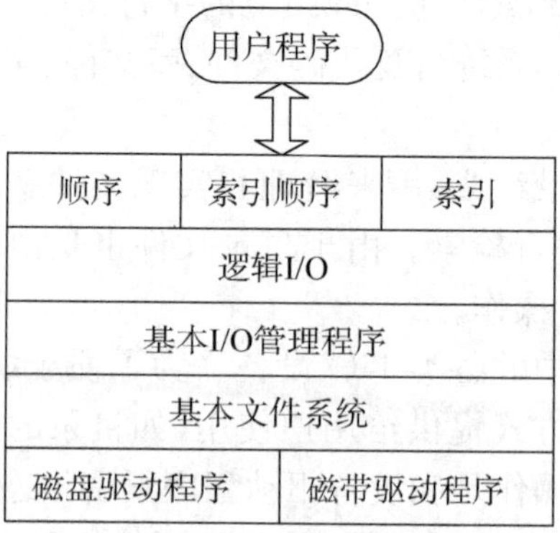

图 6-2 文件系统的结构

6.1.4 文件操作

1)对整个文件的操作

(1)对文件的操作

①创建文件　构造一个新的文件。创建文件时,系统首先要为新文件分配必要的外存空间,并在文件系统的目录中,为之建立一个目录项。目录项中应记录新文件的文件名及其在外存的地址等信息。

②打开文件　打开文件在文件建立之后能立即使用。通过打开文件操作能建立起文件和用户之间的联系。文件打开以后,直至关闭文件前,都可被反复使用,不必多次进行打开操作,这样做能减少查找目录的时间,加快文件存取速度,从而提高文件系统的运行效率。

③关闭文件　结束对该文件的使用。关闭文件是当一个文件使用完毕后,使用者关闭文件以便让别的使用者使用此文件或自己使用其他文件。关闭文件的请求可以用关闭操作直接向系统提出,也可用隐含方式实现,当使用同一设备上的另外一个文件时,就可以默认为先要关闭当前使用的文件,再打开新文件。

④撤销文件　删除一个文件。当不再需要某文件时,可将它从文件系统中删除。在删除时,系统先从目录中找到要删除文件的目录项,使之成为空项,然后回收该文件所占用的存储空间。

⑤复制文件:为文件在本地产生一个副本,或者复制文件到另一个I/O设备,例如打印机或显示器。

⑥文件重命名　改变指定文件的文件名。

⑦文件列表:打印或显示文件列表。

(2)对文件中信息的操作

①读文件　在读一个文件时,需在相应系统调用中给出文件名和应读入的内存地址。此时,系统要查找文件目录,找到指定的目录项,从中得到被读文件在外存中的位置。在目录项中,还包含一个指针用于对文件的读/写操作。

②写文件　在写一个文件时,需在相应系统调用中给出该文件名及该文件在内存中的(源)地址。为此,也同样需先查找目录,找到指定文件的目录项,再利用目录中的写指针进行写操作。

③截断文件　如果一个文件的内容已经陈旧而需要全部更新时,一种方法是将此文件删除,再重新创建一个文件。但如果文件名及其属性均无改变,则可采取一种截断文件的方法,删除文件中的内容,设置文件长度为0。

2)文件的备份和恢复

系统可能受到自然界或人为的破坏,造成无法弥补的损失,因此为了确保系统中文件的安全需要采取保护措施。最通常的保护措施是对重要的文件进行定期备份,把这些文件备份到可拆卸的外部存储器(如磁带)上,以备需要时恢复这些文件。

(1)文件的备份

常用的备份方法有以下两种。

①完全备份　把文件存储器中的整个系统进行完全备份,包括系统和数据,定期复制到可拆卸的外部存储器。这种备份方式的优点就是很直观,易于理解。而且当发生数据丢失的灾难时,只要用一盘磁带(即灾难发生前一天的备份磁带),就可以恢复丢失的数据。

它的不足之处在于两点。首先,由于每天都需要对系统进行完全备份,因此在备份的数据中有大量是重复的,例如操作系统与一些应用程序。这些重复的数据占用了大量的磁带空间,这对用户来说意味着的增加;其次,由于需要备份的数据量相当大,备份所需的时间较长,对于那些本身业务就繁忙的系统选择这种备份策略无疑是不合适的。

②增量备份　每隔一段时间,把上一次备份,所有发生变化的文件都备份到外部存储器中。通常系统会对这些修改过的文件和新文件做出标记,当用户退出系统时,系统就会自动地将列有这些文件名的表传送给系统进程,然后进行增量备份。增量备份的优点在于它的速度比完全备份快许多,同时由于增量备份在做备份前会自动判断备份时间点及文件是否已作改动,系统备份那些有改动的部分所以相对于完全备份方法来说,其对于节省存储空间也大有益处。

增量备份的不足之处在于数据还原的时间较长,效率相对较低。

(2)文件的恢复

文件备份后,当系统出现故障或需要恢复时,就可以利用备份文件来恢复系统或用户文件了。

6.2　文件的逻辑结构与存取方法

文件的逻辑结构是从用户观点出发,研究用户概念中抽象信息的组织方式,这是用户能观察到的、可以加以处理的数据集合,称为逻辑结构。一些相关数据项的集合称作逻辑记录,而相关逻辑记录的集合称作逻辑文件。系统提供若干操作以便使用者构造他的文件,这样,用户不必顾及文件信息的物理构造,而只需了解文件信息的逻辑构造,利用文件名和有关操作就能存储、检索和处理文件信息。

6.2.1　文件的逻辑结构

文件的逻辑结构可以分为两种形式:一种是有结构的记录式文件,另一种是无结构的流式文件。

1)有结构的记录式文件

记录式文件是一种有结构的文件,它包含若干逻辑记录,逻辑记录是文件中按信息在逻辑上的独立含义划分的一个信息单位,记录在文件中的排列可能有顺序关系,但除此以外,记录与记录之间不存在其他关系。在记录式文件中,每个记录都用于描述实体集中的一个实体,各记录有着相同或不同数目的数据项。记录的长度可分为定长和不定长两类。

(1)定长记录。指一个记录式文件中所有的逻辑记录都具有相同的长度,同时所有数据项的相对位置也是固定的。定长记录由于处理方便、控制容易,在传统的数据处理中普遍采用。

(2)变长记录。这是指文件中逻辑记录的长度不相等,但每个逻辑记录的长度在处理之前能预先确定。有两种情况会造成变长记录:

①包含一个或多个可变长度的数据项,例如个人信息中的简介。

②包含可变数目的定长数据项,如书的著作者、论文中的关键词等。

虽然可变长记录处理起来相对复杂，但采用变长记录能节省存储空间。

为了方便文件的组织和管理，提高文件记录的查找效率，通常对逻辑文件的每个逻辑记录至少设置一个与之对应的关键字，利用关键字可将它记录与同一文件中的其他记录区别开来。能唯一地标识某个逻辑记录的记录键，称为主键。例如，工资信息记录中的职员编号可用作相应记录的主键。一个逻辑文件中，主键是最重要的，但它未必是唯一的，如果一个部门没有同名同姓的职员，那么，工资信息记录既允许使用职工编号作为主键，也允许使用职工姓名作为主键。

根据用户和系统管理上的需要，可采用多种方式来组织这些记录，形成下述的几种文件：

(1)顺序文件。顺序文件把一组记录作为一个列表来存储和管理。记录中包含一定信息的基本单位，这些信息可有若干个字段，字段个数相同，每个字段的长度也相同。

(2)索引文件。为文件中所有记录建立一张索引表。索引表是一张指示逻辑记录和物理记录之间对应关系的表，记录文件中的每个记录所在的位置。查找时检索索引表找到相应的表项，就能访问所需的文件中的变长记录。通常将存放记录的文件称为主文件，而存放索引信息的文件称为索引文件。

(3)索引顺序文件。主文件中的记录按关键字有序排列的文件称索引顺序文件。在索引顺序文件中，可对一组记录建立一个索引项。在对索引顺序文件进行检索时，首先也是利用用户(程序)所提供的关键字以及某种查找方法，去检索索引表，找到该记录所在记录组中第一个记录的表项，从中得到该记录组第一个记录在主文件中的位置；然后，再利用顺序查找法去查找主文件，从中找到记录。

此外，有结构的记录式文件还可以组织为堆或散列形式。堆是一种简单的文件组织形式，数据根据到达的顺序被采集。堆本身没有结构，因而对记录的访问是通过穷举搜索的方式，即检查堆中每一个记录，直到找到该记录为止。散列形式是按记录中的关键字进行散列管理，和顺序文件以及索引顺序文件类似。

2)无结构的流式文件

无结构的流式文件是指对文件内的信息不再划分单位，而是依次的一串字符流构成的文件，也被称为流式文件。在无结构的流式文件中查找文件中的基本信息单位是比较困难的，例如查找某个单词。但是无结构的流式文件管理起来简单，用户可以方便地对其进行操作。因此，那些对基本信息单位操作不多的文件较适于采用字符流的无结构方式存储，例如，源程序文件、目标代码文件等。

6.2.2 存取方法

1)顺序存取

顺序存取是按照文件的逻辑地址的顺序，对文件信息的记录一个接着一个地进行存取。通常编译器或编辑器按这种方式访问文件。

文件操作中有大量的读文件和写文件的操作。在记录式文件中，顺序存取反映为按记录的排列顺序来存取。定长记录文件的读操作中如果当前存取的记录为 R_i，则下次要存取的记录自动确定为 R_{i+1}。设置一个读指针 $rptr$，令它指向下一个记录的首地址，读操作时自动让文件记录读指针推进，以指向下一次要读出的记录 R_{i+1} 的位置，即完成以下操作：

$$rptr:=rptr+L$$

其中的L为记录长度。如果文件是可读可写的，再设置一个文件记录指针 wptr，使它总指向下一次要写入记录的存放位置。执行写操作时，完成以下操作：

$$wptr:=wptr+L$$

变长记录文件中每个记录的长度信息存放于记录前面一个单元中，它的存取操作分两步进行。读操作时，根据读指针值首先读出存放记录长度的单元。然后，得到当前记录长度后再把当前记录一起写到指针指向的记录位置，同时调整写指针值。流式文件的读写过程与变长记录文件类似，顺序存取反映了当前读写指针的变化，即在存取完一段信息之后，读写指针自动加上这段信息的长度，以便指出下次存取的位置。

顺序存取方式不仅适用于顺序访问设备，也适用于随机访问设备。

2)直接存取(随机存取法)

直接存取法允许用户根据记录的编号来存取文件的任一记录，或者是根据存取命令把读写指针移动到相应的读写信息位置进行读写操作。由于磁盘允许对任意文件块进行随机的读写，因此直接存取方式是基于文件的磁盘模型，对读写顺序没有限制。

直接存取法可立即访问大量的信息，在很多应用场合都可以使用。数据库通常使用这种类型的文件。例如，在航空订票系统中，可以把特定航班的所有信息用航班号作标识，存放在某物理块中。当用户预订某航班时，需要直接将该航班的信息取出。

为了实现直接存取，一个文件可以看作由顺序编号的物理块组成的，这些块常常划成等长，作为定位和存取的一个最小单位，如划分物理块为 1 024 字节、4 096 字节等，应根据系统和应用而定。用户可以请求读块 22、写块 48、再读块 9 等。直接存取文件对读或写块的次序没有限制。用户提供给操作系统的是相对块号，它是相对于文件开始位置的一个位移量，而绝对块号则由系统换算得到。

3)索引存取

第三种类型的存取方法是基于索引文件的索引存取方法。在索引存取法中，文件中的记录不按它在文件中的位置编址，而是按它的记录键来编址，因此用户提供给操作系统记录键后就可以查找到所需记录。它本质上也是直接存取法。

通常记录按记录键的某种顺序存放，例如，按代表健的字母先后次序来排序。对于这种文件，除可采用按键存取外，也可以采用顺序存取或直接存取的方法。信息块的地址都可以通过查找记录键而换算出。

对于大文件，索引本身可能太大以至于不能保存在内存中，在这种情况下可以为索引文件再创建索引。初级索引文件包括二级索引文件的指针，而二级索引文件再包括真正指向数据项的指针。例如，IBM 的索引化顺序访问方法(ISAM)就使用小的主索引文件指向二级索引的磁盘块，二级索引再指向实际文件块。图 6-3 为一个索引文件结构图将顺序文件中的所有记录分为若干个组(例如，50 个记录为一个组)，为顺序文件建立一张索引表，在索引表中为每组中的第一个记录建立一个索引项，其中含有该记录的键值和指向该记录的指针。

对键的搜索可以利用搜索算法来解决。通常这些算法可以大致分为三种类型。

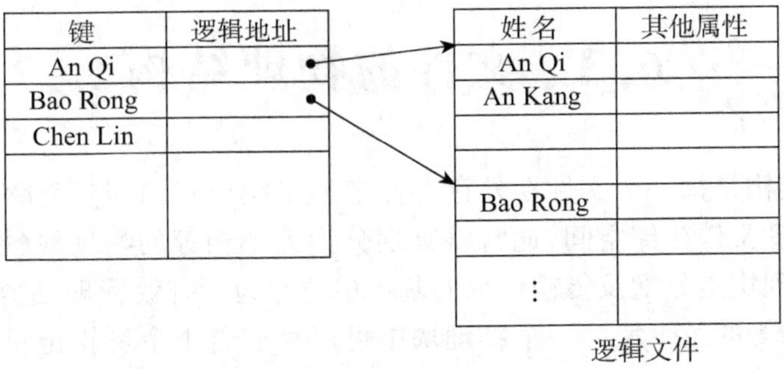

图 6-3　索引文件结构

(1)线性搜索法

线性搜索法是一种比较简单而直观的搜索方法。每次搜索都是从第一个键或记录开始,依次与要搜索的键相比较,直到找到所需要的记录为止。线性搜索法所需要的搜索时间平均为所搜索索引文件中总项数的1/2。

线性搜索法的搜索效率较低,文件中记录个数较多时不宜采用。

(2)散列法

散列法又被称为哈希法,是一种将字符组成的字符串转换为固定长度(一般是更短长度)的数值或索引值的方法。由于通过更短的哈希值比用原始值进行数据搜索更快,这种方法一般用在建立索引并进行搜索上。

散列法的核心思想是定义一个散列函数 $h(k)$,使得对于给定的键 k,散列函数 $h(k)$ 将其变换为 k 所对应的逻辑地址。常用的散列函数有①余数法:先估计整个哈希表中的表项目数目大小。然后用这个估计值作为除数去除每个原始值,得到商和余数,用余数作为哈希值。②折叠法:该方法是针对原始值为数字时使用的,将原始值分为若干部分,然后将各部分叠加,得到的最后四个数字(或者取其他位数的数字也可以)作为哈希值。③基数转换法:当原始值是数字时,可以将原始值的数制基数转换为一个不同的数字。例如,可以将十进制的原始值转为十六进制的哈希值。为了使哈希值的长度相同,可以省略高位数字。④数据重排法:这种方法只是简单地将原始值中的数据打乱排序。比如可以将第三位到第六位的数字逆序排列,然后利用重排后的数字作为哈希值。

在使用散列函数进行搜索时,会出现两个不同的输入值变换到同一地址的问题,称为散列冲突。解决散列冲突的方法有多次散列搜索法、平方散列函数法等。

(3)二分搜索法

顺序结构排列的键使用二分搜索具有较高的搜索效率。设键 $K_0,K_1,K_2,\cdots,K_n(n>1)$ 按键间距 d 排列,如果 K_0 的逻辑位置为 a_0,则有 K_i 的逻辑位置为 a_0+i*d。二分搜索法首先把所要搜索的键与索引表的表首和表尾的键进行比较,如果和其中之一相等,则返回所搜索到的键的逻辑位置。否则,再与索引表1/2处的键比较,如果所要搜索的键正好等于该键,则返回该键的逻辑地址;否则,如果所要搜索的键 K 小于位于索引表1/2处的键,则继续搜索索引表的上半部分;如果所要搜索的键 K 大于位于索引表1/2处的键,则继续搜索索引表的下半部分。重复这一过程,直到找到目标为止。

6.3 文件的物理结构

文件的物理结构是指一个文件在外存存储上的组织形式，它与存储介质的存储特性有关，为了有效地管理文件存储空间，通常将其划分为大小相等的物理块（如每块为 512 字节或 1024 字节），物理块是分配及传输信息的基本单位。为了有效管理，通常将文件信息划分为与物理块大小相等的逻辑块。一个物理块中可以存放若干个逻辑记录，一个逻辑记录也可以存放在若干个物理块中，物理块的大小与逻辑记录的大小无关。

常见的文件物理结构有连续分配、链接分配、索引分配等。

6.3.1 连续分配

1）连续分配方式

连续分配要求为每一个文件分配一组相邻的盘块。磁盘地址为磁盘定义了一个线性序列。采用这个序列，假设作业的第一个盘块的地址为 b，则第二个盘块的地址为 $b+1$，第三个盘块的地址为 $b+2$……此时在进行读/写时，不必移动磁头，仅当访问到一条磁道的最后一个盘块后，才需要移动磁头到下一条磁道。因此，访问连续分配文件所需的寻道数最小。

在采用连续分配方式时，可以把逻辑文件中的记录顺序地存储到邻接的各物理盘块中，这样所形成的文件结构称为顺序文件结构，此时的物理文件称为顺序文件。这种分配方式保证了逻辑文件中的记录顺序与存储器中文件占用盘块的顺序的一致性。文件的连续分批可以用第一块的磁盘地址和连续块的数量来定义。如果文件有 n 块长度并从位置 b 开始，那么该文件将占有块 $b,b+1,b+2,\cdots,b+n-1$。对顺序文件的访问很容易，在访问时，文件系统会记录下上次访问过的磁盘地址，如操作需要可预先读入下一块磁盘内容。要直接访问一个从块 b 开始的文件的第 i 块，可以直接访问块 $b+i$。因此，连续分配支持顺序访问和直接访问。图 6-4 所示为磁盘空间的连续分配。图中假定了记录与盘块的大小相同。文件 A 的第一个盘块号是 2，文件长度为 3，因此在盘块号为 2、3 和 4 的三个盘块中存放文件 A 的数据。

2）连续分配的主要优缺点

连续分配的优点：从单个顺序文件的角度看，连续分配访问速度快，能同时取出多个块，因此提高了顺序处理 I/O 的速度。此外，连续分配中如果需要检索某一个块也非常容易。例如，如果一个文件从块 b 开始查找文件的第 i 块，则直接访问磁盘中 $b+i-1$ 的位置。

连续分配对磁盘的管理类似于内存管理的动态分区存储管理。因此主要的缺点是会出现外部碎片，使得运行一段时间后很难找到空间足够大的连续块，解决的方式是利用磁盘紧凑技术来释放额外空间。连续分配另外一个缺点是必须事先知道文件的大小，根据文件的大小进行磁盘的分配。一方面在有些情况下事先了解文件的大小比较困难，另一方面文件有时需要动态增长，这种情况下利用连续分配就没有办法处理。

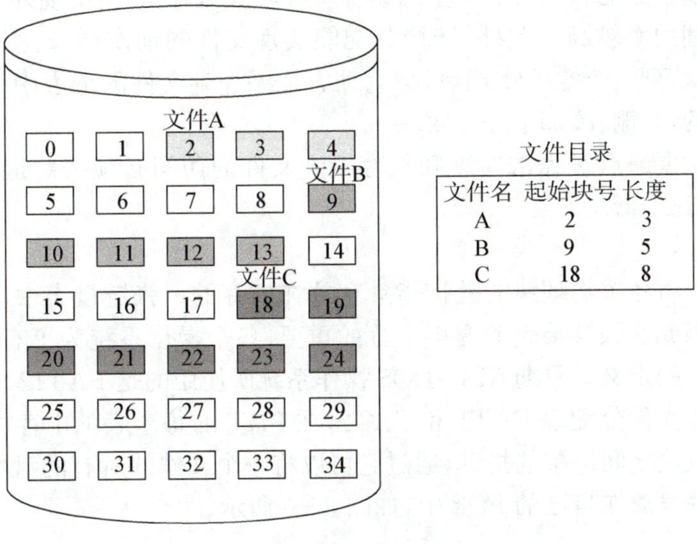

图 6-4 磁盘空间的连续分配

6.3.2 链接分配

1)链接分配

链接分配以块为单位,每个块中包含一个指向下一块的指针,存放同一文件的物理块之间不连续,而且链接成一个队列,这种分配方式也被称为串联文件。对于每个文件而言,采用该方式可以不必了解文件的长度,只需要指明文件的第一个物理块。图 6-5 给出了一个文件 B 在磁盘空间的链接分配方式,文件 B 的第一个物理块是 1,通过链接指针指向存放该文件的后续物理块 8、3、14 和 28。链接分配方式中对物理块的选择非常简单,任何一个空闲块都可以加入到链中。

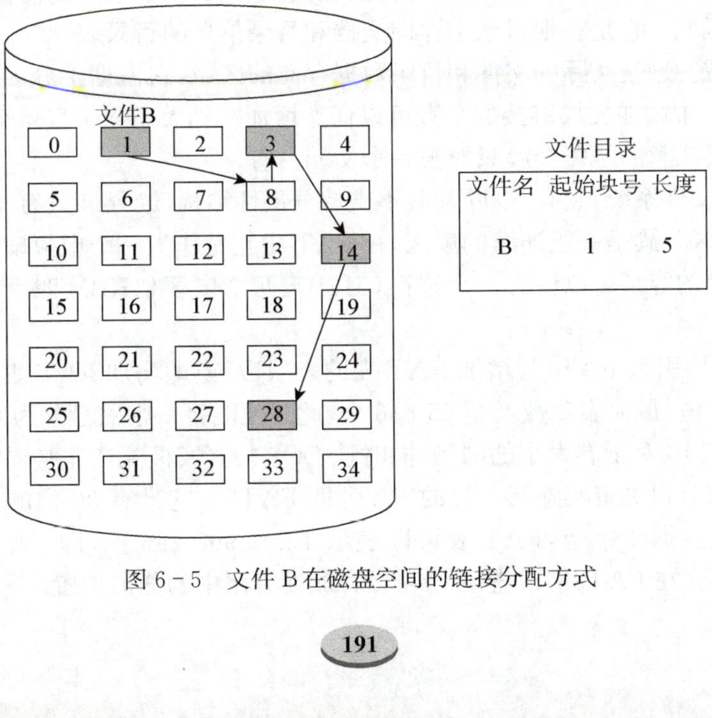

图 6-5 文件 B 在磁盘空间的链接分配方式

链接分配可以充分地利用每一个空闲物理块，因此不必担心会出现外部碎片的问题，也就意味着磁盘的利用率较高。此外，链接分配能实现文件的动态增长，当需要新的物理块时，只需在磁盘中找到一个空闲物理块，将它动态地添加到文件的链表中即可。总之，链接分配方式对文件的增、删、改都十分方便。

链接分配的主要缺点是无法实现随机存取。文件的访问必须按照链接指针的顺序访问，因此查询效率比较低。

2)FAT 技术

链接分配可以将各个物理块的链接指针存放在内存的一张链接表中，该表在整个磁盘中只设置一张。因此这张链接表就变得十分的重要，各个操作系统为了有效地管理链接表都各自给出了相关的定义。早期 MS—DOS 操作系统所使用的是 FAT12 文件系统，在每个分区中都配有两张文件分配表 FAT1 和 FAT2，在 FAT 的每个表项中存放下一个盘块号，它实际上是用于盘块之间链接的指针，通过它可以将一个文件的所有的盘块链接起来，而将文件的第一个盘块号放在自己的 FCB 中，如图 6-6 所示。

主启动区	FAT1	FAT2	根目录	其他所有数据

图 6-6　磁盘结构

FAT 文件系统包括四个不同的部分：

(1)保留扇区。位于最开始的位置。第一个保留扇区是引导区(分区启动记录)。它包括一个称为基本输入输出参数块的区域(包括一些基本的文件系统信息尤其是它的类型和指向其他扇区的指针)，通常包括操作系统的启动调用代码。保留扇区的总数记录在引导扇区中的一个参数中。引导扇区中的重要信息可以被 DOS 和 OS/2 中称为驱动器参数块的操作系统结构访问。

(2)FAT 区域。它包含两份文档分配表，这是出于系统冗余的考虑，但很少使用它，即使是磁盘修复工具也很少使用它。它是分区信息的映射表，指示簇是如何存储的。

(3)根目录区域。它是在根目录中存储文档和目录信息的目录表。

(4)数据区域。这是实际的文件和目录数据存储的区域，它占据了分区的绝大部分。通过简单地在 FAT 中添加文档链接的个数可以任意增加文档大小和子目录个数(只要有空簇存在)。然而需要注意的是每个簇只能被一个文档占有。

作为软盘的文件系统，它有几项限制：不支持分层性结构，簇寻址只有 12 位而且只支持最多 32MB 的分区。簇是一组连续的扇区，在 FAT 中它是作为一个虚拟扇区，在 MS-DOS 的实际运用中，簇的容量可以仅有一个扇区(512B)、两个扇区(1KB)、四个扇区(2KB)或八个扇区(4KB)等。

1987 年 11 月，引入 FAT16，增加 FAT 表的表项数，亦即增加 FAT 表的宽度，将 FAT 表的宽度增至 16 位，最大表项数增至 65 536 个，此时便能将一个磁盘分为 65 536 个簇。后来，为了解决 FAT16 对于卷大小的限制，同时让 DOS 的真实模式在非必要情况下不减少可用常规内存，微软公司决定实施新一代的 FAT，即 FAT32，它带有 32 位的簇数。每一簇在 FAT 表中的表项占据 4 字节，FAT 表可以表示 4 294 967 296 项，即 FAT32 允许管理比 FAT16 更多的簇。在 FAT32 下，根目录可以存放在分区中的任何位置。

6.3.3 索引分配

链接分配方式虽然解决了连续分配方式所存在的问题,但又出现了下述两个问题:

(1)不能支持高效的直接存取。要对一个较大的文件进行直接存取,首先要在 FAT 中顺序地查找许多盘块号。

(2)FAT 需占用较大的内存空间。由于一个文件所占用的盘块号是随机地分布在 FAT 中的,因而只有将整个 FAT 调入内存,才能保证在 FAT 中找到一个文件的所有盘块号。当磁盘容量较大时,FAT 可能要占用数兆字节以上的内存空间,这是令人难以接受的。

当打开某个文件时,只需把该文件占用的盘块的编号调入内存即可,完全没有必要将整个 FAT 调入内存。为此,可以将每个文件所对应的盘块号集中地放在一起。索引分配方法就是基于这种想法所形成的一种分配方法。

1)单级索引分配

单级索引分配要求系统为每个文件建立一个索引块(表),块中的每一项指出文件所在的逻辑块和盘块号之间的对应关系,因而该索引块就是一个含有许多盘块号的数组。在建立一个文件时,只需在为之建立的目录项中填上指向该索引块的指针。图 6-7 给出了磁盘空间的索引分配图。图中文件 B 的索引块号为 24,从索引块的内容得知该文件占用的磁盘块号依次是 1、8、3、14 和 28。

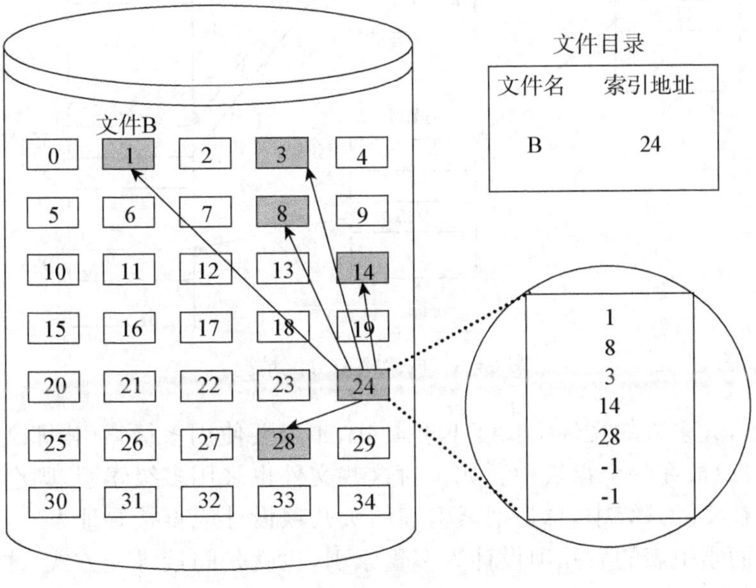

图 6-7 磁盘空间索引分配图

索引分配方式使得记录可分散存储,同时满足文件动态增长的要求,又可以较为方便和迅速地实现随机存取,便于信息的增加、删除和修改。

2)多级索引分配

当文件很大时,使用单级索引分配就会使得索引表很大。如果索引表的大小超过一个盘块,那么也必须决定索引表的物理存放方式,这不利于索引表的动态增长。一种比较好的解决方式是采用多级索引,即在索引表所指向的盘块中存放的不是文件块而是装有索引的物理地址。因此，当一个盘块可以装下 n 个盘块号信息，则经过一级索引，可寻址的文件长度为 $n \times n$ 块。如果文件长度大于 $n \times n$ 块，还可以利用相同的方法，使用两级索引。

图 6－8 给出了两级索引分配方式下各索引块之间的链接情况。如果每个盘块的大小为 1KB，每个盘块号占 4 个字节，则在一个索引块中可存放 256 个盘块号。这样，在两级索引时，最多可包含的存放文件的盘块的盘块号总数为 N＝256×256＝64K 个盘块号。由此可得出结论：采用两级索引时，所允许的文件最大长度为 64MB。倘若盘块的大小为 4KB，在采用单级索引时所允许的最大文件长度为 4MB；而在采用两级索引时所允许的最大文件长度可达 4GB。

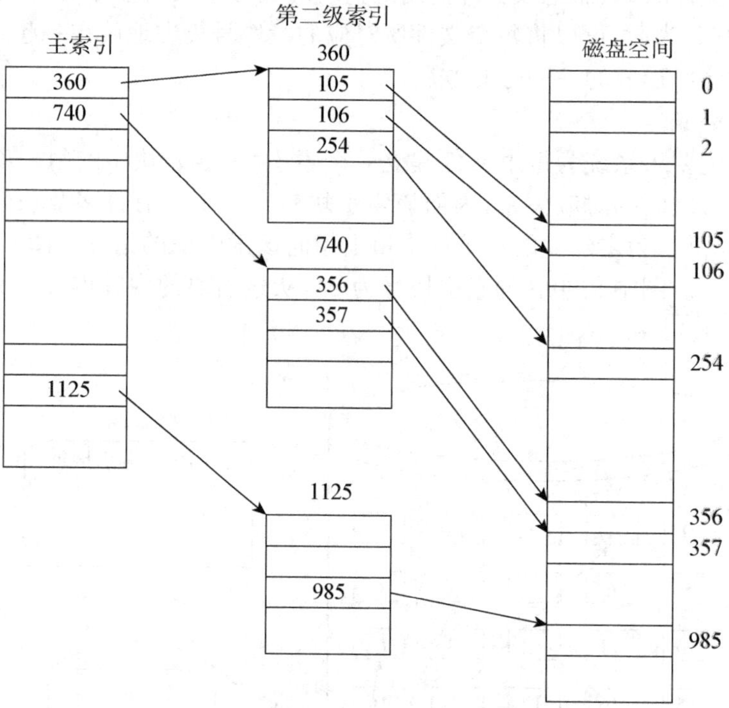

图 6－8　两级索引分配情况

一般情况下，大多数的文件中长度小于 4MB，不需要使用多级索引，即文件所占用的物理块数的块号可以放在一个盘块中。如果对这些文件也采用多级索引，则会降低文件的存取速度。因此，在实际系统中，总是把索引表的头几项设计成直接寻址方式，即头几项直接指向文件信息，而索引表的后几项设计为多重索引，也就是间接寻址方式，这种索引表结构被称为混合索引分配方式。

3）混合索引分配方式

UNIX 系统采用了一种变种的索引分配方案，即混合索引分配方式对文件进行管理。图 6－9 表示混合索引方式，图中左边是文件的说明信息（i 节点），右边表示了磁盘块的组织方式。文件前 10 个块直接通过指针进行索引，后 3 个块是用于指向索引块的间接指针。前 10 个磁盘地址（i. addr(0)～i. addr(9)）直接存放在文件的说明信息中。每个盘块的大小为 4KB，当文件不大于 40KB 时，所有信息都恰好可以直接访问。当文件被打开时，直接从磁盘将信息读入到内存中。对于大于 40KB 的文件利用前 10 个磁盘地址不够存储，可以利用一级间接块(i. addr(10))进行处理，在一级间接块中存放的是一张索引表，索引表指向磁盘块信息。如果在一级间接块中可存放 1K 个盘块号，那么文件可以表示 4MB。如果文件非常大，还可以利用二级间接块(i. addr(11))进行处理，它包括一个块的地址，在这个块中包含若干个一次间接块。如果这样还无法表示文件，可以使用三级间接块(i. addr(12))进行处理。

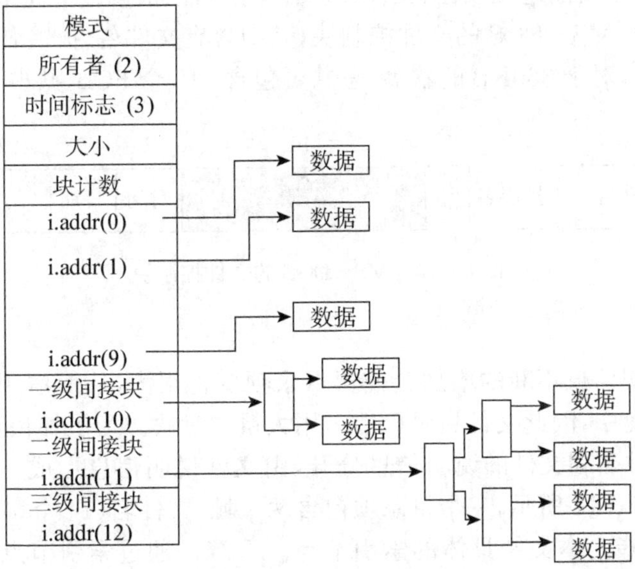

图 6-9　混合索引方式

使用这种块分配策略，随着文件大小的增长，由于间接访问的原因访问的时间会越来越长。在分时使用环境下的统计表明，长度不超过 10 个盘块的文件占总数的 80%，该部分文件直接寻址就能找到文件信息，剩余 20%的文件才需要实施间接寻址。混合索引方式具有一般索引分配方式的优点，同时能确保大多数文件具有较快的查找速度。

6.4 目录管理

文件目录是一组逻辑上的文件和子目录的集合。它是一种管理文件系统中所有文件的机制。目录包括有关文件的信息，包括属性、地址和所有权，特别是存储相关的信息，目录本身也是一个特殊的文件，可以被文件管理程序调用。在目录管理中要求能实现文件的“按名存取”，即系统根据用户所提供的文件名，能快速准确地找到指定文件在外存上的存储位置。

6.4.1 文件控制块和索引节点

1)文件控制块

为了能对一个文件进行正确的存取，可以为文件设置用于描述和控制文件的数据结构，该数据结构被称为文件控制块。文件管理程序可借助于文件控制块中的信息，对文件实施各种操作。

文件控制块包括三种信息类。

(1)基本信息类:文件名、文件物理位置、文件逻辑结构、文件物理结构。

(2)存取控制信息类:文件属主的存取权限、核准用户的存取权限以及一般用户的存取权限。

(3)使用信息类:文件的建立日期和时间、文件上一次修改的日期和时间、当前已打开该文件的进程数、是否被其他进程锁住、文件在内存中是否已被修改但尚未拷贝到盘上等。

图 6－10 给出了 MS－DOS 的文件控制块,其中含有文件名、扩展名、属性等字段。FCB 的长度为 32 个字节,对于 360KB 的软盘,总共可包含 112 个 FCB,共占 4KB 的存储空间。

字节	8	3	1	10	2	2	2	4
	文件名	扩展名	属性	备用	时间	日期	第一块块号	长度

图 6－10　MS－DOS 的文件控制块

2)索引节点

随着文件的说明信息不断的增加会使得目录项变得很大,从而占用大量的空间。由于目录通常存放在磁盘中,因此文件目录可能占用大量的盘块。为了加快对文件目录的查找,UNIX 目录中将文件名和文件的说明信息分开,由文件说明信息形成一个称为索引节点的数据(i 节点),如图 6－11 所示,一个目录项包含两个域,文件名(14 个字节)和 i 节点的指针(2 个字节),它永远指向本文件具体的索引节点。系统是通过索引节点(而不是文件名)来定位每一个文件。目录只是将文件的名称和它的索引节点号结合在一起的一张表,目录中每一对文件名称和索引节点号称为一个连接。对于一个文件来说有唯一的索引节点号与之对应,对于一个索引节点号,却可以有多个文件名与之对应。

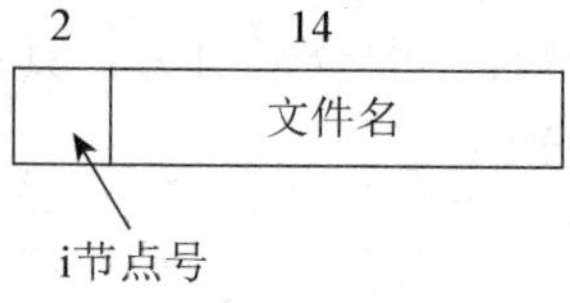

图 6－11　UNIX 的目录项

索引节点(又称为 i 节点)是记录每一个文件(目录是一个特殊的文件)的控制信息,如文件的类型、访问权限、创建、修改和访问文件的时间、用户 ID、组 ID、文件的连接数、文件的大小和文件数据块在磁盘上的地址的一个数据结构。文件的连接数是为了连接而设置的,当一个新的连接加到 i 节点上,计数增 1,反之当移走一个连接时,计数就减 1。当计数为 0 时回收该节点。索引节点的目的是加快目录的查找速度,便于实施文件共享。在引入索引节点之后,一个文件在创建后将立即建立一个与之对应的磁盘索引节点。若该文件被调进内存,则产生一个对应的索引节点。

6.4.2　目录结构

1)单级目录结构

单级目录结构是最简单的文件目录,只需要在操作系统中构造一张线性表,与每个文件有关的属性占用一个目录项就形成了一级目录结构。单用户微型机操作系统 CP/M 的软盘文件便采用这一结构,每个磁盘上设置一张一级文件目录表,不同磁盘驱动器上的文件目录互不相关。文件目录表由长度为 32 字节的文件目录项组成,文件目录项 0 称目录头,记录有关文件目录表的信息,其他每个文件目录项又称为文件控制块。文件目录中列出了盘上全部文件的有关信息。CP/M 操作系统中的文件目录项包括：盘号、文件名、扩展名、记录数、存放位置等。

一个单级目录如图 6-12 所示，目录项中包括文件名和文件控制块，通过文件控制块访问文件信息。当创建一个新文件时，首先查找新文件的文件名是否重复，如果不重复直接在目录中增加一条目录项，分配相应的磁盘空间然后将新文件的信息填入该目录项。查找文件时，检索目录项的文件名信息就可以直接定位磁盘位置。删除文件时，首先查找目录找到相关目录项，回收该文件的磁盘空间，然后删除该目录项。

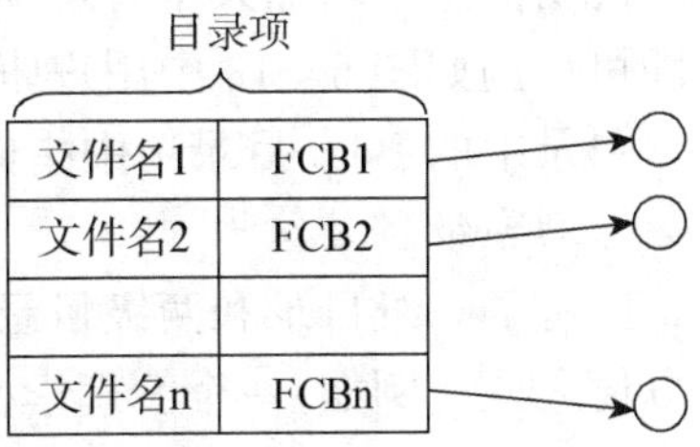

图 6-12　单级目录

单级目录结构的优点在于简单，并且能快速找到文件所在的位置。单级目录结构的缺点是不允许文件重名的现象，如果文件重名，就无法通过文件名找到该文件所在的磁盘位置。显然该方法不能用在文件众多的系统中，但该方法比较适合用于小型嵌入式系统中。

2)两级目录结构

为了允许文件的重名，改进的方法是为每个用户提供一个私有目录，用户目录中存放着该用户的文件，形成了两级管理结构。两级目录如图 6-13 所示，图中的主目录中给出了三个用户名，即王五、张晓和李四，每个用户指向各自的文件。此时，目录形成了两级节点，其中一个是根目录节点，一个是用户目录节点，根目录节点中描述了用户目录名，包括王五、张晓和李四，形成了王五、张晓和李四的用户级目录。用户的文件在各自的目录节点下描述，例如张晓用户中包括两个文件 Test 和 Beta。

两级目录结构中的根目录被称为主文件目录 MFD(Master File Directory)，主文件目录中记录用户名和指向该用户目录文件的指针，每一个用户占用一个目录项。两级目录结构中的用户目录被称为用户文件目录 UFD(User File Directory)，它记录了该用户的文件名和指向该文件存放在磁盘存储空间的指针。

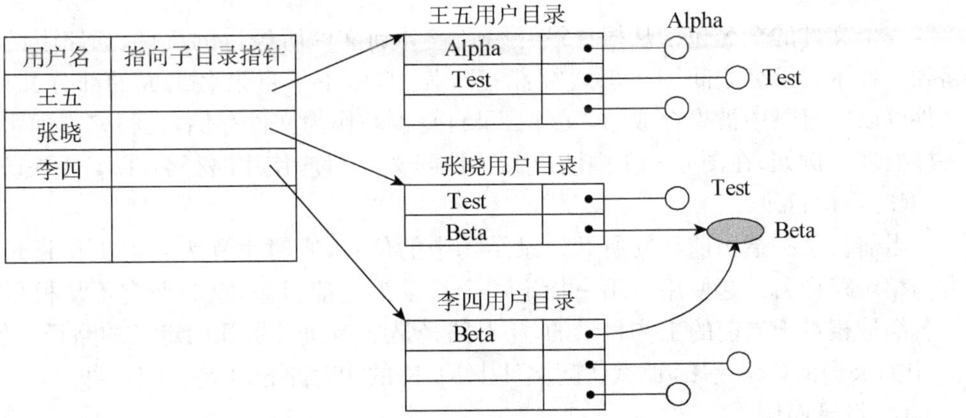

图 6-13　两级目录结构

两级目录结构的管理层次清楚，分类明确。可以有效地解决文件重名的问题，图 6-13

中用户王五有一个文件 Test，张晓用户也有一个 Test 文件，通过用户名就可以区分这两个文件。利用两级目录，也可以方便地解决不同用户间文件的共享问题，只需要在被共享文件的说明信息中增加共享管理项并且把共享文件的文件说明项指向被共享文件的文件说明项即可。例如图 6－13 中用户张晓的文件 Beta 被用户李四的文件 Beta 所共享，只需在李四用户目录中的 Beta 目录项中指向张晓用户目录文件 Beta 的物理地址。

3)多级目录结构

有了一级目录和两级目录，可以满足处理一般文件的需求，但是对大作业的用户仍有不方便之处。例如，一个管理学生和教师的文件，它涉及学校各专业、系、院、处等多个层次，每级用户目录包含直接管理的文件信息，也包含下属组织的信息。如果仍用两级目录，就给用户带来不便，于是经两级目录推广形成了多级目录。

多级目录中每一级目录可以是下一级目录的说明，也可以是文件的说明，从而形成了层次文件系统。多级目录结构通常采用树形结构，它是一棵倒向的有根树，树根是根目录；从根向下，每一个树枝是一个子目录，而树叶是文件。树形多级目录能较好地反映现实世界中具有层次关系的数据集合和较确切地反映系统内部文件的分支结构，只要文件不处于同一末端的子目录中，那么不同文件可以重名，因此也易于规定不同层次或子树中文件的不同存取权限而便于文件的保护、保密和共享等。

(1)目录结构

多级目录结构又称为树形目录结构，主目录在这里被称为根目录，把数据文件称为树叶，其他的目录均作为树的节点。图 6－14 给出了多级目录结构。图中，用方框代表目录文件，圆圈代表数据文件。在该树形目录结构中，主(根)目录中有三个用户的总目录项 A、B 和 C。在 B 项所指出的 B 用户的总目录 B 中，又包括三个分目录 F、E 和 D，其中每个分目录中又包含多个文件。如 B 目录中的 F 分目录中，包含 J 和 N 两个文件。为了提高文件系统的灵活性，应允许在一个目录文件中的目录项既作为目录文件的 FCB，又是数据文件的 FCB，这一信息可用目录项中的一位来指示。例如，在图 6－14 中，用户 A 的总目录中，目录项 A 是目录文件的 FCB，而目录项 B 和 D 则是数据文件的 FCB。

(2)路径名

一个文件的全名包括从根目录开始到查寻到文件所经过的文件，通路上的所有子目录路径。各子目录名之间用正斜线“/：隔开，其中，由于子目录名组成的部分又称为路径名。文件可以在目录中被聚合成组，文件目录自身也被作为文件存储，在很多方面可以类似文件一样处理。例如，在图 6－14 中用户 B 为访问文件 J，应使用路径名/B/F/J 来访问。

(3)当前目录

当前目录是指当前访问所处目录结构中的位置，有时也称为当前工作目录。当前目录常和相对路径名一起使用。用户指定一个目录为当前目录，这时所有不从根目录开始的路径名都是相对于当前的工作目录的，相对路径是从当前目录开始定义的路径。例如在图 6－14 中如果当前目录是 E，那么访问文件 J、M、K 的相对路径就是它们本身。

(4)目录操作

在目录上执行的操作的类型有如下几种。

①查询目录　当用户或应用程序引用一个文件时，必须搜索目录，找到文件的入口地址。查询路径是从根目录开始到文件名为止的各文件名组成，查询采取线性搜索方法。

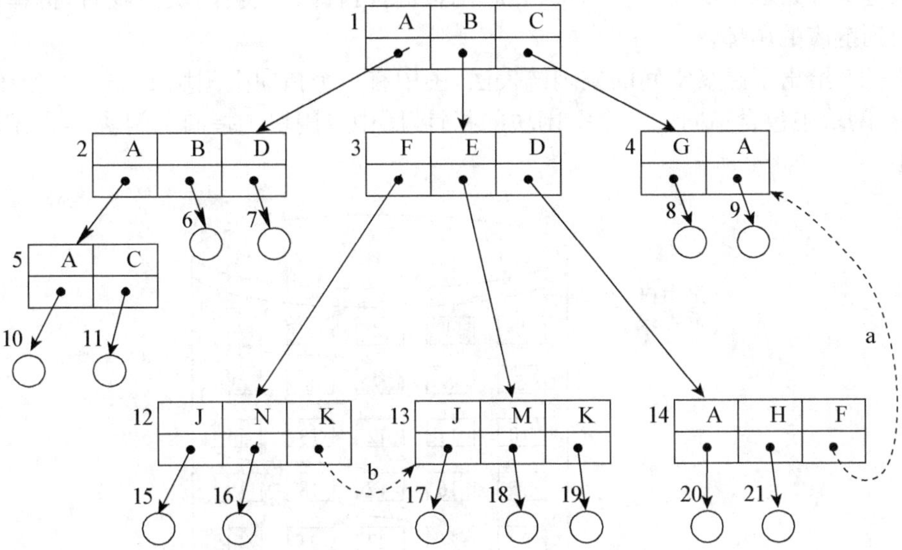

图 6-14 多级目录结构

②创建目录　在现有的目录结构中创建一个新的目录。创建的目录中内容为空，仅包括目录项“.”和“..”，这两个目录项是系统自动存放在目录中的。

③删除目录　删除空的目录。如果目录中有文件，则应先删除目录中的所有文件，然后再删除目录，只包含目录项“.”和“..”的目录被认为是空目录，这两个目录需要特殊处理。

④显示目录　用户发出请求显示当前目录或根目录的全部信息，包括当前目录下所有文件和子目录以及它们的某些属性(例如类型、访问控制信息、使用信息等)。

多级目录结构有以下特点：

(1)层次清楚。由于不同性质、不同用户的文件可以构成不同的子树，便于管理。同时对不同子树的文件可以赋予不同的存取权限，有利于文件的保护。

(2)解决了文件重名的问题。文件在系统中的查询是从根目录开始，要求在同一子目录中的文件名不重复，但不同子目录中的文件名可以重复。

(3)查找速度快。对多级目录的查找每次只查找目录的一个子集，因此搜索速度比单级目录和二级目录更快。

6.5 文件存储空间的管理

文件通常存放在外部存储器中，只有当文件创建时放入内存或使用时从外存调入内存。文件系统需要建立一套文件存储空间的管理办法，以便能自动地和动态地分配、管理文件存储空间，同时为用户了解外存使用情况提供信息。

6.5.1 空闲链表法

空闲链表法是将文件存储空间中的所有空闲块链接在一起，当申请者需要空闲块时，分配程序从链头开始取下所需的空闲块，然后调整链首指针。当空闲块回收时，把释放的空闲块逐一加到链表的尾部。

图 6-15 给出了磁盘空间的空闲链表法，图中有一个指向空闲块 1(第一个空闲块)的指针，每个空闲块中包含指向下一个空闲块的指针，图中空闲块 1 指向空闲块 3，空闲块 3 指向空闲块 4。

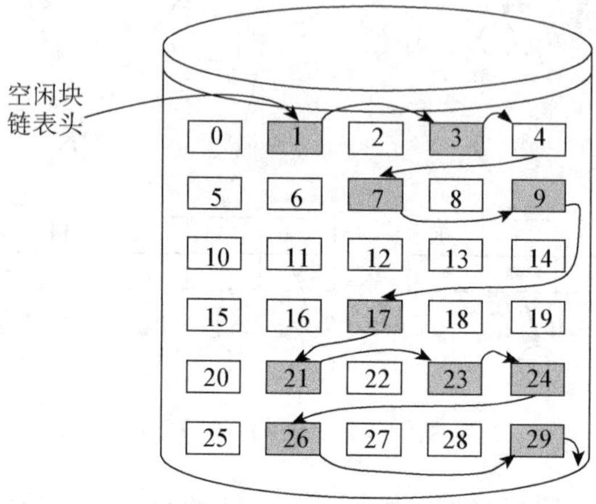

图 6-15　空闲链表法

空闲块链的链接方式在不同系统中有很大差别，常用的链表方法有按空闲区大小顺序链接的方法，或按释放先后顺序链接的方法，或成组链接法。其中成组链接法可以看作空闲链表法的扩展。在 UNIX 中采用的是成组链接法，该方法兼备了前两种方法的优点而克服了前两种方法中表太长的缺点。

成组链接法首先把磁盘中的所有空闲块按 100 块划分为一组。其中，每组的第一块用来存放前一组中各块的块号和总块数。其中最后一组的块数是 99 块，由于空闲块可能不是 100 的整数倍，第一组可能不足 100 块。将第一组的物理块号和总块数存放在管理磁盘用的文件资源表中。第一组的物理块号和总块数使用堆栈表示，堆栈的栈顶指针记为 ptr，它的初始值为该组空闲块的总块数。空闲块的成组链接法如图 6-16 所示。

系统根据作业的申请要求进行空闲块的分配。分配的过程如下：

(1)系统启动时将文件资源表复制到内存中，使得空闲块的分配和回收过程可以在内存中进行，以减少 I/O 设备启动的次数。

(2)分配时按照后进先出的原则，如果需要分配一个空闲块时，可由分配程序取出 ptr 所指向的块号后，执行 ptr:=ptr－1。如果分配多个空闲块则重复这一过程。

(3)如果在分配过程中堆栈只剩下最后一个空闲块时，系统将启动设备管理程序，将该块中存放的下一组的块号和总块数读入内存之后再进行分配。

(4)系统重新设置 ptr 指针。

回收的过程仍然利用堆栈进行。回收过程如下：

(1)回收程序首先执行 ptr:=ptr＋1，然后把回收的物理块的信息存入 ptr 中。如果 ptr 等于 100，则表示该组存放已满。

(2)当组满情况下还需回收新块时，启动 I/O 设备管理程序，把回收的 100 个块号与总

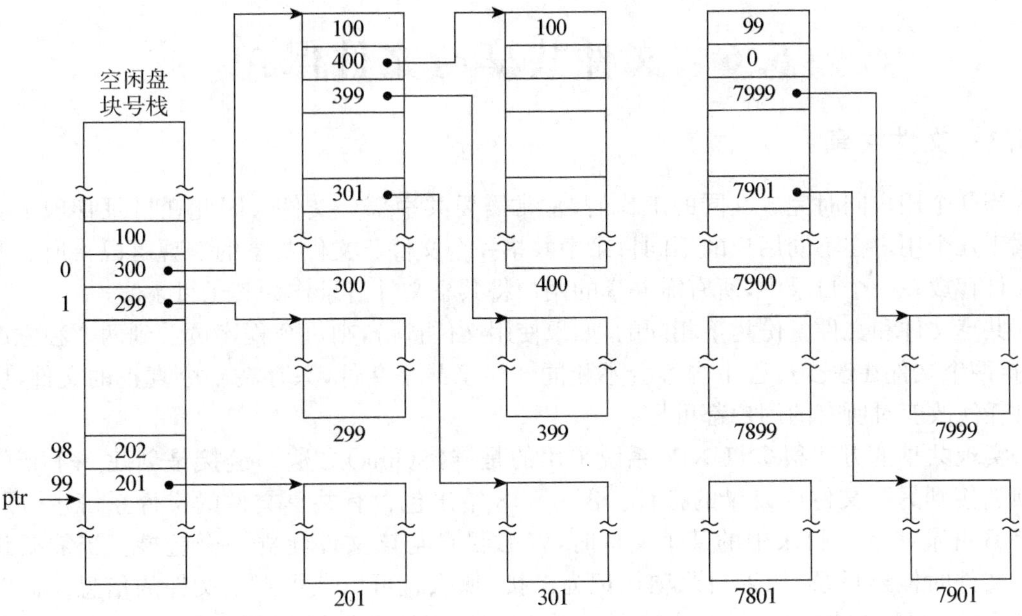

图 6-16　空闲盘块的成组链接法

块数写入新回收的块中。

(3)系统重新设置 ptr 指针。

6.5.2　位示图法

位示图是利用二进制的一位来表示磁盘中一个盘块的使用情况，n 个块的磁盘需要 n 位的位示图，位示图中用 0、1 表示该磁盘块是空闲还是已分配，如图 6-17 所示。系统首先从内存中划出若干个字节，为磁盘建立一张位示图，当进行空闲块分配时，只需要查找图中的“0”位，将其置为“1”，然后对该磁盘块进行分配。当进行回收时，只需将该磁盘块号所对应的位置为“0”。

1000100001100000
0100000001110001
1100010001010010
≈ ≈
1110001010000000
1100010100000001

图 6-17　位示图

显然，位示图所需空间较小，16GB 的磁盘只需要 2^{24} 个位表示，因此可以直接将位示图存入内存，磁盘分配和回收时不需要启动磁盘 I/O 操作。

6.6 文件共享与文件保护

6.6.1 文件共享

当几个用户同时完成共同的工作时，常常需要共享部分文件。因此在目录管理中会出现属于几个用户在不同用户的不同目录中共享一个文件。文件共享的实现可以将所有共享的文件存放在一个目录中，所有需共享的用户将共享文件目录作为其子目录。

共享文件和文件备份是不相同的，如果使用文件备份，则每个程序员看到两个独立的文件，这两个文件在改变过程中内容会不相同。对于共享文件，只存在一个真正的文件，所以文件任何改变对所有的用户都可见。

实现共享的方法很多，UNIX 系统采用的是链接(link)方法。链接是创建一个新的目录项链接到另一文件或目录的指针。图 6－18 给出包含有共享文件的文件系统中，图中，如果 B 目录共享 C 目录中的某个文件时，将 B 目录与该文件建立一个链接。当需要访问一个文件时搜索目录，如果目录项标记为链接，那么就可以获得真正文件的信息。此时该文件系统的目录结构已不再是树形结构，而是个有向非循环图 DAG(Directed Acyclic Graph)。

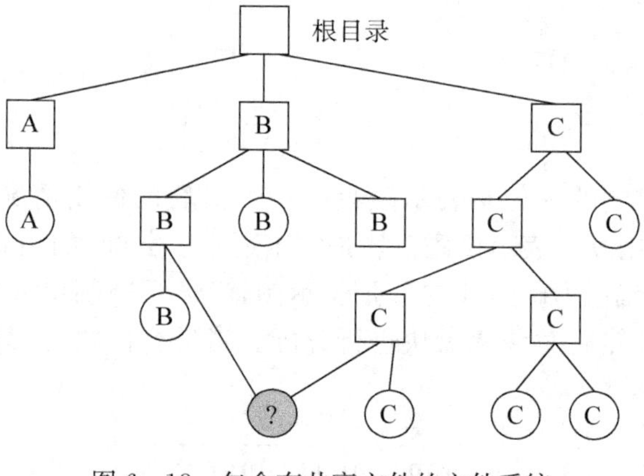

图 6－18　包含有共享文件的文件系统

但是这种共享方式存在一定的问题。如果目录中包含磁盘地址，当链接文件时，必须把 C 目录的磁盘地址复制到 B 目录中。如果 B 或 C 随后对文件进行了添加新盘块的操作，那么新盘块的信息只能记录在完成该操作的目录中。其他用户无法知道新的改变，因此这部分新增内容也不能共享。

解决这个问题有两种方法。第一种解决方式是磁盘块不列入目录，而是列入与文件相关的文件说明信息中，假设在 UNIX 系统存入 i 节点。如图 6－19(a)所示，共享文件最初时，i 节点记录文件的所有者为 C，链接计数为 1。用户 B 链接到该共享文件时，i 节点记录文件的所有者仍然为 C，此时建立链接不改变所有关系，但将它的链接计数加 1，如图 6－19(b)所示，链接计数能说明目前有多少个目录项指向这个文件。当用户 C 删除该共享文件时，系统将面临问题。如果系统删除文件并清除共享文件的 i 节点；B

则有一个目录项指向的是一个无效的i节点，如果该节点再分配给另一个文件，则B的链接出错。如果只删除用户C的目录项，而保留i节点，就会出现图6-19(c)中所有者删除文件后的情况，此时i节点的所有者是C，链接计数为1。如果系统要记账收费，则用户C必须为用户B使用此共享文件而付账，直至用户B不再需要使用该节点时才会删除该节点。

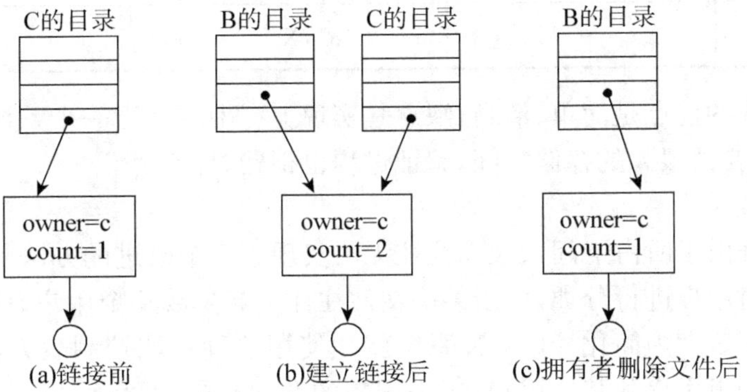

图6-19 进程B链接前后的情况

另外一种解决方法是让系统建立一个类型为LINK的新文件，并且把该文件放在用户B目录中，使得用户B与用户C的一个文件存在链接。新文件只包含它所链接的文件的路径名。当用户B读该链接文件时，操作系统检查该文件的类型，如果类型是LINK，则找到该文件所链接的文件并读取信息。这样的链接方法被称为符号链接(Symbolic Link)。在符号链接方式中只有真正的文件所有者才有一个指向i节点的指针。链接到该文件上的用户只有路径名，没有指针。当用户C将共享文件删除时，该文件被销毁，因此当用户B通过链接进行访问时，将出现访问失败，而不会有其他的影响，此外对符号链接的删除也不会影响该文件。

符号链接方式有一个很大的优点，是它能够通过计算机网络链接世界上任何地方的计算机中的文件，此时只需提供该文件所在机器的网络地址以及该机器中的文件路径即可。符号链接方式的缺点是需要额外的开销。读取包含路径的文件、搜索路径、寻找i节点，这些操作都需要多次的额外磁盘存取。

6.6.2 文件保护

1)存取控制矩阵

文件系统对文件的保护常采用存取控制方式进行，所谓存取控制就是不同的用户对文件的访问规定不同的权限，以防止文件被未经文件属主同意的用户访问。存取控制可以通过存取控制矩阵来实现。

存取控制矩阵是一个二维矩阵，一维列出计算机的全部用户(进程)，另一维列出系统中的全部文件，矩阵中每个元素 A_{ij} 是表示第i个用户对第j个文件的存取权限。通常存取权限有可读、可写、可执行以及它们的组合，如表6-1所示，其中R表示读，W表示写，X表示可执行，用户“张晓”对文件“Alpha”拥有读、可写、可执行的权限。

表 6－1　存取控制矩阵

文件 用户	Alpha	Beta	REPORT
张晓	RWX	…	R－X
李四	R－X	…	RWX
王五	…	RWX	R－X

存取控制矩阵的优点是简单、清晰，缺点是实现上有困难。当一个系统用户数和文件数很大时，二维矩阵要占很大的存储空间，验证过程也很费时。

2）存取控制表

存取控制矩阵由于所占空间太大而往往无法实现。一个改进的办法是按用户对文件的访问权限的差别对用户进行分类，由于某一文件往往只与少数几个用户有关，所以这种分类方法可使存取控制表大为简化。UNIX 系统就是使用这种存取控制表方法，它把用户分成三类：文件属主、同组用户和其他用户，每类用户的存取权限为可读、可写、可执行以及它们的组合。在用 ls 按长格式形式显示文件时每组存取权限用三个字母 RWX 表示，如读、写和执行中哪一项没有权限时则用"－"字符表示，用 ls－l 按长格式形式显示当前目录下的文件信息如下：

```
-rw-r--r--    1 root    root    25396 10月 21 18:14 install.log
```

其中前 2～10 共 9 个字符表示文件的存取权限，每 3 个字符为一组，分别表示文件属主、同组用户和其他用户的存取权限。

由于存取控制表对每个文件的用户分类，该存取控制表可存放在每个文件的文件控制块（即目录表目）中，对 UNIX 它只需 9 位二进制数来表示三类用户对文件的存取权限，它存在于文件索引节点中。

3）用户权限表

用户权限表是将一个用户或用户组所要存取的文件名集中存放在一个表中，其中每个表项指明该用户（组）对相应文件的存取权限，这种表称为用户权限表，如表 6－2 所示。用户组 A 对文件"Alpha"可以进行读、写和执行的权限，对文件"Beta"只有读和执行的权限。

表 6－2　用户权限表

文件 用户	Alpha	Beta
A 组	RWX	R－X

4）口令方式

为了保证文件的安全所采取的方法中比较简单的保密措施是"口令"。口令方式有两种。一种是当用户进入系统，为建立终端进程时获得系统使用权的口令。如果用户输入的口令与初始设置的口令不一致，该用户将被系统拒绝。另一种方式是文件创建者创建文件时设置一个口令，且将该口令置入文件说明中，文件创建者把口令通知共享该文件的其他用户，当某个用户需要使用此文件时必须提供口令，如果两个口令相符，则允许存取，否则拒绝访问。

该方法的优点是系统为每个用户提供保护信息，并且只占用少量的存储空间，实现方便，易于管理。因此，该方法在各种操作系统上得到广泛的应用。但该方法也存在缺点，每次修改某个用户的存取权限时，所有共享该文件的用户权限都被取消。此时，文件创建者必须更改口令，而更换后的口令又必须通知其他允许使用文件的用户，这对用户而言不是很方便。

5）文件加密

文件保护的另一种方法是文件加密码。文件加密是在用户创建源文件并将它写入存储设备时进行的，与之对应的文件解密则是在读出文件时对其进行的译码和解密。文件加密操作和文件解密操作由系统中的存取控制验证模块完成。

文件的加密和解密过程都需要用户提供一个密码（KEY）。加密程序根据这一密码对用户文件进行编码变换，然后将加密后的文件写入存储设备。读取文件时，只有用户给定的密码与加密密码相一致时，解码程序才能对加密文件进行解密，将其还原为源文件。因为只有核准的用户才知道用户提供的密码，所以只有核准用户才能正确地访问文件。加密过程如图 6-20 所示。

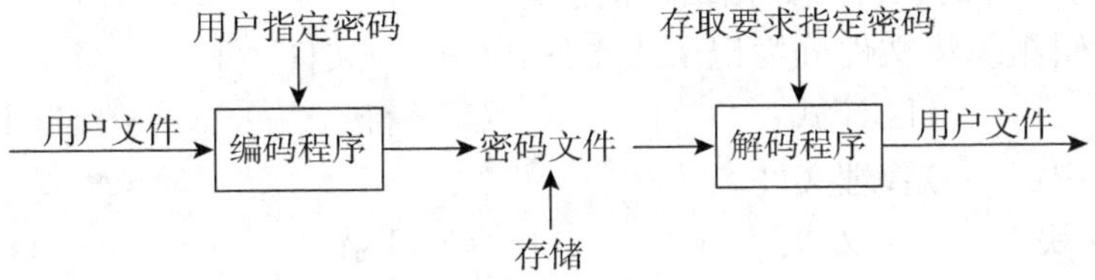

图 6-20　加密解密过程

文件加密方式中的密码由用户掌握，没有存放在系统中，因此非法用户无法窃取或篡改他人的文件。加密技术具有保密性强、存储空间少等优点。加密技术的主要缺点是编码和解码工作需要耗费大量的处理时间。

本章小结

文件是由文件名表示的一组信息的集合。文件系统是操作系统中负责存取文件信息的软件机构。文件系统一般由文件管理有关的软件、被管理的文件和实施文件管理所需的数据结构组成。一个文件可以从逻辑结构和物理结构两方面来看。文件的逻辑结构是从用户的观点出发所观察到的文件组织形式，是用户可以直接处理的数据及其结构，文件的逻辑结构分为流式文件和记录式文件。记录式文件又可以分为顺序文件、索引文件和索引顺序文件。在记录式文件中，如果用户在存取操作时按键存取，有三种常用的方法进行检索：线性检索法、散列法、二分搜索法。文件的物理结构是指逻辑文件在存储介质上的存放方法，文件的物理结构分为：顺序文件、链接文件和索引文件。

文件目录是文件系统的关键数据结构，文件系统的基本功能之一就是负责文件目录的建立、维护和检索，要求文件实现按名存取。文件目录结构有：一级目录结构、两级目录结构和树形目录结构。树形目录结构具有检索效率高、允许重名、便于实现文件共享等特点，已经成为目前广为流行的一种目录结构。

文件存储空间的管理实质上是空闲块的组织和管理问题，它包括空闲块的组织、空闲块的分配和回收等。常用的管理方法有空闲链表法、位示图法和成组链接法。比较有影响的存储空间管理方法是空闲块链中的成组链接法。

文件的共享包括基于索引节点的共享方式和利用符号链接实现文件的共享。文件的保护可以采取存取控制矩阵、存取控制表、用户权限表、口令和文件加密的方法。

习　　题

一、单项选择题

1. 操作系统中对数据管理的部分是（　　）。

A. 数据库系统　　B. 文件系统

C. 检索系统　　D. 数据存储系统

2. 文件系统是指（　　）。

A. 文件的集合

B. 文件的目录

C. 实现文件管理的一组软件

D. 文件、管理文件的软件及数据结构的总体

3. 文件的逻辑组织将文件分为记录式文件和（　　）文件。

A. 索引　　B. 流式　　C. 字符　　D. 读写

4. 文件系统中（　　）管理文件。

A. 作业控制块　　B. 外页表　　C. 目录　　D. 软硬件结合的方法

5. 任何一个用户进入系统时都必须进行注册，这属于（　　）安全管理。

A. 系统级　　B. 目录级　　C. 用户级　　D. 文件级

6. 为了解决不同用户文件的“命名冲突”问题，通常在文件系统中采用（　　）。

A. 约定的方法　　B. 多级目录　　C. 路径　　D. 索引

7. 磁盘上的文件以（　　）为单位读写。

A. 块　　B. 记录　　C. 柱面　　D. 磁道

8. 磁带上的文件一般只能（　　）。

A. 顺序存取　　B. 随机存取

C. 以字节为单位存取　　D. 直接存取

9. 位示图可用于（　　）。

A. 文件目录的查找　　B. 磁盘空间的管理

C. 内存空间的共享　　D. 实现文件的保护和加密

10. 一般来说，文件名及属性可以收纳在（　　）中以便查找。

A. 目录　　B. 索引　　C. 字典　　D. 作业控制块

11. 索引结构为每个文件建立一张索引表，用来存放（　　）。

A. 逻辑记录的地址　　B. 部分数据信息

C. 主键的内容　　D. 逻辑记录存放位置的指针

12. 在文件系统中，要求物理块必须连续的物理文件是（　　）。

A. 顺序文件　　B. 链接文件　　C. 串联文件　　D. 索引文件

13. 允许多个用户同时使用一个共享文件时，以下做法(　　)是不对的。

A. 允许多个用户同时打开共享文件执行读操作

B. 允许读者和写者同时使用共享文件

C. 不允许读者和写者同时使用共享文件

D. 不允许多个写者同时对共享文件执行写操作

14. 记录式文件，操作系统为用户存取文件信息的最小单位是(　　)。

A. 字符　　B. 数据项　　C. 记录　　D. 文件

15. 链接文件解决了顺序结构中存在的问题，它(　　)。

A. 提高了存储空间的利用率

B. 适合于直接存取

C. 不适用于顺序存取

D. 把指针存入内存，速度较快

二、填空题

1. 根据文件的逻辑结构分类，文件分为(　　)和(　　)。

2. (　　)算法是选择与当前磁头所在磁道距离最近的请求作为下次服务的对象。

3. 文件的物理组织形式有(　　)、(　　)和(　　)。

4. (　　)是指避免文件失效或其他用户因有意或无意的错误操作使文件受到破坏。

5. 磁盘与主机之间传递数据是以(　　)为单位进行的。

6. 采用直接存取方法存取文件时，对(　　)文件效率最高，对(　　)文件效率最低。

7. 文件系统中若文件的物理结构采用连续结构，则文件控制块中关于文件的物理位置应包括(　　)和(　　)。

8. 在文件目录结构中，每个文件都有一个唯一的路径名，用户指定文件路径名的方法有(　　)和(　　)两种，前者指出了从根目录开始到指定文件的路径，后者指出了从(　　)出发到指定文件的路径。

9. 文件存储空间的管理常用的方法包括(　　)、(　　)和(　　)。

10. (　　)是指一个文件可以让指定的某些用户共同使用，(　　)是防止文件被破坏。

三、问答题

1. 什么是文件？文件的属性包括哪些？

2. 文件系统中常采用的物理结构有哪些？

3. 文件目录的作用是什么？文件目录项通常包含哪些内容？

4. 设一个文件由100个物理块组成，如果将一块信息：(1)加在文件的始端；(2)加在文件的末端；(3)从文件的始端去掉；(4)从文件的末端去掉；对顺序、链接和索引存储方式，各需要启动多少次I/O操作？

5. 设某系统磁盘共有500块，块号从0～499，若用位示图法管理这500块的盘空间，当字长为32位时，问

(1)位示图需要多少个字？

(2)第i行第j位对应的块号是多少？

第7章 系统安全

本章导读

随着计算机硬件的发展，计算机中存储的程序和数据的量越来越大，如何保障存储在计算机中的数据不被丢失、不被篡改以及保证系统的可用性，是任何信息系统首先要考虑的问题，保障系统安全性是现代操作系统管理中的重要一环。

本章介绍了系统安全的属性、安全威胁和威胁的表现形式，为了保证系统的安全性，分析了现有的各种安全机制：加密技术、认证技术、访问控制技术和计算机病毒防护。

本章要点

- 系统安全属性
- 系统安全威胁
- 对称加密算法和非对称加密算法
- 数字签名和数字证书
- 认证技术
- 访问控制
- 计算机病毒的定义、特征、分类、预防和检测

7.1 概述

首先区分一下可靠性和安全性。计算机的可靠性和安全性是两个不同的概念，可靠性是指系统正常持续运行的程度，其目标是反故障；安全性是指不因人为疏漏或蓄谋作案而导致信息资源的泄露、篡改和破坏，其目标是反泄密。可靠性是基础，安全性更进一步要求。

系统安全是指在系统生命周期内应用系统安全工程和系统安全管理方法，辨识系统中的危险源，并采取有效的控制措施使其危险性最小，从而使系统在规定的性能、时间和成本范围内达到最佳的安全程度。系统安全是人们为解决复杂系统的安全性问题而开发、研究出来的安全理论和方法体系。系统安全的基本原则就是在一个新系统的构思阶段就必须考虑其安全性的问题，制定并执行安全工作规划（系统安全活动）。并且把系统安全活动贯穿于整个系统生命周期，直到系统报废为止。

7.1.1 系统安全属性

在美国国家信息基础设施的文献中，给出了系统安全的 5 个属性：可用性、可靠性、完整

性、保密性和不可抵赖性。这5个属性的定义如下。

(1)可用性

可用性是指得到授权的实体在需要时可访问资源和服务，也即不管何时，只要用户需要，信息系统都必须可用，即信息系统不能拒绝服务。

(2)可靠性

可靠性是指系统在规定条件下和规定时间内完成规定功能的概率。

(3)完整性

信息不被偶然或蓄意地删除、修改、伪造等。只有得到允许的人才能修改实体或进程，并且能够判别出实体或进程是否已被篡改，即信息的内容不能为未授权的第三方修改，信息在存储或传输时不被修改、破坏，不出现信息包的丢失、乱序等。

(4)保密性

保密性是指确保信息不暴露给未授权的实体或进程，即信息的内容不会被未授权的第三方所知。这里的信息包括各种商业秘密、个人浏览习惯、购物习惯等。

(5)不可抵赖性

也称为不可否认性。不可抵赖性是面向通信双方的信息真实、同一的安全要求，包括收、发双方均具有不可抵赖性。

7.1.2　系统安全的威胁

系统安全的威胁是指对系统安全的一种潜在的侵害，威胁的实施称为攻击。目前，系统安全是指对信息的保密性、完整性和可用性的保护。安全威胁可以分为以下几类。

(1)自然灾害。

计算机信息系统仅仅是一个智能的机器，易受自然灾害及环境(温度、湿度、振动、冲击、污染)的影响。

(2)黑客的威胁和攻击。

黑客问题的出现，并非是黑客创造出的入侵机会，而是他们善于系统本身的漏洞，即信息网络本身的不完善性，易成为被攻击的目标或被利用为攻击的途径。

(3)计算机病毒。

计算机病毒是一个程序，一段可执行代码，会破坏计算机的正常运行，计算机病毒有独特的复制能力，可以很快地蔓延，常常难以根除。它们能把自身附着在各种类型的文件上。当文件被复制和传送时，它们就随之蔓延开来。病毒程序不是独立存在的，它隐蔽在其他可执行的程序之中，既有破坏性又有传染性和潜伏性。轻则影响机器的运行速度，重则使机器瘫痪，给用户带来不可估量的损失。

(4)垃圾邮件和间谍软件。

一些人利用电子邮件地址的“公开性”和系统的“可广播性”进行商业、宗教等活动，把自己的电子邮件强行“推入”别人的电子邮箱，强迫他人接受垃圾邮件。与计算机病毒不同，间谍软件的主要目的不在于对系统造成破坏，而是窃取系统或用户的信息。

(5)企业内部信息泄露。

目前，信息盗窃事件的主谋已经不再单纯是网络黑客和恶意程序，一部分数据信息泄露是企业或机构的内部员工所为。与传统的外部盗窃相比，这种来自内部的恶意泄露更具有针对性、隐蔽性，给企业造成的损失也更大。

7.1.3 操作系统存在的安全问题

操作系统软件自身的漏洞，系统开发设计不全而留下的破绽，也给计算机安全留下了隐患。安全问题包括以下几个方面。

(1)操作系统结构体系的缺陷。操作系统本身的功能有内存管理、CPU 管理、外设管理等，每个管理功能都涉及一些模块或程序，如果在这些程序里面存在问题，计算机系统可能会因此崩溃。正因为这些问题的存在，有些黑客往往是针对这些缺陷进行攻击，使计算机系统或服务器系统立刻瘫痪。

(2)操作系统支持在网络上传送文件、加载或安装程序，这些功能也是不安全因素。网络很重要的一个功能就是文件传输，网络传输的一些可执行文件可能是黑客软件或会给系统造成一些漏洞，系统可能会因此崩溃。用户的信息可能会被别人监视，所以，建议尽量少使用一些来历不明，或者无法证明它的安全性的软件。

(3)操作系统不安全的另一个原因在于它可以创建进程，支持进程的远程创建和激活，支持被创建的进程继承创建进程的权利，这些机制提供了在远端服务器上安装间谍软件的条件。若将间谍软件以打补丁的方式"打"在一个合法用户上，特别是"打"在一个特权用户上，黑客或间谍软件就可以使系统进程与作业的监视程序监测不到它的存在。

(4)操作系统有些守护进程，它是系统的一些进程，总是在等待某些事件的出现，比如说用户有没有按键盘或鼠标，或者对系统做别的一些处理。一些监控病毒的监控软件也是守护进程，这些进程可能是好的，比如防病毒程序，一旦有病毒出现就会被捕捉到。但是有些进程是一些病毒，一旦碰到设定的情况，比如碰到 7 月 1 日，它就会把用户的硬盘格式化，这些进程就是很危险的守护进程，平时它可能不起作用，可是在某些条件下会被触发，如果操作系统有些守护进程被人为破坏掉就会出现这种不安全的情况。

(5)操作系统会提供一些远程调用功能，所谓远程调用就是一台计算机可以调用远程一个大型服务器里面的一些程序，也可以提交程序给远程的服务器执行，如 telnet。远程调用要经过很多的环节，中间的通信环节可能会出现被人监控等安全问题。

(6)操作系统的后门程序和漏洞。后门程序是指那些绕过安全控制而获取对程序或系统访问权的程序方法。在软件开发阶段，程序员利用软件的后门程序得以便利地修改程序设计中的不足。一旦后门程序被黑客利用，或在发布软件前没有删除后门程序，容易被黑客作为漏洞进行攻击，造成系统信息泄密和丢失。此外，操作系统的无口令入口，也是信息安全的一大隐患。

(7)尽管操作系统的漏洞可以通过版本的不断升级来克服，但是系统的某一个安全漏洞就会使得系统的所有安全控制毫无价值。在发现问题到版本升级这段时间，一个小小的漏洞就足以使整个系统瘫痪。

7.2 加密技术

加密技术是电子商务采取的主要安全保密措施，是最常用的安全保密手段，利用技术手段把重要的数据变为乱码（加密）传送，到达目的地后再用相同或不同的手段还原（解密）。

7.2.1 数据加密的基本概念

1）数据加密技术的发展

密码学是一门既古老又年轻的学科。数据加密技术其实是一项相当古老的技术，很多考古发现都表明古人会用很多奇妙的方法对数据进行加密。早在公元前两千多年，埃及人就开始使用特别的象形文字作为信息编码来保护他们的秘密文件；而始于公元前 17 世纪由克里特岛人发明的 Phaistos 圆盘更是被誉为世界上最难解的十大密码之一，至今无人能解。到了 1949 年，信息论的创始人香农（C. E. Shannon）论证了由传统的加密方法所获得的密文几乎都是可攻破的，这使得密码学的研究面临着严重的危机。

2）数据加密模型

一个数据加密模型如图 7－1 所示。

图 7－1 数据加密模型

它由下述四部分组成。

（1）明文（plain text）。准备加密的文本即原始信息，称为明文 P。

（2）密文（cipher text）。加密后的文本即被加密后得到的信息，称为密文 Y。

（3）加密（解密）算法 E(D)。用于实现从明文（密文）到密文（明文）转换的公式、规则或程序。

（4）密钥 K。密钥是加密和解密算法中的关键参数。

加密过程表示为：$Y=E_{Ke}(P)$，即明文 P 利用加密秘钥 Ke 使用加密算法 E 经过变换后得到密文 Y。解密过程 $P=D_{Kd}(Y)$，即密文 Y 利用解密秘钥 Kd 使用解密算法 D 经过变换后得到明文 P。

3）加密算法的类型

（1）按其对称性分类

①对称加密算法。在这种算法中，加密算法和解密算法之间存在着一定的相互依赖关系，即文件加密和解密使用相同的密钥，加密密钥也可以用作解密密钥；或者在知道了加密密钥 Ke 后，就很容易推导出解密密钥 Kd。该算法中的安全性在于双方能否妥善地保护密钥，因而把这种算法称为保密密钥算法。该算法的优点是加密速度快，使用起来简单快捷，

密钥较短，且破译困难，但密钥的分配与管理复杂。

②非对称加密算法。非对称加密算法需要两个密钥：公开密钥和私有密钥，公开密钥与私有密钥是一对，用公开密钥对数据进行加密后，只有用对应的私有密钥才能解密；用私有密钥对数据进行加密后，只有用对应的公开密钥才能解密。因为加密和解密使用的是两个不同的密钥，所以这种算法叫做非对称加密算法。这种方式的加密密钥 Ke 和解密密钥 Kd 不同，而且难以从 Ke 推导出 Kd 来。该算法的优点是密钥管理简单，但加密算法复杂。

(2)按所变换明文的单位分类

①序列加密算法。该算法是把明文 P 看做是连续的比特流或字符流 P1，P2，P3…在一个密钥序列 K=K1，K2，K3…的控制下，逐个比特（或字符）地把明文转换成密文。具体可表达成：

$$E_K(P)=E_{K1}(P_1),E_{K2}(P_2),E_{K3}(P_3)\cdots$$

这种算法可用于对明文进行实时加密。

②分组加密算法。该算法是将明文 P 划分成多个固定长度的比特分组，然后在加密密钥的控制下，每次变换一个明文分组。最著名的 DES 算法便是以 64 位为一个分组进行加密的。

7.2.2 对称加密算法与非对称加密算法

1)对称加密算法

在对称加密算法中，数据发信方将明文（原始数据）和加密密钥一起经过特殊加密算法处理后，使其变成复杂的加密密文发送出去。收信方收到密文后，若想解读原文，则需要使用加密用过的密钥及相同算法的逆算法对密文进行解密，才能使其恢复成可读明文。在对称加密算法中，使用的密钥只有一个，发信和收信双方都使用这个密钥对数据进行加密和解密，这就要求解密方事先知道加密密钥。对称加密算法的特点是算法公开、计算量小、加密速度快、加密效率高。不足之处是，交易双方都使用同样密钥，安全性得不到保证。此外，每对用户每次使用对称加密算法时，都需要使用其他人不知道的唯一钥匙，这会使得发信和收信双方所拥有的钥匙数量成几何级数增长，密钥管理成为用户的负担。

目前最有代表性的对称加密算法是数据加密标准 DES(Data Eneryption Standard)。DES 算法又被称为美国数据加密标准，是 1972 年美国 IBM 公司研制的对称密码体制加密算法。该算法使用迭代和置换技术进行加密。DES 算法的入口参数有三个：key、data、mode。key 为加密解密使用的密钥，data 为加密解密的数据，mode 为其工作模式。当模式为加密模式时，明文按照 64 位进行分组，形成明文组，key 用于对数据加密，当模式为解密模式时，key 用于对数据解密。64 位分组中包含一个 56 位的密钥，另外一个 8 位的奇偶校验位。算法的流程图如图 7-2 所示。

首先把输入的 64 位数据块按位重新组合，并把输出分为 L_0、R_0 两部分，每部分各长 32 位，其置换规则见下表：

58,50,12,34,26,18,10,2,60,52,44,36,28,20,12,4,

62,54,46,38,30,22,14,6,64,56,48,40,32,24,16,8,

57,49,41,33,25,17,9,1,59,51,43,35,27,19,11,3,

61,53,45,37,29,21,13,5,63,55,47,39,31,23,15,7,

即将输入的第 58 位换到第 1 位,第 50 位换到第 2 位……依此类推,最后一位是原来的第 7 位。L_0、R_0 则是换位输出后的两部分,L_0 是输出的左 32 位,R_0 是右 32 位。接着将 R_0 直接赋值给 L_1,而 L_0 通过 $f(R_0,K_1)$进行模 2 加运算把值赋给 R_1。接着重复上述步骤直到得到 L_{15} 和 R_{15}。然后把 R_{15} 赋给 L_{16},L_{15} 通过和 $f(R_{15},K_{16})$进行模 2 加运算得到 R_{16}。注意这里 L_{16} 和 R_{16} 换了位置。紧接着就是把 R_{16} 和 L_{16} 通过 IP 逆置换,得到密文。

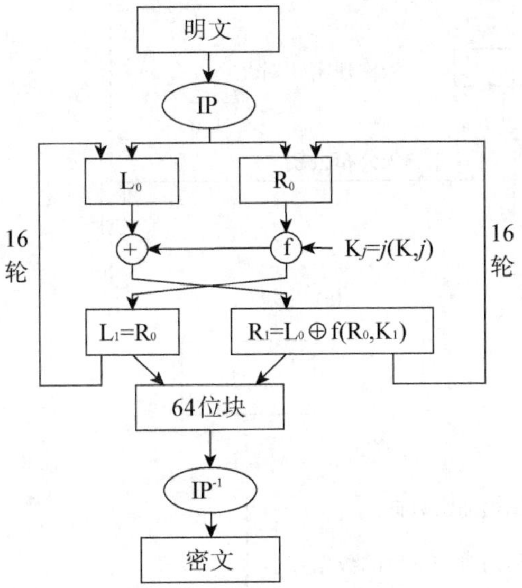

图 7-2 DES 算法

2)非对称加密算法

1976 年 W. Diffie 和 M. Hellman 提出了“非对称密码体制即公开密钥密码体制”的概念,加密和解密使用不同密钥的加密算法,也称为公私钥加密法。假设两个用户要加密交换数据,双方交换公钥,使用时一方用对方的公钥加密,另一方即可用自己的私钥解密。目前流行的公钥密码算法是 RSA 算法,该算法使用长度可以变化的密钥。RSA 是第一个既能用于数据加密也能用于数字签名的算法。

非对称加密算法的特点是:它的保密性比较好,它消除了最终用户交换密钥的需要,加密密钥的分发变得十分简单。如果企业中有 n 个用户,企业需要生成 n 对密钥,并分发 n 个公钥。由于公钥是可以公开的,用户只要保管好自己的私钥即可。同时,由于每个用户的私钥是唯一的,其他用户除了可以通过信息发送者的公钥来验证信息的来源是否真实外,还可以确保发送者无法否认曾发送过该信息。但是加密和解密花费时间长、速度慢,在极端情况下速度可能比对称加密法慢上 1 000 倍,它不适合于对大文件加密而只适用于对少量数据进行加密。

图 7-3 是非对称加密算法实现图。

非对称加密算法实现机密信息交换的基本过程是:

(1)甲方构建密钥对,将公钥公布给乙方,将私钥保留,如图 7-3(a)。

(2)甲方使用私钥加密数据,然后用私钥对加密后的数据签名,发送给乙方加密以及签名后的数据；乙方使用公钥、签名来验证待解密数据是否有效，如果有效使用公钥对数据解密，如图 7－3(b)。

(3)乙方使用公钥加密数据，向甲方发送经过加密后的数据；甲方获得加密数据，通过私钥解密，如图 7－3(c)。

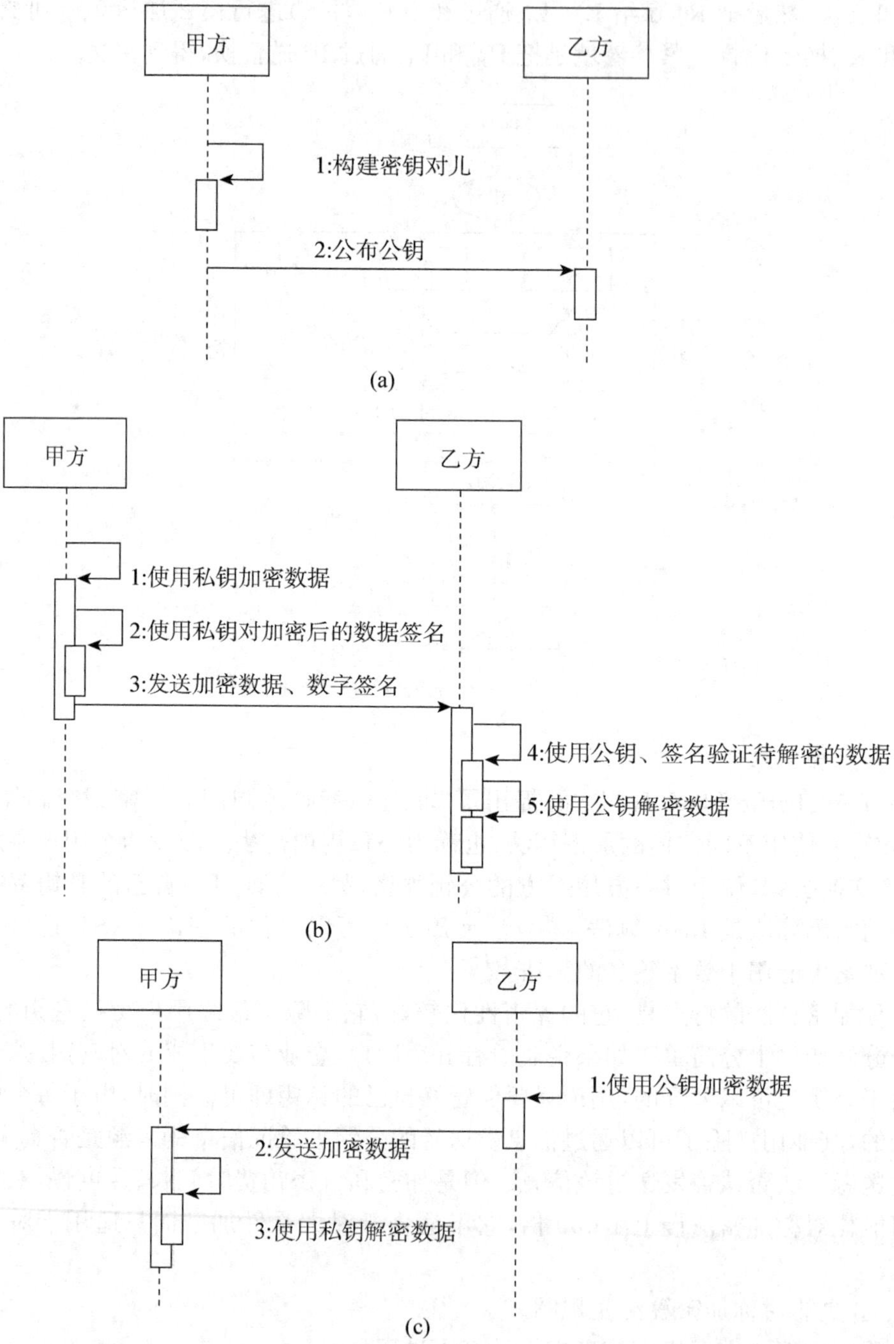

图 7－3　非对称加密算法实现图

7.2.3 数字签名和数字证书

1)数字签名

在金融和商业领域中重要的单据都要求加盖印章或签名以确保其真实性,在网络中如何确保传输信息的真实性且使发送者不可抵赖呢?通常可以使用数字签名技术来解决这个问题。所谓数字签名在ISO7498－2标准中定义为:附加在数据单元上的一些数据,或是对数据单元所作的密码变换。这种数据或变换允许数据单元的接收者用以确认数据单元的来源和数据单元的完整性并保护数据,防止被人(例如接收者)进行伪造。它是对电子形式的消息进行签名的一种方法,一个签名消息能在一个通信网络中传输。

图7-4给出了数字签名的原理。数字签名过程分为两部分:左侧为签名,右侧为验证过程。即发送方将原文用Hash算法求得数字摘要,用到对数字摘要进行加密得非对称算法中的签名私钥数字签名,发送方将原文与数字签名一起发送给接收方;接收方验证签名,即用发方公钥解密数字签名,得出数字摘要;接收方将原文采用同样的哈希算法求得新的数字摘要,将两个数字摘要进行比较,如果二者相匹配,说明经数字签名的电子文件传输成功。

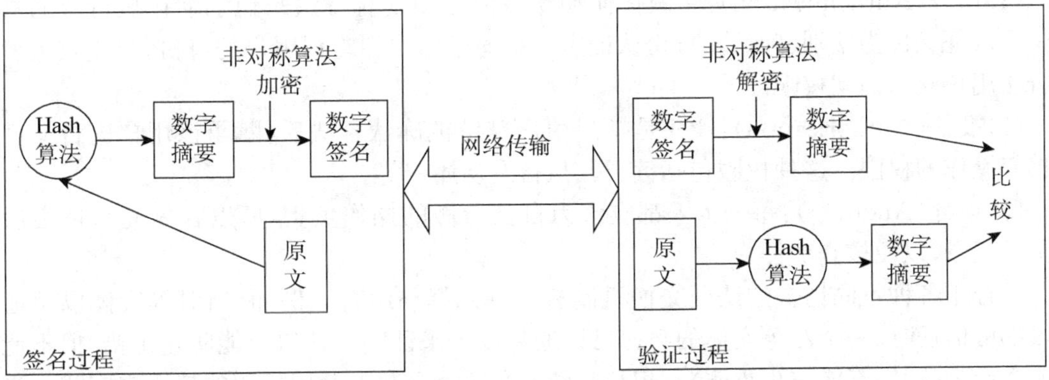

图7-4 数字签名原理

如果接收方对发送方数字签名验证成功,就可以说明以下两个实质性的问题:

(1)被签名的电子文件确实是经发送方签名后发送的,说明发送方使用自己的私钥做的签名,并得到验证,达到不可抵赖的目的。

(2)签名后对电子签名的任何改动都能够被发现,因此接收方收到的电子文件在传输中没有被篡改,保持了数据的真实性。

2)数字证书

数字签名技术能有效地保证信息的真实性和身份的不可抵赖性,但是数字签名技术不能确保双方身份的合法性。数字证书提供了一种在Internet上验证身份的方式,其作用类似于日常生活中的身份证。它是由一个由权威公证的第三方机构——CA机构,又称为证书授权(Certificate Authority)中心发行的,人们可以在网上用它来识别对方的身份。数字证书是一个经证书授权中心数字签名的包含公开密钥拥有者信息以及公开密钥的文件。最简单的证书包含一个公开密钥、持有者名称以及证书授权中心的数字签名。

数字证书采用非对称加密体制,即利用一对互相匹配的公钥和密钥进行加密、解密。每个用户自己设定一把特定的仅为本人所知的私有密钥(私钥),用它进行解密和签名;同时设定一把公共密钥(公钥)并由本人公开,为一组用户所共享,用于加密和验证签名。当发送一份保密文件时,发送方使用接收方的公钥对数据加密,而接收方则使用自己的私钥解密,这样信息就可以安全无误地到达目的地。通过数字的手段保证加密过程是一个不可逆过程,即只有用私有密钥才能解密。

数字证书绑定了公钥及其持有者的真实身份,它类似于现实生活中的居民身份证,所不同的是数字证书不再是纸质的证照,而是一段含有证书持有者身份信息并经过认证中心审核签发的电子数据,因此保证了数据发送方和数据接收方身份的真实和合法。

7.3 认证技术

为了保护网络资源及落实安全政策。需要提供可追究责任的机制,这里涉及三个概念:认证、授权及审计。

(1)认证(Authentication):在做任何动作之前必须要有方法来识别动作执行者的真实身份。认证又称为鉴别、确认。身份认证主要是通过标识和鉴别用户的身份,防止攻击者假冒合法用户获取访问权限。

(2)授权(Authorization):授权是指当用户身份被确认合法后,赋予该用户进行文件和数据等操作的权限。这种权限包括读、写、执行及从属权等。

(3)审计(Auditing):每一个人都应该为自己所做的操作负责,所以在做完事情之后都要留下记录,以便核查责任。

适合于各种不同场合的认证交换机制有多种选择与组合。例如,当对等实体以及通信手段都可信任时,一个对等实体的身份可以通过口令来证实。该口令能防止出错,但不能防止恶意行为(特别不能防止重演)。相互鉴别可在每个方向上使用不同的口令来完成。当每个实体信任它的对等实体但不信任通信手段时,对抗主动攻击的保护能够由口令与加密联合提供,或由密码手段提供。防止重演攻击需要双方握手(用保护参数),或时间标记(用可信任时钟)。带有重演保护的相互鉴别,使用三方握手就能达到。当实体不信任(或感到它们将来可能不信任)它们的对等实体或通信手段时可以使用抗抵赖服务。使用数字签名机制和公证机制就能实现抗抵赖服务。

在计算机网络中,通常采用三种方法验证主体身份。一是只有该主体了解的秘密,如口令、密钥;二是主体携带的物品,如智能卡;三是只有该主体具有的独一无二的特征或能力,如指纹、声音、视网膜血管分布图或签字等。

7.3.1 基于口令的身份认证技术

通过用户 ID 和口令进行认证是操作系统或应用程序通常采用的方法。如果非法用户获得合法用户的 ID 和口令,他就可以自由访问未授权的系统资源,所以需要防止口令泄露。易猜的口令或缺省口令也是一个很严重的问题,但一个更严重的问题是有的账号根本没有口令。实际上,所有使用弱口令,缺省口令和没有口令的账号都应从系统中清除。另外,很多系统有内置的或缺省的账号,这些账号在软件的安装过程中口令通常是不变的。攻击者会利用这些账号进行攻击。因此，所有内置的或缺省的账号都应该从系统中移出。

1)攻击类型

目前各类计算资源主要靠固定口令的方式来保护。这种以固定口令为基础的认证方式存在易被攻击的问题，对口令的攻击包括以下几种。

(1)网络数据流窃听　攻击者通过窃听网络数据获取口令，如果口令使用明文传输，则可被非法截获。大量的通信协议比如 Telnet、Ftp、基本 HTTP 都使用明文口令，这意味着它们在网络上是以未加密格式传输于服务器端和客户端，而入侵者只需使用协议分析器就能查看到这些信息，从而进一步分析出口令，如图 7-5 所示。

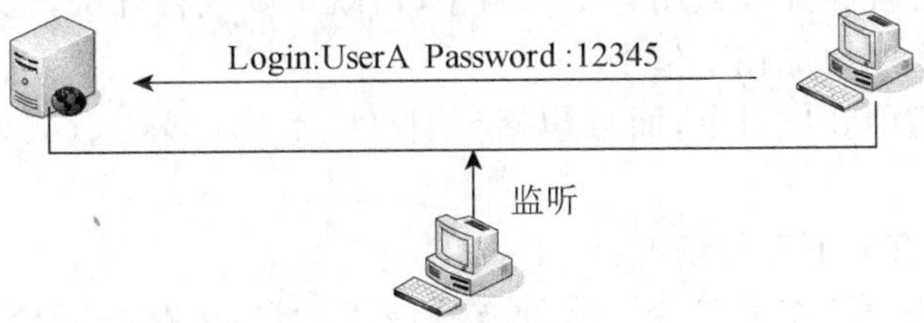

图 7-5　网络数据流窃听

(2)认证信息截取/重放　有的系统会将认证信息进行简单加密后进行传输，如果攻击者无法用第一种方式推算出密码，可以使用截取/重放方式，需要做的是重新编写客户端软件，使用加密口令实现系统登录，如图 7-6 所示。

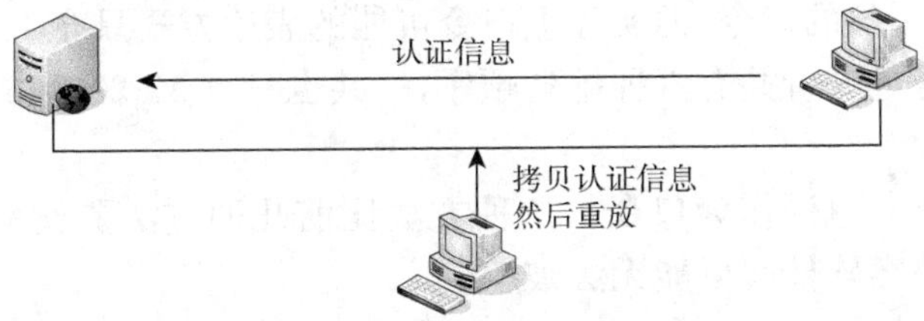

图 7-6　认证信息截取/重放

(3)字典攻击　设定密码时，大部分的人为了方便记忆，选用的密码都与自己周遭的事物有关，例如身份证号、生日、车牌号码、其他有意义的单词或数字等，某些攻击者会使用此类信息字典中的单词来尝试用户的密码。所以大多数系统都建议用户在口令中加入特殊字符，以增加口令的安全性。

(4)穷举攻击　这是一种特殊的字典攻击，它使用字符串的全集作为字典。如果用户的密码较短，很容易被穷举出来，因而很多系统都建议用户使用长口令。

(5)窥探　攻击者利用与被攻击系统接近的机会，安装监视器或亲自窥探合法用户输入口令的过程，以得到口令。

(6)社交工程　社会工程就是指采用非隐蔽方法盗用口令等，比如冒充是处长或局长骗取管理员信任得到口令等。或者冒充合法用户发送邮件或打电话给管理人员，以骗取用户口令等。比如，在登录终端上发现如下信息。

Please enter your user name to logon:

Your password:

这很可能是一个模仿登录信息的特洛伊木马程序，它会记录口令，然后传送给入侵者。

(7)垃圾搜索　攻击者通过搜索被攻击者的废弃物，得到与攻击系统有关的信息，如果用户将口令写在纸上又随便丢弃，则很容易成为垃圾搜索的攻击对象。

2)口令规则

在口令的设置过程中，有许多个人因素在起作用，攻击者可以利用这些因素来解密。出于口令安全性的考虑，人们会被禁止把口令写在纸上，因此很多人都设法使自己的口令容易记忆，而这就给攻击者提供了可乘之机。为防止攻击者猜中口令。安全口令具有以下规则：

(1)位数>6位。

(2)大小写字母混合。如果只用一个大写字母，既不要放在开头，也不要放在结尾。

(3)可以把数字无序地加在字母中。

(4)系统用户一定用8位口令，而且包括~、!、@、#、$、%、^、&、*、<、>、?、:、"、{、}等特殊符号。

不安全的口令则有如下几种情况：

(1)使用用户名(账号)作为口令。这种方法便于记忆，可是在安全上几乎是不堪一击。几乎所有以破解口令为手段的黑客软件，都首先会将用户名作为口令的突破口。

(2)使用用户名(账号)的变换形式作为口令。将用户名颠倒或者加前后缀作为口令，比如著名的黑客软件John，如果用户名是fool，那么它在尝试使用fool作为口令之后，还会接着尝试使用fool123、fool1、loof、loof123、lofo等作为口令。

(3)使用自己或者亲友的生日作为口令。这种口令有着很大的欺骗性，因为这样往往可以得到一个6位或者8位的口令，但实际上口令可能的表达方式只有100×12×31=37 200种，即使再考虑到年月日三者共有六种排列顺序，一共也只有37 200×6=223 200种口令表达式。

(4)使用常用的英文单词作为口令。这种方法比前几种方法要安全一些。如果选用的单词是十分偏僻的，黑客软件就可能无法破解。

3)基于口令的认证

可以使用以下几种方式进行基于口令的认证。

(1)基于单向函数

计算机存储口令的单向函数值而不是存储口令。如用户Alice将口令传送给计算机，计算机使用单向函数计算，然后把单向函数的运算结果和它以前存储的单向函数值进行比较。由于计算机不存储口令表，攻击者侵入计算机偷取口令表的威胁就没有了。

(2)掺杂口令

如果攻击者获得了存储口令的单向函数值文件，则采用字典攻击是有效的。攻击者计算猜测的口令的单向函数值，然后搜索文件，观察是否有匹配的口令。

Salt方法是使这种攻击更困难的一种方法。Salt是一随机字符串，它与口令连接在一起，再用单向函数对其运算。然后将Salt值和单向函数运算的结果存入主机中。Salt只能防止对整个口令文件采用的字典攻击，不能防止对单个口令的字典攻击。

(3)SKEY认证

用户Alice输入随机数R，计算机计算$x_1=f(R)$、$x_2=f(x_1)\cdots x_{n+1}=f(x_n)$。Alice保管$x_1, x_2, x_3\cdots x_n$这些数的列表，计算机在登录数据库中Alice的名字后面存储x_{n+1}的值。

当 Alice 第一次登录时，输入名字和 x_n，计算机计算 $f(x_n)$，并把它和 x_{n+1} 比较，如果匹配，就证明 Alice 身份是真的。然后，计算机用 x_n 代替 x_{n+1}。Alice 将从自己的列表中取消 x_n。

Alice 每次登录时，都输入她的列表中未取消的最后的数 x_i，计算机计算 $f(x_i)$，并和存储在它的数据库中的 x_{i+1} 比较。当 Alice 用完了列表中的数后，需要重新初始化。

为了增强基于口令认证的安全性，可以采用以下改进方案。

(1)认证过程设置一定的时延，增大穷举尝试的难度。

(2)不可预测的口令。修改口令登记程序以督促用户使用更加生僻的口令的时延，这样做可以削弱字典攻击。

(3)对无效用户名的应答应该与对有效用户名的应答有相同。进入系统前必须输入一个有效的用户名，然后再输入一个对应该用户名的有效口令。当用户名有效时，系统一般要延迟 1.5 秒后才应答，而对无效用户名是立即回答。这样破坏者就能查明某个特定的用户名是否为有效用户名。

(4)一次性口令。固定密码有被监听及猜中的问题，如果使用者使用的密码可以不断改变就可以防止这类问题，这种不断改变使用者密码的技术被称作动态口令(Dynamic Password)或者一次性口令 OTP(One-time Password)。其主要思路是在登录过程中加入不确定因素，使每次登录过程中传送的信息都不相同，以提高登录过程的安全性。

7.3.2 基于对称密码的认证技术

1978 年出现了的著名的 Needham-Schroeder 认证协议。该认证协议需建立一个称为鉴别服务器的可信权威机构(密钥分发中心 KDC)，该中心拥有每个用户的秘密钥匙。若用户 A 欲与用户 B 通信，则用户 A 向鉴别服务器申请会话密钥。在会话密钥的分配过程中，双方身份得以鉴别。图 7－7 为 Needham-Schroeder 认证过程。

具体说明如下：

(1)A→KDC：A || B|| Ra

(2)KDC→A：E_{Ka}[Ra || B || Ks || E_{Kb}[Ks ||A]]

(3)A→B：E_{Kb}[Ks || A]

(4)B→A：E_{Ks}[Rb]

(5)A→B：E_{Ks}[Rb－1]

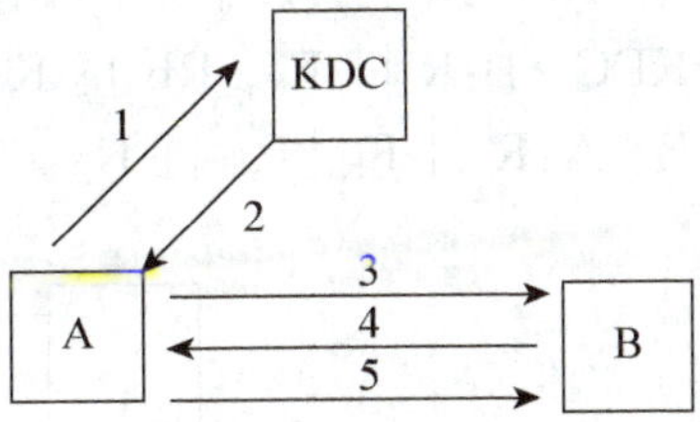

图 7－7 Needham-Schroeder 认证过程

其中 KDC 是密钥分发中心，Ra、Rb 是一次性随机数，密钥 Ka 和 Kb 分别是 A 和 KDC、B 和 KDC 之间共享的密钥，Ks 是由 KDC 分发的 A 与 B 的会话密钥，E_X 表示使用密钥 X 加密。

Needham－Schroeder 认证协议使用了多次挑战/响应协议，以下分步骤解释。

(1)A 告诉 KDC，A 想与 B 通信，明文消息中包含了一个大的随机数 Ra。

(2)KDC 发送一个使用 A 和 KDC 之间共享的密钥 Ka 加密的消息，消息包括由 KDC 分发的 A 与 B 的会话密钥 Ks，A 的随机数 Ra，B 的名字，一个只有 B 能看懂的许可证。A 的随机数 Ra 保证了该消息是真的而不是攻击者重放的，B 的名字保证了第一条明文消息中的 B 未被更改，许可证 E_{Kb}[Ks || A]使用 B 和 KDC 之间共享的密钥 Kb 加密。

(3)A 将许可证 E_{Kb}[Ks || A]发给 B。

(4)B 解密许可证 E_{Kb}[Ks || A]获得会话密钥 Ks，然后产生随机数 Rb，B 向 A 发送消息 E_{Ks}[Rb]。

(5)A 向 B 发送消息 E_{Ks}[Rb －1]以证明是真正的 A 在与 B 通信。

以上过程完成了双向认证，并同时实现了秘密通信。

假定攻击方 I 已经掌握了 A 和 B 之间通信的一个旧的会话密钥，则攻击方 I 可以在第(3)步冒充 A 利用老的会话密钥欺骗 B。除非 B 记住所有以前使用的与 A 通信的会话密钥，否则 B 无法判断这是一个重放攻击。

(1)I(A)→B：E_{Kb}[Ks || A]

(2)B→I(A)：E_{Ks}[Rb]

(3)I(A)→B：E_{Ks}[Rb－1]

这里 I(A)表示 I 假冒 A。Needham 和 Schroeder 于 1987 年发表了一个协议修正了这个漏洞。而 Denning－Sacco 协议则使用时间戳来修正这个漏洞。这里我们介绍 Gavin Lowe 于 1997 年给出的基于 Denning－Sacco 协议的改进版本：

(1)A→KDC：A || B

(2)KDC→A：E_{Ka}[B || Ks || T || E_{Kb}[Ks || A|| T]]

(3)A→B：E_{Kb}[Ks || A || T]

(4)B→A：E_{Ks}[Rb]

(5)A→B：E_{Ks}[Rb－1]

其中 T 表示时间戳。T 记录了 KDC 发送消息(2)时的时间，A、B 根据时间戳验证消息的"新鲜性"，从而避免了重放攻击。

Otway－Rees 认证协议也是基于对称密码的协议，它只含四条消息，如图 7－8 所示。

(1)A→B：A || B || R || E_{Ka}[A || B || R ||Ra]

(2)B→KDC：R || A || B || E_{Ka}[A || B || R ||Ra] || E_{Kb}[A || B || R ||Rb]

(3)KDC→B：R || E_{Kb}[Rb || Ks] || E_{Ka}[Ra || Ks]

(4)B→A：R || E_{Ka}[Ra || Ks]

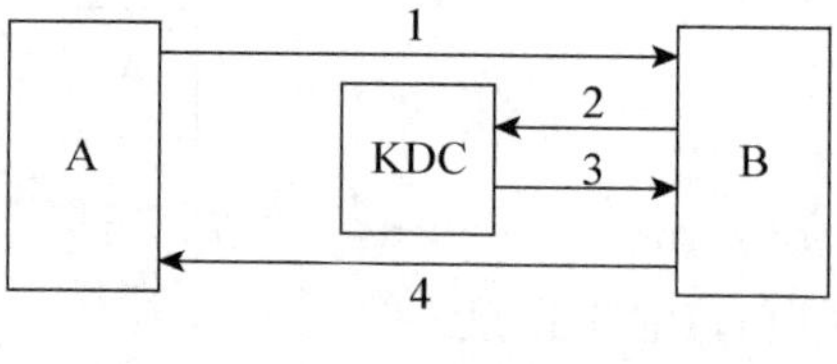

图 7－8　Otway－Rees 认证过程

其中：

(1)A 产生一条消息，包括用和 KDC 共享的密钥 Ka 加密的一个索引号 R、A 的名字、B 的名字和一随机数 Ra。

(2)B 用 A 消息中的加密部分构造一条新消息。包括用和 KDC 共享的密钥 Kb 加密的一个索引号 R、A 的名字、B 的名字和一个新的随机数 Rb。

(3)KDC 检查两个加密部分中的索引号 R 是否相同，如果相同，就认为从 B 来的消息是有效的。KDC 产生一个会话密钥 Ks 用 Kb 和 Ka 分别加密后传送给 B，每条消息都包含 KDC 接收到的随机数。

(4)B 把用 A 的密钥加密的消息连同索引号 R 一起传给 A。

7.3.3 基于公钥密码的认证技术

首先假定双方已经知道对方的公开密钥，如交换证书。

公钥密码认证的基本步骤如下：

(1)A→B：Ra

(2)B→A：$Cert_b$||Rb || Sb(Ra || Rb||B)

其中 Ra、Rb 是大的随机数，$Cert_b$ 是 B 的证书，Sb( )表示使用 B 的私有密钥进行数字签名。如果需要双向认证，需要第三步：

(3)A→B：$Cert_a$||Sa(Ra || Rb||A)

这里 Sa( )表示使用 A 的私有密钥进行数字签名。

1978 年出现的 Needham－Schroeder 公开密码协议也是一个双向认证协议：

(1)A→B：Eb(A || Ra)

(2)B→A：Ea (Ra || Rb)

(3)A→B：Eb (Rb)

这里 Ex( )是使用 x 的公开密钥进行加密。1995 年，Lowe 给出了如下的攻击过程：

①A→I：Ei(A || Ra)

②I(A)→B：Eb(A || Ra)

③B→I(A)：Ea (Ra || Rb)

④I→A：Ea(Ra || Rb)

⑤A→I：Ei (Rb)

⑥ (A)→B：Eb (Rb)

可以在第二条消息中增加 B 的标识阻止这种攻击。

如果在认证的基础上还需要建立一个秘密的共享会话密钥，可以通过多种不同的方式实现，以下是一个典型的协议：

(1)A→B：Ra

(2)B→A：Rb || Ea(Ks)||Sb(A||Ra || Rb|| Ea(Ks))

(3)A→B ：Sa(B||Rb)

这里 Ex()是使用 x 的公开密钥进行加密。Sx()是使用 x 的私有密钥进行签名。

协议执行过程是：

(1)A 发送给 B 一个一次性随机数

(2)B 收到 A 发送的消息后，选择一个会话密钥 Ks，随后用 A 的公开密钥加密，连同签名一并发送给 A。

(3)当 A 收到第二条消息后，用自己的私有密钥解密得到会话密钥 Ks，并用 B 的公开密钥验证签名，随后 A 发送使用私有密钥签名的随机数 Rb，当 B 收到该消息后，他知道 A 收到了第二条消息，并且只有 A 能够发出第三条消息。

现在我们假定双方不知道对方的公开密钥。这时需要一个可信的第三方 T 保存公开密钥。使用Denning－Sacco认证协议如下：

(1)A→T：A || B

(2)T→A：S_T(B || K_B) || S_T(A || K_A)

T把使用T的私钥T签名的B的公钥K_B发送给A。T也把用T的私钥T签名的A自己的公钥K_A发送给A。

(3)A→B：E_B(S_A(K || T_A)) || S_T(B,K_B) || S_T(A,K_A)

A向B传送随机会话密钥K、时间标记T_A(都用A自己私钥签名并用B的公钥加密)和两个签了名的公开密钥。

B用私钥解密A的消息，然后用A的公钥验证签名，以确信时间标记仍有效。在这里A和B两人都有密钥K，他们能够安全地通信。

但该协议是有缺陷的。在和A一起完成协议后，B能够伪装是A。其步骤是：

(1)B→T：B||C

(2)T→B：S_T(C||K_C) || S_T(B || K_B)

(3)B(A)→C：E_C(S_A(K || T_A)) || S_T(C || K_C) || S_T(A || K_A)

B将以前从A那里接收的会话密钥和时间标记的签名用C的公钥加密，并将A和C的证书一起发给C。C用私钥解密A的消息，然后用A的公钥验证签名。检查并确信时间标记仍有效。C现在认为正在与A交谈，B成功地欺骗了C。在时间标记截止前，B可以欺骗任何人。

对于这个问题的解决可以在第(3)步的加密消息内加上A、B的名字：

E_B(S_A(A || B || K || T_A)) || S_T(A || K_A) || S_T(B || K_B)

因为这一步清楚地表明是A和B在通信，所以现在B就不可能对C重放旧消息。

Diffie－Hellman算法发明于1976年，是第一个公开密钥算法。Diffie－Hellman算法不能用于加密与解密，但可用于密钥分配。密钥交换协议(key exchange protocol)是指两人或多人之间通过一个协议取得密钥并用于通信加密。在实际的密码应用中密钥交换是很重要的一个环节。比如说利用对称加密算法进行秘密通信，双方首先需要建立一个共享密钥。如果双方没有约定好密钥，就必须进行密钥交换。如何使得密钥到达接收者和发送者手里是件很复杂的事情，最早利用公钥密码思想提出了一种允许陌生人建立共享秘密密钥的协议叫Diffle－Hellman密钥交换。

Diffie－Hellman密钥交换算法是基于在有限域中计算离散对数问题的困难性之上的。离散对数问题是指对任意正整数x，计算g^x mod P是容易的；但是已知g、Y和P求x使得Y＝g^x mod P成立在计算上几乎是不可能的。

当Alice和Bob要进行秘密通信时，他们可以按如下步骤建立共享密钥：

(1)Alice选取大的随机数x，并计算X＝g^x(mod P)，Alice将g、P、X传送给Bob。

(2)Bob选取大的随机数y，并计算Y ＝ g^y(mod P)，Bob将Y传送给Alice。

(3)Alice计算K＝Y^x(mod P)；Bob计算K′＝X^y(mod P)，易见，K＝K′＝g^{xy}(mod P)。Alice和Bob获得了相同的秘密值K。双方以K作为加解密钥以对称密钥算法进行保密通信。

监听者可以获得g、P、X、Y，但由于算不出x、y，所以得不到共享密钥K。

虽然Diffie－Hellman密钥交换算法十分巧妙，但由于没有认证功能，存在中间人攻击的危险。当Alice和Bob交换数据时,若Trudy拦截通信信息,并冒充Alice欺骗Bob,冒充Bob欺骗Alice。其过程如图7-9所示。

(1)Alice选取大的随机数x,并计算$X=g^x \pmod P$,Alice将g、P、X传送给Bob,但被Trudy拦截。

(2)Trudy冒充Alice选取大的随机数z,并计算$Z=g^z \pmod P$,Trudy将Z传送给Bob。

(3)Trudy冒充Bob选取大的随机数z,并计算$Z=g^z \pmod P$,Trudy将Z传送给Alice。

(4)Bob选取大的随机数y,并计算$Y=g^y \pmod P$,Bob将Y传送给Alice,但被Trudy拦截。

由(1)、(3)可知Alice与Trudy共享了一个秘密密钥g^{xz},由(2)、(4)可知Trudy与Bob共享了一个秘密密钥g^{yz}。

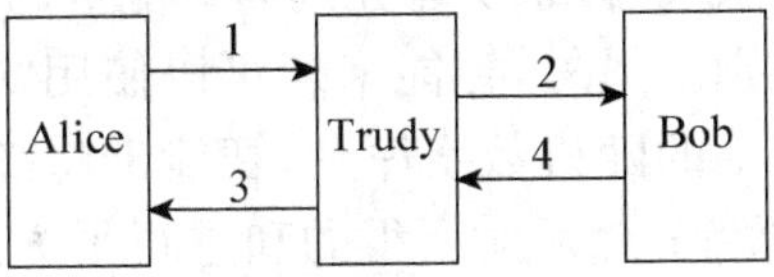

图7-9 中间人攻击

站间协议是一个密钥协商协议,它能够挫败这种中间人攻击,其方法是让A、B分别对消息签名。

(1)$A \rightarrow B: g^x$

(2)$B \rightarrow A: g^y || E_k(Sb(g^y || g^x))$

(3)$A \rightarrow B: E_k(Sa(g^x || g^y))$

其中建立的会话密钥是$k=g^{xy}$。站间协议的一个改进版本没有使用加密,建立的会话密钥仍然是$k=g^{xy}$。

(1)$A \rightarrow B: g^x$

(2)$B \rightarrow A: g^y || Sb(g^y || g^x)$

(3)$A \rightarrow B: Sa(g^x || g^y)$

站间协议具有前向保密性。前向保密性是指长期密钥被攻破后,利用长期密钥建立的会话密钥仍具有保密性。站间协议中A、B的私钥泄露不影响会话密钥的安全。

7.3.4 基于物理标志的认证技术

基于物理标志的认证技术是利用用户所拥有的一些物理实体进行验证。通常人们经常使用磁卡,并把它放入与计算机相连的读卡器中。对于个人所持的诸如银行卡等,通常还需要采用较简单的设置数位"密码"的方式加以管理,防止持卡人的账户被非法交易或窃取。该方法主要用于银行ATM机的远程终端登录系统。

载有信息的磁卡有两种:磁条卡和芯片卡。磁条卡是以液体磁性材料或磁条为信息载体,将液体磁性材料涂覆在卡片上或将宽约6~14mm的磁条压贴在卡片上,可以写入140个字节的信息,这些信息可以被终端读出并发送到中心计算机。信息如果包括用户名、用户密码、账号和金额,这就是金融卡或银行卡;而如果在磁条上记录的是有关用户的信息,则该卡便可作为识别用户身份的物理标志。

芯片卡上包含了集成电路芯片,芯片卡可以分为储值卡和智能卡。储值卡又称预付卡,是发卡银行或者其他经中央人民银行认可的有权发卡的企业单位根据持卡人要求将其资金转至内储存,交易时直接从卡内扣款的预付钱包式借记卡。储值卡内包含了一定数量的存储器,使用 EEPROM 技术保证数据在断电和离开读写设备后也能保持记忆,卡片中的数据只能用外部 CPU 才能改变。智能卡是内嵌有微芯片的塑料卡的统称。智能卡配备有 CPU 和 RAM,可自行处理数量较多的数据而不会干扰到主机 CPU 的工作。智能卡还可过滤错误的数据,以减轻主机 CPU 的负担,适用于端口数目较多且通信速度要求较快的场合。卡内的集成电路包括中央处理机 CPU、可编程只读存储器 EEPROM、随机存储器 RAM 和固化在只读存储器 ROM 中的卡内操作系统 COS。

智能卡具有数据处理功能,可以在卡中进行秘钥对的产生以及进行卡的签名和验证等较复杂的计算操作。用户访问系统时,系统首先判断智能卡的合法性,然后由智能卡输入的 PIN 对持卡人的合法性进行鉴别。另外,智能卡还可以使用"挑战/响应"方式的验证机制。该验证机制是由认证服务器产生的随机数字序列,智能卡将随机数字序列加上存储在卡上的 EEPROM 中的 512 位用户密码,然后对所得的和进行平方运算,并且把中间的 512 位数字发送回服务器,这样服务器就知道用户的密码并且可以计算出结果是否正确。该方法采用一次一密的方式,有效地保证了用户身份的安全性。

7.3.5 基于生物标志的认证技术

1)常用于身份识别的生物标志

被选用的生物标志应具有这样三个条件:

①足够的可变性,系统可根据它来区别成千上万的不同用户;

②被选用的生物标志应保持稳定,不会经常发生变化;

③不易被伪装。

常用来进行认证的生物标志有以下几种。

(1)指纹

指纹有着"物证之首"的美誉。尽管目前全球已有近 60 亿人口,但绝对不可能找到两个完全相同的指纹,而且指纹的形状不会随时间的推移而改变,因而利用指纹来进行身份认证是很可行的。而且指纹不会像其他一些物理标志那样出现用户忘记携带或丢失等问题,而且使用起来也特别方便,因此,指纹认证很早就被用于契约签证和侦查破案,既准确又可靠。

人的手指的纹路可分为两大类,一类是环状,另一类是涡状,每一类又可进一步分为 50～200 种不同的图样。以前是依靠专家进行指纹鉴别,随着计算机技术的发展,人们已成功地开发出指纹自动识别系统。利用指纹来进行身份认证是有广阔前景的一种认证技术,世界上已有愈来愈多的国家开展了对指纹识别技术的研究和应用。

(2)视网膜组织

视网膜组织通常又简称为眼纹。它与指纹一样,世界上也绝对不可能找到两个人有完全相同的视网膜组织,因而利用视网膜组织来进行身份认证同样是非常可靠的。用户的视网膜组织所含的信息量远比指纹复杂,其信息需要用 256 个字节来编码。利用视网膜组织进行身份认证的效果是非常好的，如果人数不超过200万，其出错率为0，所需时间也仅为秒级，现已在军事部门和银行系统中采用，但目前成本还比较高。

这种身份认证方式也存着抗欺骗能力的问题。在早期的系统中，用户的视网膜组织是由一米外的照相机对人眼进行拍摄来认证的，如果有人戴上墨镜，在墨镜上贴上别人的视网膜，这样便可以蒙混过关。但如果改用摄像机，因为它可以拍下视网膜的震动影像，这样就不易被假冒。

(3)声音

每个人在说话时都会发出不同的声音，人对语音非常敏感，即使在强干扰的环境下，也能很好地分辨出每个人的语音。事实上，人们可以依据听对方的声音来确定对方的身份。现在又广泛采用与计算机技术相结合的办法来实现身份认证，其基本方法是，对一个人说话的录音进行分析，将其全部特征存储起来，通常把所存储的语音特征称为语声纹。然后再利用这些声纹制作成语音口令系统。该系统的出错率在1%～1‰，制作成本较低，为数百到数千美元不等。

(4)手指长度

由于每个人的五个手指的长度并不是完全相同的，因此可基于它来识别每一个用户。原理是把手插入一个手指长度测量设备，测出五个手指的长度，与数据库中所保存的相应样本进行核对。这种方式比较容易被破解，例如可利用手指石膏模型或其他仿制品来进行仿冒。

2)生物识别系统的要求和组成

(1)对生物识别系统的要求

生物识别系统是一个相当复杂的系统，要设计出一个非常实用的生物识别系统并非易事，必须满足如下三方面的要求。

①识别系统的性能必须满足基本功能需求。这包括应具有很强的抗欺骗能力和防伪造能力，而且还应能防范攻击者设置的陷阱。

②系统能被用户接受。完成一次识别的时间不应太长，最好不超过1～2s；出错率应在一定范围之内，这随应用场合的不同而异。对于用在极为重要场合中的识别系统，要求绝对不能出错，并且拥有高可靠性和可维护性。

③系统成本适当。系统成本包含系统本身的成本、运营期间所需的费用和系统维护(包含消耗性材料等)的费用等。

(2)生物识别系统的组成

生物识别系统通常是由注册和识别两部分组成的。

①注册部分。在该部分中，配置有一张注册表，每个注册用户在表中都有一个记录。记录中至少有两项，其中一项用于存放用户姓名，另一项用于存放用户的重要特征(用户的生物特征被数字化后形成的用户样本，再从中提取出重要特征)。该记录通常存放在中心数据库中，供多个生物识别系统共享，但也可存放在用户的身份智能卡中。

②识别部分。该部分可分为两步，第一步是要求用户输入用户登录名，这样可以使系统尽快地找到用户在系统中的记录；第二步是对用户输入的生物特征进行识别，即把用户的生物特征与用户记录中的样本信息特征进行比较，若相同，便允许用户登录，否则，拒绝用户登录。

7.4 访问控制

7.4.1 访问控制的基本概念

访问控制(Access Control)是在身份认证的基础上,依据授权对提出的资源访问请求加以控制。访问控制是网络安全防范和保护的主要策略,它可以限制对关键资源的访问,防止非法用户的侵入或合法用户的不慎操作所造成的破坏。

访问控制系统一般包括:主体、客体、安全访问策略。

主体:发出访问操作或存取要求的发起者,通常指用户或用户的某个进程;

客体:被调用的程序或欲存取的数据,即必须进行控制的资源或目标,如网络中的进程等活跃元素、数据与信息、各种网络服务和功能、网络设备与设施等;

安全访问策略:安全访问策略是一套规则,用以确定一个主体是否对客体拥有访问能力,它定义了主体与客体可能的相互作用途径。

访问控制根据主体和客体之间的访问授权关系,对访问过程作出限制。从数学角度来看,访问控制本质上是一个矩阵,行表示资源、列表示用户,行和列的交叉点表示某个用户对某个资源的访问权限(读、写、执行、修改、删除等)。

例如用户的入网访问控制。用户的入网控制可分为三个步骤:用户名的识别与验证、用户口令的识别与验证、用户账号的缺省限制检查。用户账号应只有系统管理员才能建立。口令控制应该包括最小口令长度、强制修改口令的时间间隔、口令的唯一性、口令过期失效后允许入网的限制次数等。网络应能控制用户登录入网的站点(地址)、限制用户入网的时间、限制用户入网的工作站数量。当用户对交费网络的访问"资费"用尽时,网络还应能对用户的账号加以限制,用户此时无法进入网络访问网络资源。网络信息系统应对所有用户的访问进行审计。

访问控制主要有网络访问控制和系统访问控制。网络访问控制限制外部对网络服务的访问和系统内部用户对外部的访问,通常由防火墙实现。系统访问控制为不同用户赋予不同的主机资源的访问权限,操作系统提供一定的功能实现系统访问控制,如UNIX的文件系统。网络访问控制的属性有:源IP地址、源端口、目的IP地址、目的端口等。系统访问控制(以文件系统为例)的属性有:用户、组、资源(文件)、权限等。

操作系统的用户范围很广,拥有的权限也不相同。一般分为如下几类。

(1)系统管理员

这类用户拥有最高级别的特权,可以对系统的任何资源进行访问并具有任何类型的访问操作能力。负责创建用户、创建组、管理文件系统等所有的系统日常操作;授权修改系统安全员的安全属性。

(2)系统安全员

管理系统的安全机制,按照给定的安全策略,设置并修改用户和访问客体的安全属性;选择与安全相关的审计规则。安全员不能修改自己的安全属性。

(3)系统审计员

负责管理与安全有关的审计任务。这类用户按照指定的安全审计策略负责整个系统范围的安全控制与资源使用情况的审计，包括记录审计日志和对违规事件的处理。

(4)一般用户

这是最大一类用户，也就是系统的一般用户。他们的访问操作要受一定的限例。系统管理员对这类用户分配不同的访问操作权力。

数据库管理系统一般具有与操作系统相似的用户。

对访问控制一般的实现方法可以采用访问控制矩阵模型。访问控制机制可以用一个三元组(S,O,A)表示。其中，S 是主体集合，O 是客体集合，A 是属性集合。对于任意一个 $s\in S$，$o\in O$，那么相应的存在一个 $a\in A$，而 a 就决定了 s 对 o 可进行什么样的访问操作。

可信计算机系统评估准则(TCSEC)提出了访问控制在计算机安全系统中的重要作用。准则要达到的一个主要目标就是阻止非授权用户对敏感信息的访问。访问控制在准则中被分为两类：自主访问控制(DAC，discretionary access control)和强制访问控制(MAC，mandatory access control)。该标准将计算机系统的安全程度从高到低划分为 A1，B3，B2，B1，C2，C1，D 七个等级，每一等级对访问控制都提出了不同的要求。例如，C 等级要求至少具有自主型的访问控制；B 级以上要求具有强制型的访问控制。我国于 1999 年颁布了计算机信息系统安全保护等级划分准则这一国家标准。

7.4.2 访问控制的基本原则

访问控制机制是用来实施对资源访问加以限制的策略的机制，这种策略把对资源的访问限制于那些被授权的用户。访问控制机制应该建立起申请、建立、发出和关闭用户授权的严格制度，尽到管理和监督用户操作的职责。

为了获取系统的安全，系统授权应该遵守访问控制的三个基本原则。

(1)最小特权原则　最小特权原则是系统安全中最基本的原则之一。所谓最小特权(Least Privilege)指的是"在完成某种操作时所赋予网络中每个主体(用户或进程)必不可少的特权"。最小特权原则，则是指"应限定网络中每个主体所必需的最小特权，确保可能的事故、错误、网络部件的篡改等原因造成的损失最小"。

最小特权原则使得用户所拥有的权力不能超过他执行工作时所需的权限。最小特权原则一方面给予主体"必不可少"的特权，这就保证了所有的主体都能在所赋予的特权之下完成所需要完成的任务或操作；另一方面，它只给予主体"必不可少"的特权，这就限制了每个主体所能进行的操作。

(2)多人负责原则　即授权分散化，对于关键的任务必须在功能上进行划分，由多人来共同承担，保证没有任何个人拥有完成任务的全部授权或信息。例如将责任作分解使得没有一个人具有重要密钥的完全拷贝。

(3)职责分离原则　职责分离是保障安全的另一个基本原则。职责分离是指将不同的责任分派给不同的人员以期达到互相牵制的目的，消除一个人执行多项关键任务可能带来的风险。例如收款员、出纳员、审计员的工作应由不同的人担任。类似地，计算机环境下也要有职责分离，为避免安全上的漏洞，有些许可不能同时被同一用户获得。

7.4.3 基于角色的访问控制

基于角色的控制访问(RBAC，Role Based Access Control)是一种常用的访问控制方法。

1)基本思想

(1)用户、角色、许可

在 RBAC 中,用户就是一个可以独立访问计算机系统中的数据或者用数据表示的其他资源的主体。角色是指一个组织或任务中的工作或者位置,它代表了一种权力、资格和责任。许可(特权)就是允许对一个或多个客体执行的操作。一个用户可经授权而拥有多个角色,一个角色可由多个用户构成;每个角色可拥有多种许可,每个许可也可以授权给多个不同的角色。每个操作可施加于多个客体(受控对象),每个客体也可以接受多个操作。基于角色访问控制的要素(包括用户、角色、许可的关系)如图 7-10 所示。

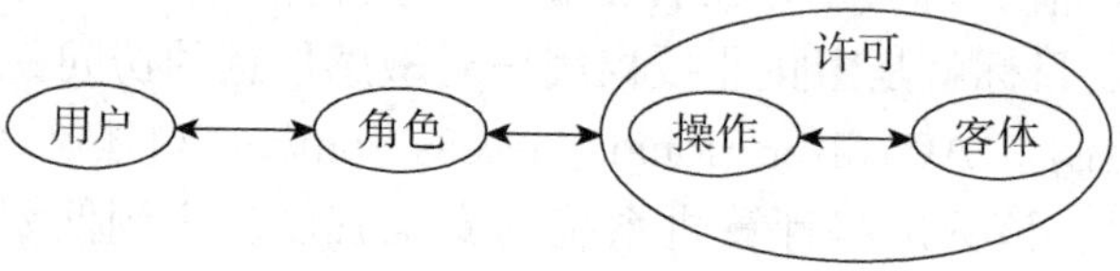

图 7-10 用户、角色、许可的关系

用户表(USERS)包括用户标识、用户姓名、用户登录密码。用户表是系统中的个体用户集,随用户的添加与删除动态变化。

角色表(ROLES)包括角色标识、角色名称、角色基数、角色可用标识。角色表是系统角色集,由系统管理员定义角色。

客体表(OBJECTS)包括对象标识、对象名称。客体表是系统中所有受控对象的集合。

操作算子表(OPERATIONS)包括操作标识、操作算子名称。系统中所有受控对象的操作算子构成操作算子表。

许可表(PERMISSIONS)包括许可标识、许可名称、受控对象、操作标识。许可表给出了受控对象与操作算子的对应关系。

角色/许可授权表包括角色标识、许可标识。系统管理员通过为角色分配或取消许可管理角色/许可授权表。

RBAC 的基本思想是:授权给用户的访问权限,通常由用户在一个组织中担当的角色来确定。RBAC 中许可被授权给角色,角色被授权给用户,用户不直接与许可关联。RBAC 对访问权限的授权由管理员统一管理,RBAC 根据用户在组织内所处的角色作出访问授权与控制,授权规定是强加给用户的,用户不能自主地将访问权限传给他人,这是一种非自主型集中式访问控制方式。例如,在医院里,医生这个角色可以开处方,但他无权将开处方的权力传给护士。

在 RBAC 中,用户标识对于身份认证以及审计记录是十分有用的;但真正决定访问权限的是用户对应的角色标识。用户能够对一客体执行访问操作的必要条件是,该用户被授权了一定的角色,其中有一个在当前时刻处于活跃状态,而且这个角色对客体拥有相应的访问权限。即 RBAC 以角色作为访问控制的主体,用户以什么样的角色对资源进行访问,决定了用户可执行何种操作。

RBAC 在中间加入了角色,通过角色沟通主体与客体。分层的优点是当主体发生变化时,只需修改主体与角色之间的关联而不必修改角色与客体的关联。

(2)角色继承

为了提高效率，避免相同权限的重复设置，RBAC采用了“角色继承”的概念。定义了这样的一些角色，它们有自己的属性，但可能还继承了其他角色的许可。角色继承把角色组织起来，能够很自然地反映组织内部人员之间的职权、责任关系。角色继承可以用祖先关系来表示。图7-11是角色继承实例，图中，角色2是角色1的“父亲”，它包含角色1的许可。在角色继承关系图中，处于最上面的角色拥有最大的访问权限，越下端的角色拥有的权限越小。如图7-11所示，专家与医生之间存在着角色继承关系。

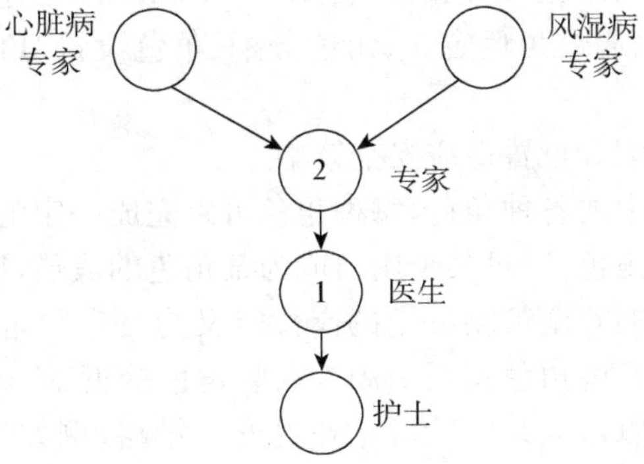

图7-11 角色继承实例

(3)角色分配与授权

用户/角色分配表包括用户标识、角色标识。系统管理员通过为用户分配角色、取消用户的某个角色等操作管理用户/角色分配表。

用户/角色授权表包括用户标识、角色标识、可用性。我们称一个角色r授权给一个用户u要么是角色r分配给用户u，要么是角色r通过一个分配给用户u的角色继承而来。用户/角色授权表记录了用户通过用户/角色分配表以及角色继承而取得的所有角色。可用性为真时，用户才真正可以使用该角色赋予的许可。

(4)角色限制

角色限制包括角色互斥与角色基数限制。

对于某些特定的操作集，某一个用户不可能同时独立地完成所有这些操作。角色互斥可以有静态和动态两种实现方式。静态角色互斥：只有当一个角色与用户所属的其他角色彼此不互斥时，这个角色才能授权给该用户。动态角色互斥：只有当一个角色与一主体的任何一个当前活跃角色都不互斥时，该角色才能成为该主体的另一个活跃角色。

静态互斥角色表包括角色标识1、角色标识2。在系统管理员为用户添加角色时参考。

动态互斥角色表包括角色标识1、角色标识2。在用户创建会话选择活跃角色集时参考。

角色基数限制是指在创建角色时，要指定角色的基数。在一个特定的时间段内，有一些角色只能由一定人数的用户占用。

(5)角色激活

用户是一个静态的概念，会话则是一个动态的概念。一次会话是用户的一个活跃进程，它代表用户与系统交互。用户与会话是一对多关系，一个用户可以同时打开多个会话。一个会话构成了一个用户到多个角色的映射，即会话激活了用户授权角色集的某个子集，这个子集称为活跃角色集。活跃角色集决定了本次会话的许可集。

会话表包括会话标识、用户标识。

会话的活跃角色表包括会话标识、角色标识。

2)安全策略

安全策略实质上表明的是系统在进行一般操作时,在安全范围内什么是允许的,什么是不允许的。

RBAC 支持角色/许可、角色/角色的关系,由于 RBAC 的访问控制是在更高的抽象级别上进行的,系统管理员可以通过角色定义、角色分配、角色设置、角色分层、角色限制来实现组织的安全策略。

(1)通过角色定义、分配和设置适应安全策略

系统管理员定义系统中的各种角色,每种角色可以完成一定的职能,不同的用户根据其职能和责任被赋予相应的角色,一旦某个用户成为某角色的成员,则此用户可以完成该角色所具有的职能。根据组织的安全策略特定的岗位定义为特定的角色、特定的角色授权给特定的用户。例如可以定义某些角色接近 DAC,某些角色接近 MAC。系统管理员也可以根据需要设置角色的可用性以适应某一阶段企业的安全策略,例如设置所有角色在所有时间内可用、特定角色在特定时间内可用、用户授权角色的子集在特定时间内可用等。

系统建立起来后,主要的管理工作即为授权或取消用户的角色。用户的职责发生变化时,改变授权给他们的角色,也就改变了用户的权限。当组织的功能变化或演进时,只需删除角色的旧功能、增加新功能,或定义新角色,而不必更新每一个用户的权限设置。这些都大大简化了对权限的理解和管理。

(2)通过角色分层映射组织结构

系统组织结构中通常存在一种上、下级关系,上一级拥有下一级的全部权限,为此,RBAC 引入了角色分层的概念。角色分层把角色组织起来,能够很自然地反映组织内部人员之间的职权、责任关系。层次之间存在高对低的继承关系,即父角色可以继承子角色的许可。

(3)容易实现最小特权原则

使用 RBAC 能够容易实现最小特权原则。在 RBAC 中,系统管理员可以根据组织内的规章制度、职员的分工等设计拥有不同权限的角色,只有角色需要执行的操作才授权给角色。依据任务设立角色,根据角色划分权限,每个角色各司其职,权限各自分立,一个角色不能拥有另一个角色的特权。当一个用户要访问某资源时,如果该操作不在用户当前活跃角色的授权范围之内,该访问将被拒绝。最小特权原则在保持完整性方面起着重要的作用,这一原则的应用可限制事故、错误、未授权使用带来的损害。

(4)能够满足职责分离原则

在 RBAC 中,职责分离很容易通过角色互斥来实现,包括静态和动态两种实现方式。静态职责分离中只有当一个角色与用户所属的其他角色彼此不互斥时,这个角色才能授权给该用户。动态职责分离中只有当一个角色与用户的任何一个当前活跃角色都不互斥时该角色才能成为该用户的另一个活跃角色。

(5)岗位上的用户数通过角色基数约束

企业中有一些角色只能由一定人数的用户占用,在创建新的角色时,通过指定角色的基数来限定该角色可以拥有的最大授权用户数。如总经理角色只能由一位用户担任。

3)体系结构

(1)RBAC系统结构

RBAC系统结构由RBAC数据库、身份认证模块、系统管理模块、会话管理模块组成。

身份认证模块通过用户标识、用户口令确认用户身份。此模块仅使用RBAC数据库的USERS表。

系统管理模块主要完成用户增减(使用USERS表)、角色增减(使用ROLES表)、用户/角色的分配(使用USERS表、ROLES表、用户/角色分配表、用户/角色授权表)、角色/许可的分配(使用ROLES表、PERMISSIONS表、角色/许可授权表)、定义角色间的关系(使用ROLES表、角色层次表、静态互斥角色表、动态互斥角色表),其中每个操作都带有参数,每个操作都有一定的前提条件,操作使RBAC数据库发生动态变化。系统管理员使用该模块初始化RBAC数据库并维护RBAC数据库。

系统管理员的操作包括添加用户、删除用户、添加角色、删除角色、设置角色可用性、为角色增加许可、取消角色的某个许可、为用户分配角色、取消用户的某个角色、设置用户授权角色的可用性、添加角色继承关系、取消角色继承、添加一个静态角色互斥关系、删除一个静态角色互斥关系、添加一个动态角色互斥关系、删除一个动态角色互斥关系、设置角色基数等。

会话管理模块结合RBAC数据库管理会话。包括会话的创建与取消以及对活跃角色的管理。此模块使用USERS表、ROLES表、动态互斥角色表、会话表和活跃角色表。

(2)RBAC系统的运行步骤

①用户登录时向身份认证模块发送用户标识、用户口令,确证用户身份。

②会话管理模块从RBAC数据库检索该用户的授权角色集并送回用户。

③用户从中选择本次会话的活跃角色集,在此过程中会话管理模块维持动态角色互斥。

④会话创建成功,本次会话的授权许可体现在菜单与按钮上,如不可用显示为灰色。

⑤在此会话过程中,系统管理员若要更改角色或许可,可在此会话结束后进行或终止此会话立即进行。

7.5 计算机病毒

7.5.1 计算机病毒的基本概念

1)计算机病毒的定义

计算机病毒是一段程序,它能不断地进行复制和感染其他程序,无需人为介入便能由被感染的程序和系统传播出去。一般的病毒代码并不长。对于用C语言编写的病毒程序,通常不超过一页,经编译后小于2KB;用汇编语言编写的病毒程序则更小,可以小到只有几十到几百个字节。

之所以把这样一段程序称为病毒,是因为它非常像生物学意义上的病毒。生物学意义上的病毒能控制一个活细胞的组织,生成成千上万个与原始病毒相同的复制品,并将它们传播到各处。类似地,计算机病毒也可在系统中复制出千千万万个与它自身一样的计算机病毒,并把它传播到各个计算机系统中。

在《中华人民共和国计算机信息系统安全保护条例》中，计算机病毒被定义为："编制或者在计算机程序中插入的破坏计算机功能或破坏数据，影响计算机系统使用并且能够自我复制的一组计算机指令或者程序代码。"

2)计算机病毒的危害

计算机病毒的危害可表现在如下几个方面。

(1)占用系统空间。既然病毒是一段程序，就必然会占用一定的磁盘空间和内存空间。虽然一个病毒程序可能并不大，但随着病毒的增加，空闲磁盘空间和内存空间将会迅速减少。

(2)占用处理机时间　病毒在执行时会占用处理机时间，随着病毒的增加，占用的处理机时间将会更多，这会引起系统的运行速度变慢，还可能进一步完全独占处理机时间，从而使计算机系统无法再向用户提供服务。

(3)对文件造成破坏　计算机病毒可以使文件的长度增加或减少，文件的内容发生改变，甚至被删除，使文件丢失。它还可以通过对磁盘的格式化使整个系统中的文件全部消失。

(4)使机器运行异常　计算机病毒可以使计算机屏幕出现异常情况，如出现一些莫名其妙的指示信息，屏幕显示发生异常滚动，显示异常图形等；还可使系统的运行明显放缓，以至于完全停机。

3)计算机病毒的特征

(1)隐蔽性

病毒一般是用很高编程技巧编写的短小精悍的程序。通常附着在正常程序中或磁盘的较隐蔽的地方，也有个别的以隐含文件的形式出现，目的是不让用户发现它的存在。如果不经过代码分析，病毒程序与正常程序是不容易区别开来的。一般在没有防护措施的情况下，计算机病毒程序取得系统控制权后，可以在很短的时间里传染给大量其他程序。而且受到传染后，计算机系统通常仍能正常运行，使用户不会感到任何异常。

正是由于隐蔽性，计算机病毒得以在用户没有察觉的情况下通过网络或移动存储设备扩散到上百万台计算机中。大部分病毒的代码之所以设计得非常短小，也是为了隐藏。病毒一般只有几百个字节，这相对于其他电脑的文件显得微不足道，所以病毒便可将这短短的几百字节附着到正常程序之中而不易被察觉。

(2)破坏性

任何病毒只要侵入系统，都会对系统及应用程序产生不同程度的影响。轻者会降低计算机的工作效率，占用系统资源，重者可导致系统崩溃或者直接损毁电脑中的数据。

由病毒的破坏特性可将病毒分为良性病毒和恶性病毒。良性病毒可能只显示一些干扰用户的画面、播放音乐、显示无聊的语句等，或者根本没有任何破坏动作，只是会占用系统资源，降低电脑的运行效率。这类病毒比较多，如：GENP、W－BOOT 等。恶性病毒一般有明确的目的，如捣毁系统、破坏数据、删除文件、加密磁盘等，往往可能对系统造成不可挽回的损失。

(3)传染性

计算机病毒的传染性是指病毒具有自我复制传播和通过其他途径进行传播的特性。正常的计算机程序一般是不会将自身的代码强行连接到其他程序之上的。而病毒程序却能将自身的代码强行传染到一切符合其传染条件的程序之上。

计算机病毒是人为编制的计算机程序代码，这种程序代码一旦进入计算机并在适合的条件下得以激活或执行，它就会搜寻其他符合其传染条件的程序或存储介质，确定目标后再将自身代码复制到其中，达到自我繁殖的目的。只要计算机中的某一个文件感染了病毒，且没有得到及时的处理，那么病毒就会在这台计算机上迅速扩散。被感染的文件又成了新的传染源再进行传播。如果某台电脑再与其他的电脑进行数据交换或通过网络等渠道进行接触，病毒还会继续感染其他的电脑。

(4)潜伏性

大部分的病毒感染系统之后不会马上发作，它可以长期隐藏在系统中，只有在满足其特定条件时才启动其表现(破坏)模块。例如著名的“黑色星期五”病毒，每逢既是 13 号又是星期五的时间发作。

(5)非授权性

一般正常的程序是由用户调用，再由系统分配资源，完成用户交给的任务。其目的对用户是可见的、透明的。而病毒不仅具有正常程序的一切特性，而且它是隐藏在正常程序中的，当用户调用正常程序时，病毒程序也有可能被激活运行，进而窃取到系统的控制权，并先于正常程序执行。病毒的目的对用户是未知的、未经用户允许的。

(6)不可预见性

从对病毒检测的角度来看，病毒还有不可预见性。不同种类的病毒，它们的代码千差万别，但有些操作是共有的(如驻留内存，改中断号)。有些人利用病毒的这种共性，声称制作了可查出所有病毒的程序，这种程序的确可以查出一些新病毒，但由于目前的软件种类极其丰富，且某些正常软件程序也使用了类似病毒的操作甚至借鉴了某些病毒的技术。所以使用这种方法对病毒进行检测势必会造成较多的误报情况。此外，病毒的制作技术也在不断的提高，何况病毒对于反病毒软件而言永远是超前和不可预见的。

7.5.2 计算机病毒的类型

1)按寄生方式分类

(1)引导型病毒　是指寄生在磁盘引导区或主引导区的计算机病毒。此种病毒利用系统引导时，不对主引导区的内容正确与否进行判别的缺点，在引导型系统的过程中侵入系统、驻留内存、监视系统运行、待机传染和破坏。按照引导型病毒在硬盘上的寄生位置又可细分为主引导记录病毒和分区引导记录病毒。主引导记录病毒感染硬盘的主引导区，分区引导记录病毒感染硬盘的活动分区。

(2)文件型病毒　是指能够寄生在文件中的计算机病毒。这类病毒程序感染可执行文件或数据文件。

(3)复合型病毒　是指具有引导型病毒和文件型病毒寄生方式的计算机病毒。这种病毒扩大了病毒程序的传染途径，它既感染磁盘的引导记录，又感染可执行文件。当染有此种病毒的磁盘用于引导系统或调用执行染毒文件时，病毒都会被激活。因此在检测、清除复合型病毒时，必须全面彻底地根治，如果只针对该类病毒的一个特性，把它当作引导型或文件型病毒进行清除。虽然表面好像是清除了，但还留有隐患，这种经过消毒后的“洁净”系统更具有危险性。

2)按连接方式

(1)源码病毒　较为少见,亦难以编写。因为它要攻击高级语言编写的源程序,在源程序编译之前插入其中,并随源程序一起编译、链接成可执行文件。此时刚刚生成的可执行文件便已经带毒了。

(2)入侵型病毒　可用自身代替正常程序中的部分模块或堆栈区。因此这类病毒只攻击某些特定程序,针对性强。一般情况下也很难被发现,清除起来也比较困难。

(3)操作系统病毒　可用其自身代码加入或替代操作系统的部分功能。因其直接感染操作系统,这类病毒的危害性也较大。

(4)外壳病毒　将自身附着在正常程序的开头或结尾,相当于给正常程序加了个外壳。大部分的文件型病毒都属于这一类。

3)根据病毒特有的算法

(1)伴随型病毒　这一类病毒并不改变文件本身,利用 DOS 加载文件的优先顺序进行工作,病毒把自身写入 COM 文件,由伴随体加载执行原来的 EXE 文件。具有代表性的是"金蝉"病毒,它感染 EXE 文件时生成一个和 EXE 同名的但扩展名为 COM 的伴随体;这样在 DOS 加载文件时病毒就取得控制权。这类病毒的特点是不改变原来的文件内容、日期及属性,解除病毒时只要将其伴随体删除即可。

(2)"蠕虫"型病毒　蠕虫程序是一种通过间接方式复制自身的感染型病毒,它通过计算机网络传播,不改变文件和资料信息,利用网络从一台机器的内存传播到其他机器的内存,将自身的病毒通过网络发送。它的传播速度相当惊人,成千上万的病毒感染造成众多邮件服务器先后崩溃,给人们带来难以弥补的损失。

(3)寄生型病毒　除了伴随型和"蠕虫"型病毒,其他病毒均可称为寄生型病毒,它们依附在系统的引导扇区或文件中,将病毒代码加入正常程序之中,原来程序的功能被部分或者全部保留,当程序执行时,病毒也就被激活并通过系统的执行功能进行传播。

7.5.3　病毒的预防与检测

对于病毒的威胁,最好的解决方法是预防,不让病毒侵入系统。但实际系统中预防病毒是十分困难的,因此还需要非常有效的反病毒软件来检测并消除病毒。

1)病毒的预防

1999 年 4 月 26 日 CIH 病毒的发作,使全球不计其数的电脑硬盘被垃圾数据覆盖,甚至 BIOS 被破坏,无法启动,全球约 70 万台计算机被损坏。正是由于用户忽视了对病毒的警觉,最终造成了严重的后果。因此首先要在思想上有反病毒的警惕性,然后依靠使用反病毒技术和采取适当管理措施,给计算机安全保护的屏障。

一般来说,计算机病毒的预防分为两种:管理上的预防和技术上的预防。这两种方法是相辅相成的,两者的结合能有效地预防病毒的入侵。

(1)管理手段预防计算机病毒

计算机管理者应认识到计算机病毒对计算机系统的危害性,制定完善的计算机使用措施,以预防病毒对计算机系统的入侵。例如,要养成使用备份硬盘的习惯,即使备份盘染上病毒也可以将其格式化再进行备份,还应注意不要在带有病毒的计算机上使用移动硬盘也不要在计算机上使用带病毒的盘,经常对计算机和移动硬盘进行病毒检测。

(2)技术手段预防计算机病毒

采用一定的技术手段预防计算机病毒对系统的入侵,或发现病毒欲传染系统时,向用户发出警报。常见的技术手段包括:

①安装杀毒软件和网络防火墙,并启动计算机后马上运行这些软件,这么做即使不能完全杜绝网络病毒的袭击,也能阻挡大部分的网络病毒。此外安装杀毒软件后,定期更新病毒库和杀毒程序,以最大程度地发挥软件应有的功效。

②当下载文件后,应该立即用杀毒软件扫描一遍。发现邮箱中出现不明来源的邮件时应小心谨慎对待,尤其是带有可执行附件的邮件,如.EXE、.VBS、.JS等。一些类似广告用语标题的邮件,最好立刻删掉。

③为操作系统的各种漏洞打上最新的补丁。当前各种各样的安全漏洞带来了大量的网络病毒(其中以IE和PHP脚本语言的漏洞最多),因此除了注意及时对系统软件和网络软件进行必要升级外,还要尽快为各种漏洞打上最新的补丁。

2)病毒的检测

病毒检测的方法很多,典型的检测方法包括:比较法、搜索法、分析法、感染实验法、软件模拟法、行为检测法等。这些方法依据的原理不同、检测范围不同,各有优缺点。

(1)比较法

比较法是通过用原始备份与被检测的引导扇区或文件进行比较,来判断系统是否感染病毒的方法。该方法不需要用专门的查杀计算机病毒的程序,只要用常规DOS软件和PC-TOOLS软件等工具就可以。比较法判断有无病毒的依据是根据文件长度的变化和文件中程序代码的变化来进行判断。

比较法的优点是简单、方便,不需要专用软件,并且还能发现尚不能被现有的杀毒软件发现的计算机病毒。比较法的缺点是无法确认病毒的种类。当发现差异时,无法判断产生差异的原因是由于病毒的感染,还是由于突然停电、程序失控等原因造成的。

(2)搜索法

搜索法是用每一种病毒含有的特征字节串对被检测的对象进行扫描,如果在扫描对象中发现特征字节串,就表明发现了该特征节字串所代表的病毒。目前常见的计算机病毒软件对已知计算机病毒的检测大多采用这种方法。

搜索法的主要缺点是当被扫描的文件很长时,扫描所花的时间也很多。当新的病毒特征串未加入病毒代码库,或者病毒产生新的变种,病毒特征串被改变时,老版本的扫描程序无法识别新的病毒。另外,搜索法很容易产生误报警。

(3)分析法

分析法是反病毒专家使用的方法,不适合普通用户使用。采用分析法除了要具有相关的病毒知识外,还需要使用反汇编工具、二进制文件编辑器等程序。分析法主要对染毒文件和病毒代码进行分析,得出分析结果后形成反病毒产品。

分析法分为静态分析和动态分析两种。静态分析是指利用反汇编工具将计算机病毒代码打印成反汇编指令后进行分析,观察计算机病毒分成哪些模块,使用了哪些系统调用,并将计算机病毒感染文件的过程反转为清除该计算机病毒、修复文件的过程;同时判断哪些代码可被用做特征码以及如何防御这种计算机病毒。分析人员具有的相关能力越强,分析过程越快。动态分析则是利用DEBUG等调试工具在内存带病毒的情况下,对病毒做动态跟踪，观察计算机病毒的具体工作过程，以进一步在静态分析的基础上理解计算机病毒工作的原理。一般必须采用动静结合的方法才能完成整个分析过程。

（4）感染实验法

感染实验法利用病毒的感染特性进行检测，运行可疑系统中的程序后，再运行一些不带毒的正常程序，然后观察正常程序的长度和校验和，如果发现有的程序长度增加，或者校验和发生变化，就可断言系统中有病毒。该方法是一种简单实用的检测病毒的方法，它能自主地检测出可疑的新病毒。

（5）软件模拟法

软件模拟法是使用一种软件分析器，通过模拟病毒运行的方式来检测病毒特征，用软件方法来模拟和分析程序的运行。该技术专门用来对付多态变形计算机病毒。多态变形计算机病毒在每次传染时，都将自身以不同的随机数加密于每个被感染的文件中，使用传统搜索法根本无法找到这种计算机病毒。软件模拟法能有效地模拟 CPU 执行，在 DOS 虚拟机下伪执行计算机病毒程序，安全并确实地将其解密，使其显露本来的面目，再加以扫描。

软件模拟法可识别未知病毒，病毒定位准确、误报率低。但是它的检测速度受到一定限制，消耗系统资源较多。

（6）行为检测法

利用病毒的特有行为特性检测病毒的方法称为行为检测法，也称为人工智能陷阱法。病毒通常有一些共同的行为特征，在正常程序中这些行为特征很少出现，因此当程序运行时，监视这些行为特征，如果发现了病毒行为特征就立即报警。

行为检测法的优点是可以发现未知病毒，对于多数未知病毒的预报是非常有效的。它的主要缺点是对于未知行为病毒不能有效检测，同时也存在误报现象，对查到的未知病毒，不能识别病毒名称，因此普通用户不能对发现的未知病毒进行有效的清除。

本章小结

系统安全问题是现代操作系统中的一个关键内容。系统安全是指在系统生命周期内应用系统安全工程和系统安全管理方法，辨别系统中的危险源，并采取有效的控制措施使其危险性最小，从而使系统在规定的性能、时间和成本范围内达到最佳的安全程度。系统安全包括 5 个属性：可用性、可靠性、完整性、保密性和不可抵赖性。为了保证系统的安全性，现有的各种安全机制主要包括：加密技术、认证技术、访问控制技术、预防和检测计算机病毒技术。

加密技术是采用某种方式伪装信息，以提高数据的安全性和保密性。现有的加密算法有对称加密算法与非对称加密算法两种。在对称加密算法中，使用的密钥只有一个，发信和收信双方都使用这个密钥对数据进行加密和解密。非对称加密算法的每个用户都保存着一对密钥，在对数据进行加密和解密时使用不同的密钥。假如某用户要与另一用户通信，可用公开密钥对数据进行加密，而收信者则用自己的私用密钥进行解密。

认证技术是确定主体是否是其所授权身份的过程，以确保登录者就是该账户的合法用户。通常采用三种方法验证主体身份。一是只有该主体了解的信息，如口令、密钥；二是主体携带的物品，如智能卡；三是只有该主体具有的独一无二的特征或能力，如指纹、声音、视网膜血管分布图或签字等。

访问控制技术是在身份认证的基础上，依据授权对提出的资源访问请求加以控制。访问控制机制是用来实施对资源访问加以限制的策略的机制，这种策略把对资源的访问局限于那些被授权用户。授权应该遵守访问控制的三个基本原则：最小特权原则、多人负责原则、职责分离原则。常用的访问控制方法有基于角色的控制访问。

计算机病毒具有隐蔽性、破坏性、传染性、潜伏性、非授权性、不可预见性等特点。现有的计算机病毒种类繁多，并且造成的危害很大，应使用有效的检测方法并消除病毒。常用的检测方法有：直接检查法、特征代码法、校验和法、行为监测法和软件模拟法。

习　题

一、单项选择题

1. 关于口令的安全描述错误的是（　　）。
A. 口令要定期更换
B. 口令越长越安全
C. 容易记忆的口令不安全
D. 口令中使用的字符越多越不容易被猜中
2. 公钥加密比常规加密更先进，这是因为（　　）。
A. 公钥是建立在数学函数基础上的，而不是建立在位方式的操作上的
B. 公钥加密比常规加密更具有安全性
C. 公钥加密是一种通用机制，常规加密已经过时
D. 公钥加密算法的额外开销少
3. 计算机病毒是指（　　）。
A. 编译出现错误的计算机程序
B. 设计不完善的计算机程序
C. 遭到人为破坏的计算机程序
D. 以危害计算机硬件系统为目的设计的计算机程序
4. 下列四项中，不属于计算机病毒特征的是（　　）。
A. 潜伏性　　B. 传染性　　C. 激发性　　D. 免疫性
5. 防计算机病毒体系还不能做到的是（　　）。
A. 自动完成查杀已知病毒　　B. 自动跟踪未知病毒
C. 自动查杀未知病毒　　D. 自动升级并发布升级包
6. 认证使用的技术不包括（　　）。
A. 消息认证　　B. 身份认证　　C. 水印技术　　D. 数字签名
7. 下面不属于访问控制技术的是（　　）。
A. 强制访问控制　　B. 自主访问控制
C. 自由访问控制　　D. 基于角色的访问控制
8. 消息认证的内容不包括（　　）。
A. 证实消息的信源和信宿
B. 消息内容是或曾受到偶然或有意的篡改
C. 消息的序号和时间性

D. 消息内容是否正确

9. 下面不属于访问控制策略的是(　　)。

A. 加口令　　B. 设置访问权限　　C. 加密　　D. 角色认证

10. 信息安全需求不包括(　　)。

A. 保密性、完整性　　B. 语义正确性

C. 不可否认性　　D. 可用性、可控性

二、填空题

1. 加密和解密变换函数所用的一个控制参数称(　　)。

2. (　　)是指一段可执行的程序代码,通过对其他程序进行修改,可以感染这些程序使其含有该病毒程序的一个拷贝。

3. (　　)是通过一个单向函数对要传送的报文进行处理得到的,用以认证报文来源并核实报文是否发生变化的一个字母数字串。

4. 系统安全包括(　　)、(　　)、(　　)、(　　)、(　　)属性。

5. 计算机病毒具有(　　)、(　　)、(　　)、(　　)、(　　)和不可预见性等特点。

6. 一般计算机系统感染病毒后,用户不会感到明显的异常,这便是病毒的(　　)特性。

7. 加密算法的实质是要完成某种函数(　　)的运算。

8. DES 的明文是(　　)位的分组,使用 64 位的密钥进行变换,算法可以分成 4 部分:初始置换、(　　)、逆置换和子密钥的生成。

9. 公开密钥密码体制的安全性取决于从公开密钥(　　)计算出私有密钥(　　)的困难程度,其困难在于从 n 中找出它的两个(　　)。

10. 安全威胁可以分为(　　)、(　　)、(　　)、(　　)和企业内部信息泄露。

三、问答题

1. 访问控制的含义是什么?

2. 什么是计算机病毒?

3. 什么是数据加密?简述加密和解密的过程。

4. DES 算法主要有哪几部分?

5. 说明公开密钥体制实现数字签名的过程。

参考答案

第1章 习题

一、选择题

1. B　2. D　3. C　4. A　5. B　6. A　7. B　8. C　9. C　10. D
11. B　12. D　13. B　14. A　15. B

二、填空题

1. 处理机管理,存储器管理,文件管理,设备管理
2. 单道批处理,多道批处理
3. 独占,交互
4. 及时性,可靠性
5. CPU,外设
6. 单用户多任务,网络,单用户单任务,多用户多任务(或者分时)
7. 并发性,共享性,虚拟性,不确定性
8. 多路性,独立性,及时性,交互性
9. 终端的用户数,时间片的大小
10. 分时操作系统,实时操作系统,批处理操作系统

三、问答题

1. (1)实时系统(2)分时系统(3)实时系统(4)批处理系统(5)实时系统

2. (1)实时系统与分时系统都能为多个用户服务,分时系统按照分时原则为多个终端用户服务,实时系统则表现为对多路现场信息进行采集及对多个对象或多个执行机构进行控制;

(2)实时系统与分时系统各占用一个终端,彼此独立操作,互不干扰;

(3)实时系统与分时系统对响应时间的要求与分时系统类似,但是分时系统的响应时间是以人所能接受的等待时间来确定,而实时系统的响应时间是以控制对象所能接受的延时来确定;

(4)分时系统的交互性强于实时系统;

(5)实时系统具有高度可靠性,分时系统要求系统可靠。

3. 处理机管理功能,存储器管理,设备管理,文件管理,用户接口功能。

4. 采用批量处理运行程序的操作系统就称为批处理操作系统;

允许多个联机用户同时使用一台计算机系统进行计算的操作系统称分时操作系统;

实时操作系统指当外界事件或数据产生时，能接收并以足够快的速度予以处理，处理的结果又能在规定时间内来控制监控的生产过程或对处理系统作出快速响应，并控制所有实时任务协调一致运行的操作系统

5. 操作系统管理计算机系统的资源，操作系统为用户提供方便的使用接口，操作系统具有扩充硬件的功能。

6.（1）提高 CPU 的利用率。当正在运行的进程要进行 I/O 时，另一进程可以使用 CPU。

（2）提高内存和 I/O 设备的利用率。内存同时驻留多道作业，它们可以并发执行。

（3）增加系统的吞吐量。在保证 CPU 与 I/O 足够忙的情况下，必然会大大提高系统的吞吐量。

7. 多道程序运行的并发执行时间关系图如下：

（2）按单道程序运行时需花时间为：

30ms＋40ms＋20ms＋60ms＋20ms＋30ms＝200ms

两道程序并发运行共花时间为：

30ms＋60ms＋20ms＋30ms＝140ms

8. 脱机命令接口是操作系统提供给批处理作业用户的作业控制语言。批处理用户不能直接与自己的运行作业进行交互，只能向系统提供用作业控制语言编写的作业说明书，并委托计算机系统按作业说明书中的作业控制命令来对他们的作业进行控制和管理。

联机命令接口则不要求用户填写作业说明书，系统将向用户提供一组键盘命令或其他操作命令，用户可通过这些命令来交互地控制自己程序的运行并获得操作系统的服务。

9.（1）存储管理：在多道程序设计环境中，在主存内若干道程序共享内存空间，硬件必须提供必要的手段，防止各道程序相互侵犯，特别是某一道程序出错时，不至于影响其他的程序。同时要保证程序在内存中能随机地移动。

（2）处理机管理和调度：需要对处理机进行管理，合理地调度各个作业，以提高计算机的利用率。

（3）资源的管理和分配：多道作业共享系统中的所有资源，因此必须有效地管理和分配各种资源。

10.（1）同时性：三者都有。分时系统按照分时原则为多个终端用户服务；实时系统对多路的现场信息进行采集以及对多个执行机构进行控制；多道批处理系统交替使用 CPU。

（2）及时性：分时系统的响应时间是以人能够接受的等待时间为标准；实时系统对响应时间的要求比较严格，它是以控制过程或信息处理中能接受的延迟为标准；批处理系统的及时性较差。

（3）交互性：分时系统能使用户和系统进行人机对话。实时系统也具有交互性，但人与系统的交互仅限于访问系统中的某些特定的专用服务程序。批处理系统没有交互性。

(4)独立性:三者都具有独立性。

第2章 习题

一、填空题

1.C 2.B 3.B 4.B 5.C 6.B 7.D 8.B 9.A 10.D
11.A 12.D 13.C 14.B 15.B

二、填空题

1.动态,并发,独立,异步,结构特征

2.一次仅允许一个进程访问的资源,进程中访问临界资源的那段代码;

3.程序段,数据段,进程控制块,进程控制块

4.4,0

5.空闲让入,忙则等待,有限等待,让权等待

6.PV操作,P操作,V操作

7.初始化进程标示符信息,初始化进程的处理机的控制和状态信息,设置进程在主存的起始地址

8.运行,阻塞,就绪

9.消息,send发送原语,receive接收原语

10.减少程序并发执行时所付出的时空开销,使操作系统具有更好的并发性

三、问答题

1.应该满足四个要求:一次最多让一个进程在临界区中执行,当有进程在临界区中时其他进程必须等待;任何一个进入临界区执行的进程必须在有限的时间内退出临界区;不能强迫一个进程无限制的等待进入它的临界区。

2.进程是程序的执行,属于动态,程序是静态的。进程的存在是暂时的,程序的存在是永久的。"一次运行活动"——生命周期、诞生(建立)、死亡(撤销)。进程=程序+数据+PCB(进程控制块),即进程是一个程序及其数据在处理机上顺序执行时所发生的活动。一个程序可以对应多个进程。一个进程可以包含多个程序。

3.互斥——资源的使用要排他使用,防止竞争冲突;

同步——指两个事件的发生有着某种时序上的关系。

4.临界区:每个进程中访问临界资源的那段程序段称为临界区(临界段)。访问打印机的代码属于临界区。除此之外,还有访问内存变量、指针、数组等的代码都属于临界区。

5.进程间存在两种制约关系:同步和互斥。同步是由于并发进程之间需要协调完成同一任务引起的一种关系。互斥是由于并发进程之间竞争临界资源引起的。(1)(2)是互斥关系;(3)(4)是同步关系。

6.司机和售票员在到站、开门、关门、启动、开车几件事情上存在同步关系,到站后才能开车门,关门后才能启动。设置两个信号量S,C分别表示可以开门和可以开车,初始值为0;

司机

正常行车;

到站停车；
V(S)；
P(C)；
启动开车；
售票员
售票；
P(S)；
开车门；
关车门
V(C)；

7. ①P(S1)②V(S1)③P(S2)④P(S1)⑤V(S1)

其中S1是用于控制互斥访问消息链的互斥信号量，初始值为1；S2是用于记录消息个数的同步信号量，其初始值为0。

8. 设置信号量初值：mutex1：=mutex2：=1；count=3；empty：=10；full：=0；

小和尚打水进程：

```
Begin
    L1:P(empty);
    P(count);
    P(mutex1);
    从井中取水;
    V(mutex1)
    P(mutext2);
    倒水入缸;
    V(mutex2);
    V(count);
    V(full);
    Goto L1;
end
```

老和尚取水进程：

```
Begin
    L2:P(full);
    P(count);
    P(mutex2);
    从缸中取水;
    V(mutex2);
    V(count);
    V(empty);
    Goto L2;
End
```

9. 定义信号量：

avail1，avail2 初始值为1

```
full1,full2 初始值为 0
PA:
begin
L1:read from disk;
     P(avail1);
     put to buffer1;
     V(full1);
   goto L1;
end
PB:
begin
L2:P(full1);
     get from buffer1;
   V(avail1);
P(avail2);
     put to buffer2;
     V(full2);
goto L2;
end
PC:
begin
L3: P(full2);
     get from buffer2;
     V(avail2);
    print RECORD;
  goto L3
end
```

10. (1)应该定义的信号量及初始值 S1=1,S2=0;

(2)进程的执行如下,请在方框中填写适当的 PV 操作。

Process R begin L1: 采集数据 D; P(S1) B:=D; V(S2) goto L1; end;

Process W begin L2: P(S2) X:=B; V(S1) 打印 X 数据; goto L2; end;

第 3 章　习题

一、选择题

1. B	2. C	3. C	4. B	5. B	6. D	7. A	8. C	9. D	10. C
11. C	12. B	13. A	14. B	15. B	16. C	17. A	18. D	19. C	20. B

二、填空题

1. 剥夺式调度、非剥夺式调度

2. 静态、动态

3. 处理机
4. 先来先服务
5. 互斥条件,不剥夺条件,环路等待条件,请求和保持
6. 资源剥夺法,死锁进程
7. 安全状态,不安全状态
8. 避免死锁、预防死锁、解除死锁
9. 高级调度、中级调度、低级调度
10. 竞争资源、进程推进顺序不当

三、简答题

1. 互斥使用资源;不剥夺条件;请求和保持条件;环路等待条件。

2. 在分时系统中的每个终端用户都希望系统能及时地响应自己的各种请求,采用时间片轮转调度策略,使得系统在一定的时间内轮流为用户服务,使每个用户都感觉好像只有自己一个人在使用计算机系统。为了使用户得到满意的服务,设计分时系统时必须考虑如何确定时间片的长短,以及可以同时接收的终端用户个数。

3. 公平原则、平衡资源使用原则和最大吞吐量原则。

4. 由于终端用户所提交的作业,大多属于交互性作业,作业通常较小,系统只要能使这些作业在第一队列所规定的时间片完成,便可使终端型作业用户都感到满意;对于短作业,通常只需要在第一、二或三个队列各执行一个时间片即可完成,其周转时间仍然较短;对于长作业,他将以此在第 1,2,…n 个队列中运行,然后再按照轮转方式运行,用户不必担心其作业长期得不到处理。

5. 资源按某种规则系统中的所有资源统一编号(例如打印机为 1、磁带机为 2、磁盘为 3、等等),申请时必须以上升的次序进行申请。对进程所必须使用的而且属于同一类的所有资源,必须一次申请完;在申请不同类资源时,必须按各类设备的编号依次申请。

6. 给输入/输出为主的作业分配较高的优先级。因为,CPU 主要被计算型作业占用,若再给他较高的优先级,那么,输入/输出为主的作业就得不到及时的响应,使得输入/输出型作业等待,导致系统串行工作,系统的效率低下。

7. 作业调度,其主要功能是按照某种原则从磁盘某些盘区的作业队列中选取作业进入主存,并为作业做好运行前的准备工作和作业完成后的善后工作。进程调度,其主要功能是按照某种原则将处理机分配给就绪进程。执行低级调度功能的程序称为进程调度程序,由它实现处理机在进程间的转换。它必须常驻主存,是操作系统内核的主要部分。(1)(2)适合作业调度,(3)两者都可以。

8. 分析资源分配情况:

	work	Allocation	Need	W+A	Finish
P0	1 6 2 2	0 0 3 2	0 0 1 2	1 6 5 4	T
P3	1 6 5 4	0 3 3 2	0 6 5 2	1 9 8 6	T
P4	1 9 8 6	0 0 1 4	0 6 5 6	1 9 9 10	T
P1	1 9 9 10	1 0 0 0	1 7 5 0	2 9 9 10	T

P2	2 9 9 10	1 3 5 4	2 3 5 6	3 12 14 14	T

此时存在安全序列{P0,P3,P4,P1,P2}

(2)可用资源已不能满足任何进程的需要,系统不安全.

9. 调度次序:BAC

A 作业被调度的时间为 10:24,等待时间 94min,响应比=94/90=1.04

B 作业被调度的时间为 10:00,等待时间 60min,响应比=60/24=2.5

C 作业被调度的时间为 11:54,等待时间 144min,响应比=144/60=2.4

10. FCFS 调度顺序为:1→2→3→4

	到达	运行时间	完成时间	周转时间	带权周转
1	8.0	2.0	10.0	2.0	1.0
2	8.3	0.5	10.5	2.2	4.4
3	8.5	0.1	10.6	2.1	21.0
4	9.0	0.4	11.0	2.0	5.0
				2.075	7.85

短作业优先调度顺序为:1→3→4→2

	到达	运行时间	完成时间	周转时间	带权周转
1	8.0	2.0	10.0	2.0	1.0
2	8.3	0.5	11.0	2.7	5.4
3	8.5	0.1	10.1	1.6	16.0
4	9.0	0.4	10.5	1.5	3.75
				1.95	6.54

响应比高者优先调度顺序为:1→3→2→4

	到达	运行时间	完成时间	周转时间	带权周转
1	8.0	2.0	10.0	2.0	1.0
2	8.3	0.5	10.6	2.3	4.6
3	8.5	0.1	10.1	1.6	16.0
4	9.0	0.4	11.0	2.0	5.0
				1.975	6.65

第4章 习题

一、选择题

1.C　2.A　3.C　4.B　5.A　6.A　7.B　8.B　9.B　10.D
11.A　12.A　13.D　14.D　15.A

二、填空题

1.界限寄存器,存储保护键
2.先进先出,最近最久未使用
3.页号和页内地址,段号和段内地址
4.段号,段基址,段长
5.逻辑,物理
6.取页、置页、替换
7.低地址,高地址
8.存在位,修改位
9.178,越界错误
10.段,页

三、简答题

1.内存分配,内存保护,地址映射,内存扩充

2.将程序地址空间中使用的逻辑地址变换成主存中的地址的过程称为地址重定位。
静态地址映射是在程序装入内存时完成从逻辑地址到物理地址的转换。
动态地址映射是在程序执行时由系统硬件完成从逻辑地址到物理地址的转换的。

3.首次适应算法,循环首次适应算法,最佳适应算法,最坏适应算法

4.分页是出于系统管理的需要,分段是出于用户应用的需要。分页一条指令或一个操作数可能会跨越两个页的分界处,而不会跨越两个段的分界处。页大小是系统固定的,而段大小则通常不固定。通常段比页大,因而段表比页表短,可以缩短查找时间,提高访问速度。
逻辑地址表示:分页是一维的;分段是二维的。

5.虚拟存储器指具有请求调入和置换功能,能从逻辑上对内存容量进行扩充的存储器。
离散性:内存分配采用离散分配方式
多次性:一个作业运行时分成多次装入内存
对换性:作业运行过程中在内存和外存的对换区之间换进换出
虚拟性:从逻辑上扩充内存容量

6.(1)129+43=172
(2)2 300+10=2 310
(3)90+90=180
(4)1 327+400=1 727
(5)1 952+60=2 012

7.页面大小1024个字节,逻辑地址可以有 $2^6=64$,一个作业的最大空间64K,

2 058 页号为 2 058/1 024＝2 页内地址 2 058 mod 1 024＝10，
3 072 页号为 3 072/1 024＝3 页内地址 3 072 mod 1 024＝0，
1023 页号为 1023/1024＝0 页内地址 1023 mod 1024＝1023

8.(1)主存地址应该用（20)位表示。

(2)作业每页长度(4K)，逻辑地址中的页内地址占(12)位。

(3)把作业中每页分到主存中的起始地址填入下表：

逻辑页号	起始地址
0	8K
1	16K
2	4K
3	20K

9.采用 FIFO 算法：共缺页中断 15 次

7	0	1	2	0	3	0	4	2	3	0	3	2	1	2	0	1	7	0	1
7	7	7	2		2	2	4	4	4	0			0	0			7	7	7
	0	0	0		3	3	3	2	2	2			1	1			1	0	0
		1	1		1	0	0	0	3	3			3	2			2	2	1
x	x	x	x	√	x	x	x	x	x	x	√	√	x	x	√	√	x	x	x

采用最佳置换算法：共缺页中断 9 次。

7	0	1	2	0	3	0	4	2	3	0	3	2	1	2	0	1	7	0	1
7	7	7	2		2		2			2			2				7		
	0	0	0		0		4			0			0				0		
		1	1		3		3			3			1				1		
x	x	x	x	√	x	√	x	√	√	x	√	√	x	√	√	√	x	√	√

采用 LRU 置换算法：共缺页中断 12 次。

7	0	1	2	0	3	0	4	2	3	0	3	2	1	2	0	1	7	0	1
7	7	7	2		2		4	4	4	0			1		1		1		
	0	0	0		0		0	0	3	3			3		0		0		
		1	1		3		3	2	2	2			2		2		7		
x	x	x	x	√	x	√	x	x	x	x	√	√	x	√	x	√	x	√	√

10.采用 OPT 算法：共缺页中断 7 次。

页面走向	4	3	2	1	4	3	5	4	3	2	1	5
块 1	4	4	4	4			4			2	1	
块 2		3	3	3			3			3	3	
块 3			2	1			5			5	5	
	x	x	x	x	√	√	x	√	√	x	x	√

采用 FIFO 算法：共缺页中断 9 次。

页面走向　4　3　2　1　4　3　5　4　3　2　1　5

块1	4	4	4	1	1	1	5			5	5	
块2		3	3	3	4	4	4			2	2	
块3			2	2	2	3	3			3	1	
	x	x	x	x	x	x	x	√	√	x	x	√

采用 LRU 算法:共缺页中断 10 次。

页面走向	4	3	2	1	4	3	5	4	3	2	1	5
块1	4	4	4	1	1	1	5			2	2	2
块2		3	3	3	4	4	4			4	1	1
块3			2	2	2	3	3			3	3	5
	x	x	x	x	x	x	x	√	√	x	x	x

第 5 章　习题

一、选择题

1. A　2. A　3. C　4. A　5. D　6. C　7. B　8. C　9. A　10. A
11. B　12. A　13. C　14. C　15. D

二、选择题

1. 高的利用率,死锁问题
2. 系统设备表,设备控制表,控制器控制表,通道控制表
3. 独占,共享,虚拟
4. 用户设备
5. 中断源
6. 程序直接控制方式,中断控制方式,DMA 控制方式,通道控制方式
7. CPU,输入/输出的处理机,外设或外存
8. SPOOLing,独占,共享
9. 文件名,文件在磁盘上的存放地址
10. 寻道时间,旋转延迟时间,传输时间

三、问答题

1. 改善 CPU 与外围设备之间速度不匹配的矛盾;减少对 CPU 的中断频率,放宽对 CPU 中断响应时间的限制;提高 CPU 和外设之间的并行性。

2. 程序 I/O 方式,中断驱动 I/O 控制方式,直接存储器访问 DMA 控制方式,I/O 通道控制方式

3. 首先分配设备,然后分配控制器,最后分配通道。

4. 通道:专门用于负责 I/O 工作的处理机。有自己的指令系统,有数据传送指令、设备控制指令等。字节多路通道:以字节为单位传送数据,连接低速设备(打印机);数组多路通道:以块为单位传送数据,连接中速设备(磁带);可以分时执行不同的通道指令程序,可以控制多台设备;数组选择通道:以块为单位传送数据,连接高速设备(磁盘),一次执行一个通道指令程序,一次只能控制一台设备的操作。

5. 设备独立性：应用程序独立于具体使用的物理设备。应用程序中，使用逻辑设备名称请求使用某类设备；系统在实际执行中，使用物理设备名称。设备独立性优点：设备分配时的灵活性；易于实现 I/O 重定向。

6. 共享打印机：用户的打印请求传递给 SPOOLing 系统，而不是真正把打印机分配给用户；SPOOLing 系统的输出进程在磁盘上申请一个空闲区，把需要打印的数据传送到那里，再把用户的请求挂到打印队列上；打印机空闲时，从打印队列中取出一个请求，再从磁盘上的指定区域取出数据，执行打印操作。

7. 设备驱动程序：是 I/O 进程与设备控制器之间的通信程序。功能如下：

- 向有关 I/O 设备的各种控制器发出控制命令，并且监督它们的正确执行，进行必要的错误处理；
- 对各种可能的有关设备进行排队，挂起唤醒等进行处理；
- 执行确定的缓冲区策略；
- 进行特殊处理(代码转换、ESC 处理)。

8. (1)建立快速磁盘缓冲区，以匹配 CPU 和盘速度的差异。

(2)采用成组/分解技术，减少访盘次数，相当于提高磁盘 I/O 速度。

(3)采用盘中信息优化分布。

(4)适用提前读、延迟写技术。

9. 53→65→67→37→14→98→122→124→183

12+2+30+23+84+24+2+59=236

10. 先来先服务 100→23→376→205→132→19→61→190→398→29→4→18→40

最短寻道时间优先 100→132→190→205→61→40→29→23→19→18→4→376→398

扫描算法 100→132→190→205→376→398→61→40→29→23→19→18→4

第 6 章　习题

一、选择题

1. B　2. D　3. B　4. C　5. A　6. B　7. A　8. A　9. B　10. A

11. D　12. A　13. B　14. C　15. A

二、填空题

1. 流式文件，记录式文件
2. 最短寻道时间优先
3. 顺序，索引，链接
4. 文件保护
5. 数据块
6. 索引，串联
7. 起始块号，总块数
8. 绝对路径名，相对路径名，当前目录
9. 空闲块链和空闲表法、位示图，成组链接法

10. 文件共享,文件保护

三、问答题

1. 文件是具有文件名的一组相关信息的集合,可分为有结构文件和无结构文件两种。文件的属性有类型、长度、物理位置、存取控制、建立时间等。

2. 文件系统中常采用顺序、索引、链接三种物理结构。

3. 文件目录的作用是实现文件名到物理地址的转换。文件目录项通常包括文件名、文件类型、文件长度、物理位置、存取控制、建立时间等。

4. (1)加在文件的始端:顺序 201、链接 1、索引 3;

(2)加在文件的末端:顺序 1、链接 102、索引 3;

(3)从文件的始端去掉:顺序 198、链接 1、索引 2;

(4)从文件的末端去掉:顺序 0、链接 200、索引 3;

5. (1)位示图需要[500/32]=16 个字;

(2)第 i 行第 j 位对应的块号是 32i+j。

第 7 章　习题

一、选择题

1. C　2. A　3. D　4. D　5. C　6. C　7. C　8. D　9. C　10. B

二、填空题

1. 密钥

2. 计算机病毒

3. 数字签名

4. 可用性,可靠性,完整性,保密性,不可抵赖性

5. 隐蔽性、破坏性、传染性、潜伏性、非授权性

6. 隐蔽性

7. C=F(P,K)

8. 64,迭代过程

9. n 和 e,n 和 d,质因数 p 和 q

10. 自然灾害,黑客的威胁和攻击,计算机病毒,垃圾邮件和间谍软件

三、问答题

1. 访问控制是对进入系统的用户控制,作用是对需要访问系统及其数据的人进行识别,并检验其合法身份。

2. 计算机病毒是编制者在计算机程序中插入的破坏计算机功能或破坏数据,影响计算机系统使用并且能够自我复制的一组计算机指令或者程序代码。

3. 数据加密是基本的保证通信安全的方法。数据加密的基本过程包括对称为明文的可读信息进行加密处理,形成称为密文或密码的代码形式。该过程的逆过程为解密,即将该编码信息转化为其原来形成的过程。加密的过程就是通过加密算法,用密钥对明文进行信息处理的过程。加密算法通常是公开的,现在只有少数几种加密算法,如 DES、RSA 等。解密

的过程就是加密的逆过程，通过加密算法将密文还原成明文信息。

4. DES算法采用56位的密钥，在16轮内完成对64位数据块的加密。每轮所用的子密钥由初始密钥分解而来。DES算法主要分为两部分：置换（初始置换、扩充置换及最终逆初始置换）和替代（S盒），另外还有基于密码的复杂计算。

5. 数字签名时至少要将数字证书的公共部分和其他信息加在一起，才能确认信息的完整性。在信息和数字证书发送之前，要先通过散列算法生成信息摘要，用发送者的私钥对信息摘要加密，然后将这个数字签名作为附件和报文送给接收方。当接收方收到报文后，用发送方的公钥解密信息摘要进行验证，然后通过散列算法计算信息摘要比较结果，如果两个信息摘要相同，则可确认是由发送方签名的。

参考文献

[1] Abraham Silberschats, Peter Baer Galvin, Greg Gagne. Operating System Concepts. 8th Edition. USA:John Wiley & Sons, Inc. , 2008.

[2] Andrew S. Tanenbaum. Modern Operating Systems. 3rd Edition. London: Prentice Hall, 2007.

[3] Gary Nutt. Operating Systems. 3rd Edition. New York:Addison—Wesley,2003.

[4] William Stallings. Operating Systems: Internals and Design Principles. 7th Edition. London: Prentice Hall, 2011.

[5] 汤小丹,梁红兵,哲凤屏,等. 计算机操作系统. 3 版. 西安:西安电子科技大学出版社,2007.

[6] 任爱华,王雷,罗晓峰,等. 操作系统实用教程. 3 版. 北京:清华大学出版社,2010.

[7] 费翔林,骆斌,孙钟秀. 操作系统教程. 4 版. 北京:高等教育出版社,2008.

[8] 张尧学,史美林,张高. 计算机操作系统教程. 3 版. 北京:清华大学出版社,2006.

[9] 罗宇. 操作系统. 3 版. 北京:电子工业出版社,2011.

[10] 黄水松,黄干平,曾平,等. 计算机操作系统. 武汉:武汉大学出版社,2003.

[11] 陈向群,杨芙清. 操作系统教程. 2 版. 北京:北京大学出版社,2006.

[12] 尤晋元,史美林. Windows 操作系统原理. 北京:机械工业出版社,2001.

[13] 曹天杰,张永平,毕方明. 计算机系统安全. 2 版. 北京:高等教育出版社,2007.

[14] 藤艳平,伦立军. 计算机操作系统. 哈尔滨:哈尔滨工业大学出版社,2008.

[15] 孟庆昌,牛欣源. 操作系统. 北京:电子工业出版社,2009.

[16] 陆丽娜,柯丽芳,田玉敏. 操作系统学习指导典型题解. 西安:西安交通大学出版社,2008.

[17] 李善平. 操作系统学习指导和考试指导. 2 版. 杭州:浙江大学出版社,2010.

[18] 谭耀铭. 操作系统概论. 北京:经济科学出版社,2005.

[19] 张尧学. 计算机操作系统教程. 3 版. 习题解答与实验指导. 北京:清华大学出版社,2006.

[20] 曾平,曾林,金晶. 操作系统习题与解析. 3 版. 北京:清华大学出版社,2006.

[21] 徐立华. 操作系统自学辅导. 北京:清华大学出版社,2002.

内 容 提 要

操作系统软件是现代计算机系统中必不可少的基本系统程序，操作系统也是计算机专业的必修课程和从事计算机应用人员必不可少的知识。

本书共分为 7 章，第 1 章为绪论，介绍了操作系统的发展、特征、功能等；第 2 章深入阐述了进程和线程的基本概念，分析并发进程引发的同步与通信；第 3 章主要介绍了处理机调度和死锁；第 4 章至第 6 章分别阐述了操作系统的存储管理、设备管理和文件管理；第 7 章讲述了系统安全。

本书可以作为计算机专业或相关专业操作系统课程的教材，也可供有关科技人员自学或参考。